地产建筑建筑设计规范强制性条款一本通

邓克凡 / 主编

电子科技大学出版社

• 成都 •

推 荐 语

(按姓氏拼音排序)

本书条理清晰、简明扼要，结合电脑与手机端很适合甲乙方建筑师日常使用。更妙的是采用了"+互联网"模式，即把各类优质资源放在云端平台上而促进全行业互联网化数据化，国家企业个人都很受益！

 蓝光集团 产品研究院 院长 **郭 震**

一次性快速查准所有的设计规范是行业老大难问题，建识科技"书+互联网"模式几乎完美解决了这个问题。书是静态基础的集大成，互联网更是动态的无限资源集大成，很有发展前途！"书+互联网"值得各个层次的建筑师拥有与参与！

 四川省建筑设计研究院 总建筑师 **涂 舸**

我们企业经常接触外国方案建筑师。他们在中国做设计最头疼的就是各种建筑设计规范，内容庞杂且分散，查找效率实在低下。现在有了"规范强制性条款一本通"系列书籍与其配套的互联网资源，解决了这个长期困扰我们的难题。非常感谢建识科技所付出的努力和这套"设计常用规范一本通"与网站服务。

 万华投资集团产品研发中心 总经理 **杨亚平**

规范是设计的基础起点，"规范强制性条款一本通"系列书籍以工作目标为切入点，解决了查找难、易疏漏等难题，值得建筑师们拥有。同时，建识科技出版的《建筑专业精细化设计》建立了"理论、方法及经验集成"层次分明的设计知识体系，再加上"建识网"的网络资源作为支撑，这一定会大大提高了建筑师的工作效率，对整个行业的发展也具有积极意义。

 中国建筑西南设计研究院有限公司 总建筑师 **郑 勇**

建筑师的成长就是一个练级的过程，好的知识渠道和工具可让这个过程更加轻松有趣，这套"规范强制性条款一本通"与其配套的网上资源可作为年轻建筑师的常备工具，让设计得心应手，进而提高工作效率。

 基准方中建筑设计有限公司 总建筑师 **周 骝**

本套书的作者很有诚意，以图文并茂的方式向读者展现了他以设计实践为支撑的知识体系，并很好地利用了互联网模式提供了更丰富的一线设计资源，为广大同行提供了不可多得的有益帮助。

清华大学建筑学院 教授 博导 **周燕珉**

"规范强制性条款一本通"系列书籍按各类建筑空间一次性集成各专业规范强制性条款，并提供大家喜欢的互联网平台，解决了行业长久以来"规范零散、查阅不便、不知更新"等痛点。尤其是建筑师们利用好网上丰富的优质资源更可大幅提高工作效率，个人与企业由此而长期受益。

 天津大学建筑设计规划研究总院 总建筑师 **祝 捷**

建识科技产品——建筑师必备、工程师必备
每年更新、让你最新规范同步

1　各专业"规范强制性条款一本通"系列　（6本）

总建总工专负 企业标配

注：《公共建筑 建筑设计规范强制性条款一本通》于2020年6月出版，结构设备相关系列于7月起陆续出版

2　建筑专业"常用规范一本通"系列　（5本/套）

秒查所有条款 错漏不再

注：全部5本/套已经出版在售，年度更新陆续发布

3　《建筑专业 精细化设计》　（2本/套）

高级建筑师 拿单专用

注：全部2本/套已经出版在售

4 在建识网，成为会员得到更多资源

建识科技 咨询电话
18111613811
欢迎企业客户

成为建识网 www.archknow.com 会员，你能得到更多电子档和业务资源！

去建识网首页"左上角"完成会员**免费**注册（右图）即可。

5 全网免费观看"邓老师讲设计"小视频节目

一线免费干货
速成高手

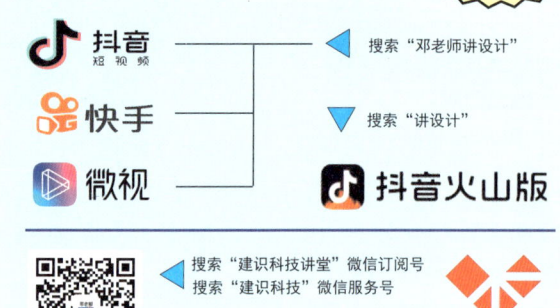

6 建识科技与各地企业合作，助力企业提升

人与事的提升
提质增效

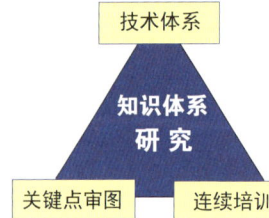

建识科技，提供左图所示的合作内容：

- 搭建技术体系：用好用的内容资源提升设计质量
- 关键点审图： 第三方客观提出设计问题
- 全年连续培训：结合审图成果做培训，稳步培养队伍

著作权人与运营平台

著作权人与运营团队：建识科技（成都）有限公司
建识科技微信问答： 扫右侧二维码
网站域名：www.archknow.com（百度搜索：建识网）

鉴于本书专业性及实务性的需要，引用来部分摘自网络的相关图片与文段，涉及版权及使用费事宜，请相关权益人联系作者商洽。

建识科技 微信问答

目 录

| 第 1 章　说明与汇总 | 1 |

| 第 2 章　总平面 | 9 |

1 场地部分 … 10
 1.1 通用规定 … 10
 1.2 场地空间 … 14
2 建筑相关 … 28
 2.1 通用规定 … 28
 2.2 住宅商业项目 … 40
  2.2.1 住宅单体 … 40
  2.2.2 配套设施 … 46
3 相关专业与专题 … 48
 3.1 结构与设备 … 48
  3.1.1 结构 … 48
  3.1.2 设备 … 52
 3.2 其他专业与专题 … 62
  3.2.1 其他专业 … 62
  3.2.2 专题设计 … 65

| 第 3 章　地下车库 | 67 |

1 单体与空间 … 68
 1.1 通用规定 … 68
 1.2 机动车区 … 80
 1.3 非机动车库 … 81
 1.4 非停车区域 … 82
2 建筑构造 … 88
 2.1 通用规定 … 88
 2.2 墙体 … 92
 2.3 顶板 … 96
 2.4 楼地面 … 98
 2.5 门窗及玻璃 … 100
 2.6 出地面构造 … 103
3 相关专业与专题 … 104
 3.1 设备 … 104
 3.2 防空地下室 … 114
 3.3 装修 … 120

第 4 章　住宅建筑　　125

1 建筑单体　　126
2 建筑空间　　134
   2.1　标准层　　134
      2.1.1　公共部分　　134
      2.1.2　户内部分　　150
   2.2　首层　　160
      2.2.1　公共部分　　160
      2.2.2　户内部分　　165
   2.3　屋顶层　　166
   2.4　避难层　　168
3 建筑构造　　170
   3.1　通用规定　　170
   3.2　墙体　　174
   3.3　楼地面　　180
   3.4　屋面　　184
   3.5　栏杆　　190
   3.6　门窗及玻璃　　192
   3.7　保温　　194
4 相关专业与专题　　196
   4.1　相关专业　　196
      4.1.1　结构　　196
      4.1.2　设备　　198
      4.1.3　装修　　208
   4.2　节能专题　　212
      4.1.1　基本规定　　212
      4.1.2　节能设计　　214

第 5 章　社区商业　　227

1 建筑单体　　228
2 空间与构件　　234
   2.1　建筑空间　　234
      2.1.1　通用规定　　234
      2.1.2　营业仓储辅助三区　　242
   2.2　各类商业　　244
   2.3　建筑构件　　248
3 建筑构造　　252
   3.1　通用规定　　252
   3.2　墙体　　254
   3.3　楼地面　　260
   3.4　屋面　　261
   3.5　保温隔热　　262
   3.6　其他　　263

4 相关专业与专题 264
  4.1 相关专业 264
    4.1.1 结构 264
    4.1.2 设备 266
    4.1.3 装修 272
  4.2 节能专题 278
    4.2.1 热工设计 278
    4.2.2 节能设计 280

第 6 章　托老与附属　287

1 托儿所幼儿园 288
  1.1 场地与单体 288
    1.1.1 通用规定 288
    1.1.2 功能用房 298
    1.1.3 交通空间 299
    1.1.4 细部要求 301
  1.2 相关专业 302
    1.2.1 给排水 302
    1.2.2 电气 302
    1.2.3 暖通 303
2 老年照料设施 304
  2.1 场地与单体 304
    2.1.1 通用规定 304
    2.1.2 功能用房 312
    2.1.3 交通空间 313
    2.1.4 细部要求 316
  2.2 相关专业 316
    2.2.1 给排水 316
    2.2.2 电气 317
3 附属设施 318
  3.1 通用规定 318
  3.2 专项强条 326
4 建筑构造 327
5 相关专业与专题 327

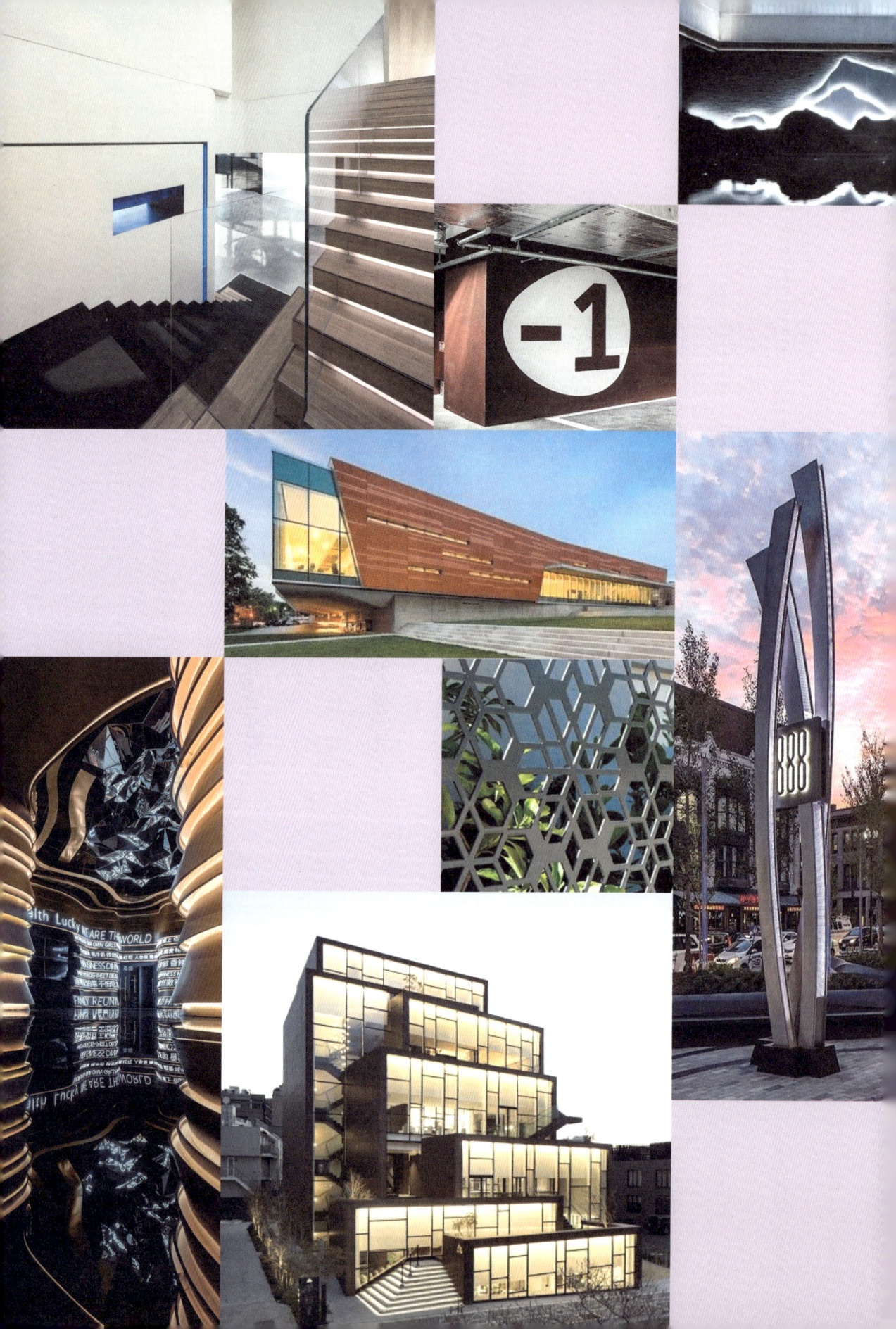

Chapter 1

说明与汇总

本章简介

本章介绍了本书章节内容构成与使用技巧，方便读者用户更好地使用本书及相关资源。

本章汇总了有强条出现的建筑专业国标行标等国家级技术规范及标准的名称及简称，还提供了建筑师应知应会的"结构设备（水电暖）及人防装修"等专业相关规范中的强条条款。

地方标准、企业标准等更多资源在建识网提供。

1 "规范强制性条款一本通"与"设计常用规范一本通"

"规范强制性条款一本通"与"设计常用规范一本通"2个系列书籍互补,具体如下:

表1-1 建识科技规范系列书籍的作用

系列	内容包括	主要使用者	定位与目的	场景举例
规范强制性条款一本通（2本）	1《地产建筑 建筑设计规范强制性条款一本通》 2《公共建筑 建筑设计规范强制性条款一本通》	**企业标配：** 1 总建筑师； 2 注册建筑师； 3 专业负责人；	1 定位： 作为技术负责人的随身规范手册（备忘录）； 2 目的： 帮助负责人查漏补缺而不犯错	1 出图前，短时速查； 2 随时抽查使用
设计常用规范一本通（5本）	1《总平面 设计常用规范一本通》 2《地下车库 设计常用规范一本通》 3《住宅建筑 设计常用条款一本通》 4《社区商业 设计常用规范一本通》 5《托儿所、老年照料及附属设施 设计常用规范一本通》	**各级建筑师标配：** 1 新人； 2 工作几年至十年左右的基层建筑师； 3 工作多年，没精力梳理最新规范的建筑师长者	1 定位： 是各级建筑专业（方案与施工图）学习与查询手册； 2 目的： 系统地掌握最新、最全的规范内容	1 设计前中后，查询与对照； 2 作为工作笔记本使用

2 本书更新方法

本系列书采取"**每年更新出版**即随新规范发布同步"的方法做内容更新，请各企业与使用者同步更新（"设计常用规范一本通"系列也是如此）。同时，在建识网发布电子档文件。

3 本书内容说明

3.1 本书简介

本书以建筑专业CAD图纸成果为索引，分章节汇总了地产项目建筑设计中"总平面""地下车库""住宅建筑""社区商业""托儿所老年照料设施及附属设施"等分别在国标行标等国家层次的技术规范与标准之强制性条款，并提供相关附图及其规范原文。同时，对与建筑方案密切相关的"结构""设备""景观""人防及装修"等专业规范与标准之强制性条款也做了汇总，方便建筑师查阅。

地方标准、企业标准等更多资源在建识网提供。

3.2 章节构成

本书每章每个小节由规范汇总表、附图和规范原文三部分组成。

3.2.1 规范汇总表

1 关键信息：提取规范条款中的关键文字或数字，内容过多时用"-"表示；
2 使用指引：规范条款的简介与运用指引（不作为权威解读，仅供参考）。

3.2.2 案例附图

规范汇总表中个别条款的实际案例场景图供参考。

3.2.3 原文摘录

汇总了在汇总表中条款所对应的相关规范原文（注：建识网上有规范原文查询软件供随时查阅）。

3.3 电子档文件

本书每章节的规范统计表在建识网上为会员免费提供。登录建识网注册即可得到，具体方法见本书文前 P3 页的注册说明。

4 使用技巧

好方法事半功倍。随同本书的资源很多，简介如下。

4.1 三部曲

在建筑设计前、中、后节点使用本系列书籍，事半功倍。

4.1.1 前

在设计前，先浏览一遍相关章节，了解规范内容，帮助你做到心中有数、顺利开展工作。

4.1.2 中

在设计过程中，随时翻阅一下相关章节，解决遇到的规范问题。

4.1.3 后

本系列书适合每位建筑师，更适合"总建""专负"等在百忙中最后出图把关时查询强条做到万无一失。

4.2 得到更多

4.2.1 视频资源

建识科技在抖音、快手、微视、火山等视频社区平台播出系列实战性专题视频小节目"邓老师讲设计"（搜索"邓老师讲设计"可看到），通过案例与系统讲解让建筑师掌握多种知识点。

4.2.2 会员特权

成为建识网会员，阅读《建筑专业精细化设计》《建筑设计常用规范一本通》系列等书籍都会助你成为真正的高级建筑师。

详见文前页说明。

5 规范与标准汇总

相关的国家与行业级在建筑、结构、人防及装修各专业方有强条的规范与标准汇总如表 1-2 ～表 1-6 所示。

表 1-2　建筑专业

序号	类别	规范名称	编号	简称
1	规划	城市居住区规划设计标准	GB 50180—2018	居标
2	通用	民用建筑设计统一标准	GB 50352—2019	统标
3	通用	建筑设计防火规范（2018年版）	GB 50016—2014	防规
4	通用	无障碍设计规范	GB 50763—2012	无障碍
5	通用	城乡建设用地竖向规划规范	CJJ 83—2016	竖设
6	住宅	住宅建筑规范	GB 50368—2005	住建
7	住宅	住宅设计规范	GB 50096—2011	住设
8	汽车库	车库建筑设计规范	JGJ 100—2015	库规
9	汽车库	汽车库、修车库、停车场设计防火规范	GB 50067—2014	库防规
10	商业	商店建筑设计规范	JGJ 48-2014	商规
11	商业	饮食建筑设计标准	JGJ 64-2017	饮标
12	专题	城市公共厕所设计标准	CJJ 14-2016	城公厕
13	专题	托儿所、幼儿园建筑设计规范（2019年版）	JGJ 39-2016	托幼规
14	专题	城镇老年人设施规划规范（2018年版）	GB 50437-2007	老设规
15	专题	老年人照料设施建筑设计标准	JGJ 450-2018	老设标
16	专题	体育建筑设计规范	JGJ 31-2003	体建
17	专题	生活垃圾收集站技术规程	CJJ 179-2012	收集技

续表

序号	类别	规范名称	编号	简称
18	楼地面	建筑地面设计规范	GB 50037-2013	地面
19	屋面	屋面工程技术规范	GB 50345-2012	屋面
20	屋面	坡屋面工程技术规范	GB 50693-2011	坡屋
21	屋面	倒置式屋面工程技术规程	JGJ 230-2010	倒屋
22	屋面	种植屋面工程技术规程	JGJ 155-2013	种植屋面
23	屋面	采光顶与金属屋面技术规程	JGJ 255-2012	采光顶
24	屋面	建筑屋面雨水排水系统技术规程	CJJ 142-2014	屋水
25	墙体	墙体材料应用统一技术规范	GB 50574-2010	墙体
26	门窗	铝合金门窗工程技术规范	JGJ 214-2010	铝门窗
27	门窗	塑料门窗工程技术规程	JGJ 103-2008	塑门窗
28	玻璃	建筑玻璃应用技术规程	JGJ 113-2015	玻璃
29	玻璃	玻璃幕墙工程技术规范	JGJ 102-2003	玻幕
30	防水	地下工程防水技术规范	GB 50108-2008	地下防水
31	防水	住宅室内防水工程技术规范	JGJ 298-2013	住内防水
32	节能	民用建筑热工设计规范	GB 50176-2016	热工
33	节能	公共建筑节能设计标准	GB 50189-2015	公建节能
34	节能	夏热冬冷地区居住建筑节能设计标准	JGJ 134-2010	夏热冬冷
35	节能	夏热冬暖地区居住建筑节能设计标准	JGJ 75-2012	夏热冬暖

续表

序号	类别	规范名称	编号	简称
36	节能	严寒和寒冷地区居住建筑节能设计标准	JGJ 26-2018	严寒寒冷
37	节能	温和地区居住建筑节能设计标准	JGJ 475-2019	温和地区
38	保温	外墙外保温工程技术标准	JGJ 144-2019	外保温
39	保温	建筑外墙外保温防火隔离带技术规程	JGJ 289-2012	防带
40	专题	民用建筑隔声设计规范	GB 50118-2010	隔声
41	专题	建筑采光设计标准	GB 50033-2013	采光

表1-3 结构专业（仅与建筑方案相关）

序号	专业	规范名称	编号	简称
1	结构	建筑抗震设计规范（2016年版）	GB 50011—2010	抗规
2	结构	建筑地基基础设计规范	GB 50007—2011	地基
3	结构	高层建筑混凝土结构技术规程	JGJ 3—2010	高规
4	结构	砌体结构设计规范	GB 50003—2011	砌规
5	结构	建筑结构荷载规范	GB 50009—2012	荷规

表1-4 设备专业（仅与建筑方案相关）

序号	专业	规范名称	编号	简称
1	给排水	建筑给水排水设计标准	GB 50015—2019	给排水
2	给排水	消防给水及消火栓系统技术规范	GB 50974—2014	消火栓
3	电气	民用建筑电气设计标准	GB 51348—2019	民电

续表

序号	专业	规范名称	编号	简称
4	电气	20 kV 及以下变电所设计规范	GB 50053—2013	20 kV 变电所
5	暖通	城镇燃气设计规范	GB 50028—2006	燃气
6	暖通	民用建筑供暖通风与空气调节设计规范	GB 50736—2012	通风
7	综合	城市工程管线综合规划规范	GB 50289—2016	管线
8	综合	城市综合管廊工程技术规范	GB 50838—2015	管廊

注：本规范是新版名称，对应于本书P105页第32条款是原老规范条款、其更新内容见建识网

表1-5 人防专业（仅与建筑方案相关）

序号	专业	规范名称	编号	简称
1	人防	人民防空地下室设计规范	GB 50038—2005	人防
2	人防	人民防空工程设计防火规范	GB 50098—2009	人防消

表1-6 装修专业（仅与建筑方案相关）

序号	专业	规范名称	编号	简称
1	装修	建筑内部装修设计防火规范	GB 50222-2017	内防
2	专题	民用建筑工程室内环境污染控制规范	GB 50325-2010（2013年修订版）	内环
3	装修	外墙饰面砖工程施工及验收规程	JGJ 126-2015	外墙砖
4	装修	金属与石材幕墙工程技术规范	JGJ 133-2001	金石幕
5	装修	公共建筑吊顶工程技术规程	JGJ 345-2014	公建顶

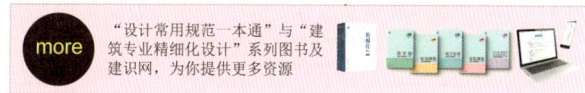

Chapter 2

总平面

本章简介

　　本章汇总了有关总平面设计在国标行标等国家级的技术规范与标准中的强制性条款，并提供相关附图及其原文。
　　本章同时汇总了与建筑专业密切相关的其他专业规范中的强制性条款方便建筑师查询。
　　地方标准、企业标准等更多资源在建识网提供。

1 场地部分
1.1 通用规定

表2-1汇总了属于场地设计及其他不易归类的强条条款。

扫描进入建识网

表2-1 总平面通用性规定相关的强条条款

序号	关键信息	出处	使用指引	附图
1	安全宜居	居标 3.0.2	居住区建设选址的规定	–
2	–	居标 4.0.2	关于居住街坊用地与建筑控制指标的规定	–
3	–	居标 4.0.3	住宅建筑采用低层或多层高密度布局时，居住街坊用地与建筑控制指标的规定	–
4	不应突出	统标 4.3.1	建筑物及其附属设施不应突出道路红线或用地红线建造	图2-1 图2-2

图2-1 │ 地上设施不应突出道路红线或用地红线建造图示

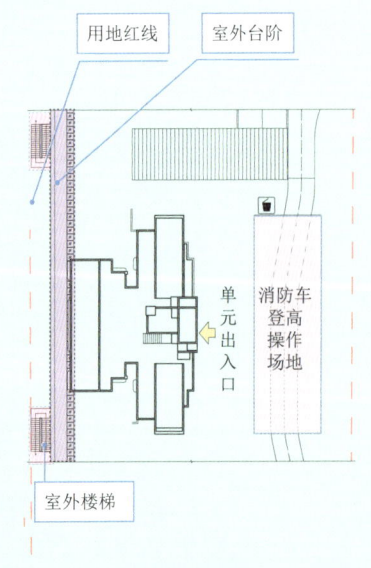

常见地上设施举例1——室外台阶

常见地上设施举例2——室外门廊

图2-2 | 地下设施不应突出道路红线或用地红线建造内容图示

常见地下设施1——支护桩

常见地下设施2——化粪池

常见地下设施3——集水井

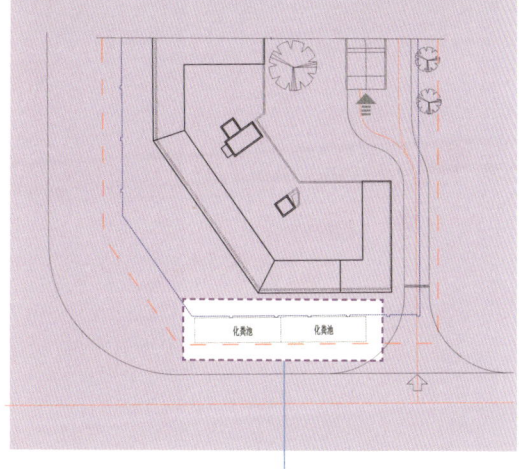

本图错误（化粪池超出用地红线布置）

常见地下设施4——结构基础

规范原文摘录

1 居标 3.0.2

居住区应选择在安全、适宜居住的地段进行建设，并应符合下列规定：
1 不得在有滑坡、泥石流、山洪等自然灾害威胁的地段进行建设；
2 与危险化学品及易燃易爆品等危险源的距离，必须满足有关安全规定；
3 存在噪声污染、光污染的地段，应采取相应的降低噪声和光污染的防护措施；
4 土壤存在污染的地段，必须采取有效措施进行无害化处理，并应达到居住用地土壤环境质量的要求。

2 居标 4.0.2
居住街坊用地与建筑控制指标应符合表4.0.2的规定。

表4.0.2 居住街坊用地与建筑控制指标

建筑气候区划	住宅建筑平均层数类别	住宅用地容积率	建筑密度最大值（%）	绿地率最小值（%）	住宅建筑高度控制最大值（m）	人均住宅用地面积最大值（m²/人）
I、VII	低层（1～3层）	1.0	35	30	18	36
	多层I类（4～6层）	1.1～1.4	28	30	27	32
	多层II类（7～9层）	1.5～1.7	25	30	36	22
	高层I类（10～18层）	1.8～2.4	20	35	54	19
	高层II类（19～26层）	2.5～2.8	20	35	80	13
II、VI	低层（1～3层）	1.0～1.1	40	28	18	36
	多层I类（4～6层）	1.2～1.5	30	30	27	30
	多层II类（7～9层）	1.6～1.9	28	30	36	21
	高层I类（10～18层）	2.0～2.6	20	35	54	17
	高层II类（19～26层）	2.7～2.9	20	35	80	13
III、IV、V	低层（1～3层）	1.0～1.2	43	25	18	36
	多层I类（4～6层）	1.3～1.6	32	30	27	27
	多层II类（7～9层）	1.7～2.1	30	30	36	20
	高层I类（10～18层）	2.2～2.8	22	35	54	16
	高层II类（19～26层）	2.9～3.1	22	35	80	12

注：1 住宅用地容积率是居住街坊内，住宅建筑及其便民服务设施地上建筑面积之和与住宅用地总面积的比值；
2 建筑密度是居住街坊内，住宅建筑及其便民服务设施建筑基底面积与该居住街坊用地面积的比率（%）；
3 绿地率是居住街坊内绿地面积之和与该居住街坊用地面积的比率（%）。

3 居标 4.0.3

当住宅建筑采用低层或多层高密度布局形式时,居住街坊用地与建筑控制指标应符合表4.0.3的规定。

表4.0.3 低层或多层高密度居住街坊用地与建筑控制指标

建筑气候区划	住宅建筑层数类别	住宅用地容积率	建筑密度最大值(%)	绿地率最小值(%)	住宅建筑高度控制最大值(m)	人均住宅用地面积(m²/人)
I、VII	低层(1~3层)	1.0、1.1	42	25	11	32~36
	多层I类(4~6层)	1.4、1.5	32	28	20	24~26
II、VI	低层(1~3层)	1.1、1.2	47	23	11	30~32
	多层I类(4~6层)	1.5~1.7	38	28	20	21~24
III、IV、V	低层(1~3层)	1.2、1.3	50	20	11	27~30
	多层I类(4~6层)	1.6~1.8	42	25	20	20~22

注:1 住宅用地容积率是居住街坊内,住宅建筑及其便民服务设施地上建筑面积之和与住宅用地总面积的比值;
2 建筑密度是居住街坊内,住宅建筑及其便民服务设施建筑基底面积与该居住街坊用地面积的比率(%);
3 绿地率是居住街坊内绿地面积之和与该居住街坊用地面积的比率(%)。

4 统标 4.3.1

除骑楼、建筑连接体、地铁相关设施及连接城市的管线、管沟、管廊等市政公共设施以外,建筑物及其附属的下列设施不应突出道路红线或用地红线建造:

1 地下设施,应包括支护桩、地下连续墙、地下室底板及其基础、化粪池、各类水池、处理池、沉淀池等构筑物及其他附属设施等;

2 地上设施,应包括门廊、连廊、阳台、室外楼梯、凸窗、空调机位、雨篷、挑檐、装饰构架、固定遮阳板、台阶、坡道、花池、围墙、平台、散水明沟、地下室进风及排风口、地下室出入口、集水井、采光井、烟囱等。

1.2 场地空间

扫描进入建识网

表2-2 场地空间涉及的强条条款

序号	关键信息	出处	使用指引	附图
1	安全宜居	居标 3.0.2	居住区建设地段选址规定	–
2	–	居标 4.0.4	公共绿地控制指标的规定	–
3	–	居标 4.0.7	居住街坊内集中绿地的规定	–
4	环形车道	防规 7.1.2	高层民用建筑、商店建筑及住宅建筑等配置消防车道的规定	–
5	4 m	防规 7.1.8	（1、2、3）消防车道的规定	图2-3 图2-11
6	1/4、4 m 50 m、30 m	防规 7.2.1	高层建筑消防车登高操作场地布置的规定	图2-4 图2-7
7	20 m、15 m、10 m	防规 7.2.2	（除4）关于消防车登高操作场地规定	图2-8
8	建筑物入口	防规 7.2.3	建筑物入口与消防登高操作场地关系	图2-6
9	–	无障碍 3.7.3	（3、5）升降平台的规定	–
10	安全防护	无障碍 6.2.4	（5）在地形险要的地段应设置安全防护设施	–
11	统一标准	竖设 3.0.7	同一城市的用地竖向规划应采用统一的坐标和高程系统	–
12	2 m、3 m	竖设 4.0.7	挡土墙、护坡与建筑的净距要求	–
13	–	住建 3.1.1	住宅建设应符合规划、环境、土地及空间等需求	–
14	不利影响	住建 3.1.2	住宅选址避开多项不利影响	–
15	–	住建 3.1.3	应有与住宅人口规模适应的配套设施	–
16	–	住建 4.1.2	住宅至道路边缘最小距离的规定	–
17	一个	住建 4.3.1	每个住宅单元通达机动车的规定	–
18	–	住建 4.3.2	道路设置的规定	–

续表

序号	关键信息	出处	使用指引	附图
19	–	住建 4.3.3	无障碍通路贯通的规定	–
20	–	住建 4.3.4	居住用地内配建机动车非机动车库的规定	–
21	30%	住建 4.4.1	新区的绿地率的规定	–
22	1 m²/人	住建 4.4.2	公共绿地总指标的规定	–
23	–	住建 4.4.3	对人工景观水体的要求	–
24	–	住建 4.4.4	受噪声影响的住宅周边应采取防噪措施	–
25	0.2%	住建 4.5.1	地面排水坡度最小值	图2-10
26	上3 m 下2 m	住建 4.5.2	住宅用地的防护工程设置规定	–
27	–	住建 9.1.1	住宅建筑的周围环境应为灭火救援提供外部条件	–
28	–	住建 9.3.1	住宅建筑与相邻建筑、设施之间的防火间距的确定因素	–
29	–	住建 9.3.2	住宅建筑与相邻民用建筑之间的防火间距的数据统计	–
30	10层，长边	住建 9.8.1	消防车道的设置要求	–
31	取水水源	住建 9.8.2	供消防车取水的水源应设置消防车道	–
32	防坠落物	住设 6.5.2	公共出入口的安全措施	–
33	–	库规 3.1.7	机动车库基地出入口设置减速设施	图2-5
34	分开设置	库规 4.2.8	机动车库的人员出入口与车辆出入口应分开设置	–
35	–	库防规 4.1.3	汽车库不应与火灾危险性为甲、乙类的厂房、仓库贴邻或组合建造	–

续表

序号	关键信息	出处	使用指引	附图
36	–	库防规 4.2.1	汽车库停车场与各类建筑的间距要求	图2-9
37	–	库防规 4.3.1	汽车库、修车库周围应设置消防车道	–
38	–	库防规 6.0.1	汽车库、修车库的人员安全出口和汽车疏散出口应分开设置	–
39	2个	库防规 6.0.9	汽车疏散出入口数量要求	–
40	–	收集技 7.1.2	收集站应设置通风、除尘、除臭、隔声等环境保护设施等	–
41	–	管线 5.0.8	架空管线之间及其与建（构）筑物之间的最小水平净距	–
42	–	管线 5.0.9	架空管线之间及其与建（构）筑物之间的最小垂直净距	–
43	10 m	管廊 5.4.7	天然气管道舱室的排风口与其他舱室排风口、进风口、人员出入口以及周边建(构)筑物口部距离不应小于10 m	–
44	–	园规 5.1.3	地形应按照自然安息角设计坡度	–
45	–	园规 5.3.3	非淤泥底人工水体的岸高及近岸水深规定	–
46	氡浓度或氡析出率	内环 4.1.1	应做建筑工程所在城市区域土壤中氡浓度或土壤表面氡析出率调查	–

图2-3 消防车道的规定图示

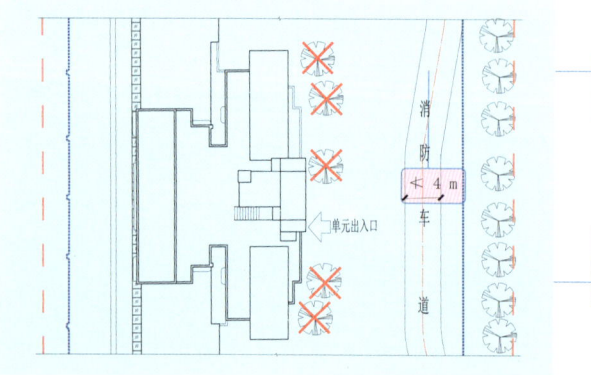

图2-4 | 消防车登高操作场地意图

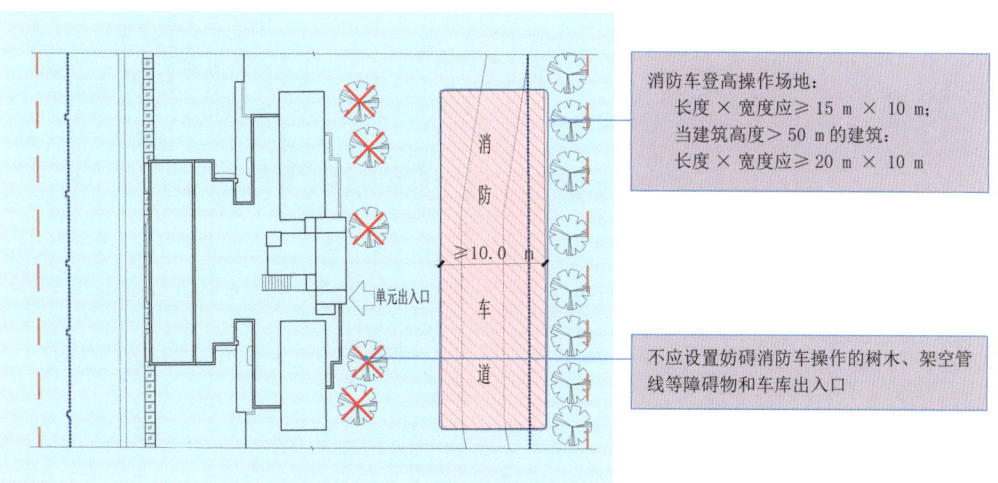

消防车登高操作场地：
长度 × 宽度应≥ 15 m × 10 m;
当建筑高度＞ 50 m的建筑：
长度 × 宽度应≥ 20 m × 10 m
消
防
≥10.0 m
车
道
单元出入口
不应设置妨碍消防车操作的树木、架空管线等障碍物和车库出入口

图2-5 | 机动车库基地出入口设置减速设施示例

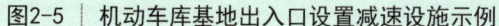

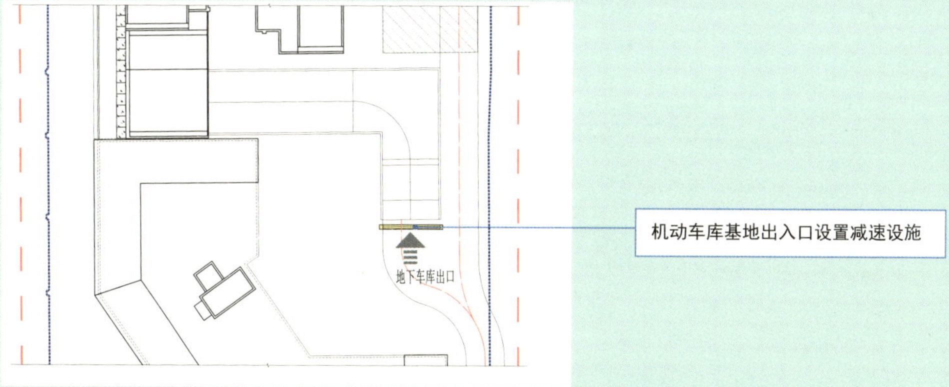

机动车库基地出入口设置减速设施
地下车库出口

图2-6 | 消防车登高操作场地要求示例

消防登高操作场地
设置直通室外的楼梯或直通楼梯间的入口
30 m

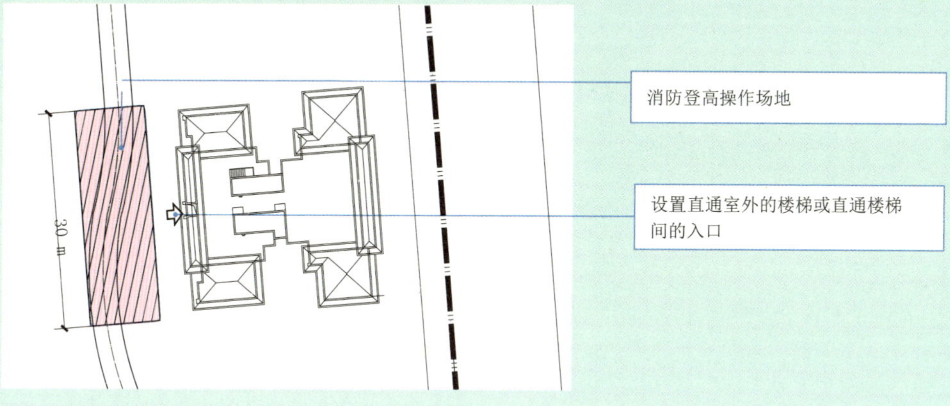

图2-7 ｜ 民用建筑消防车道的规定

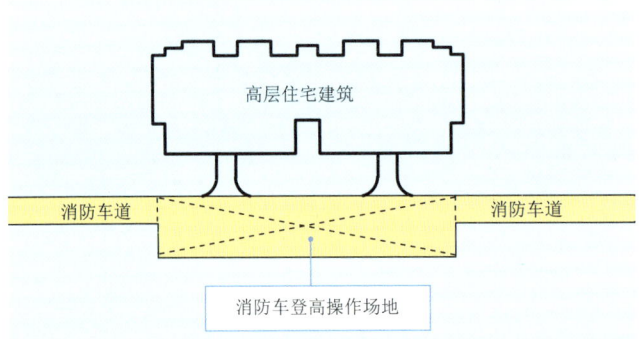

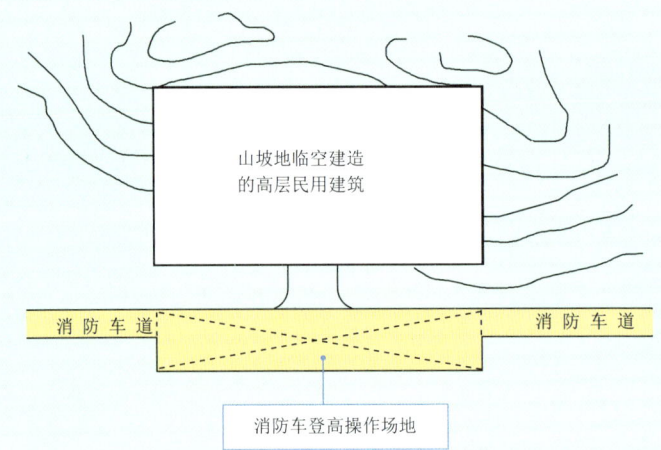

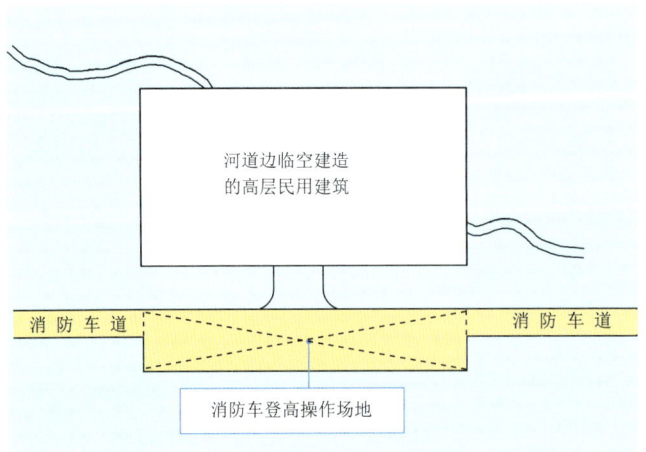

[注释] 消防车登高操作场地应符合第7.2.2条的相关要求。

图2-8 | 消防车登高操作场地布置

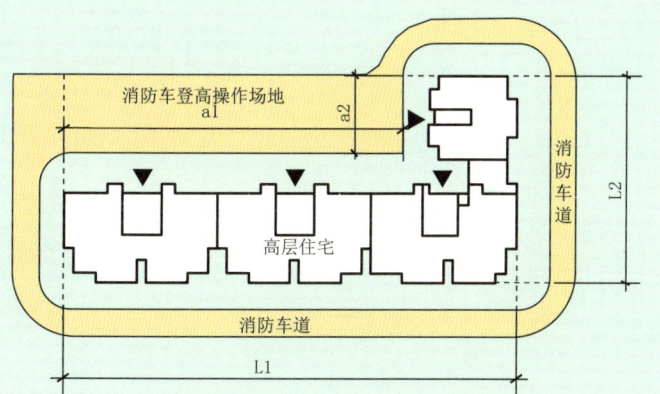

a1+a2≥建筑周边长度的1/4 且≥L1（当L1＞L2时）

住宅建筑每个单元出入口均应直通消防车登高操作场地

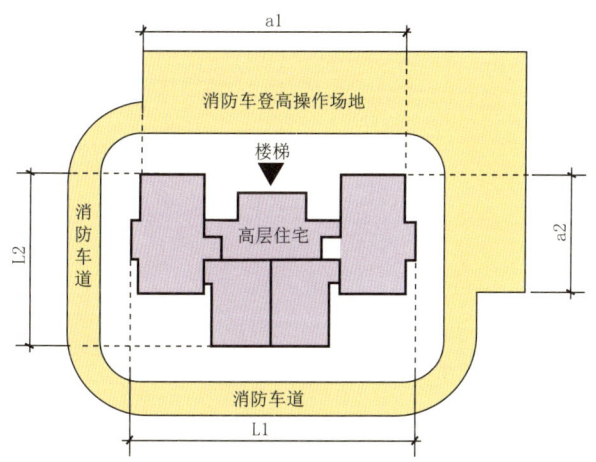

住宅建筑每个单元出入口均应直通消防车登高操作场地

a1+a2≥建筑周边长度的1/4 且≥L1（当L1＞L2时）

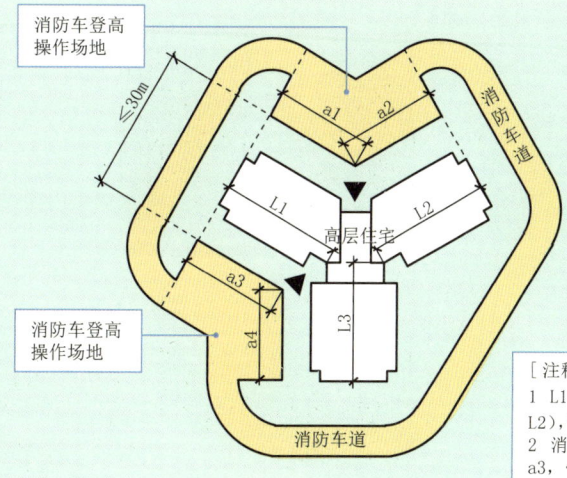

建筑高度＜50 m且连续布置消防登高操作地确有困难时，a1+a2+a3+a4≥建筑周边长度的1/4且≥L1、L2、L3中任意两边之和

[注释]
1 L1为高层建筑主体的一个长边长度（当L1＞L2时），"建筑周边长度"应为高层建筑主体的周边长度。
2 消防车登高操作场地的有效计算长度（a1，a2，a3，…）应在高层建筑主体的对应范围内。

图2-9 | 地面停车位距离建筑距离对错案例图示

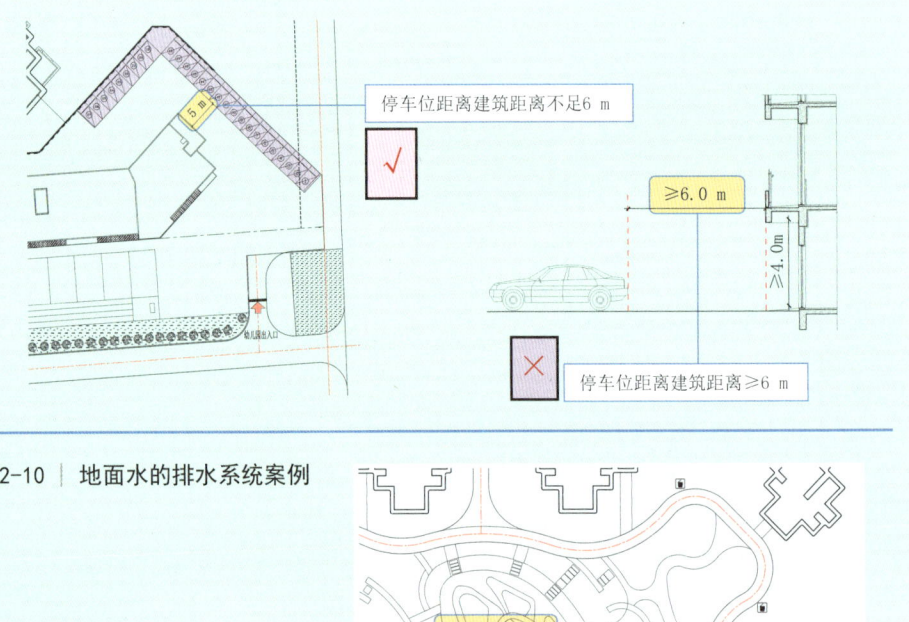

图2-10 | 地面水的排水系统案例

图2-11 | 消防车道与宅前路路面宽度示意

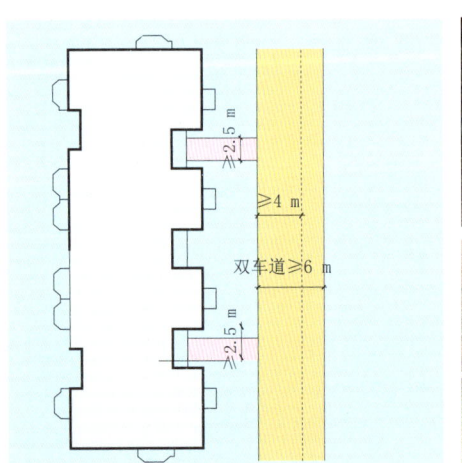

规范原文摘录

1 居标 3.0.2
居住区应选择在安全、适宜居住的地段进行建设,并应符合下列规定:
1 不得在有滑坡、泥石流、山洪等自然灾害威胁的地段进行建设;
2 与危险化学品及易燃易爆品等危险源的距离,必须满足有关安全规定;
3 存在噪声污染、光污染的地段,应采取相应的降低噪声和光污染的防护措施;
4 土壤存在污染的地段,必须采取有效措施进行无害化处理,并应达到居住用地土壤环境质量的要求

2 居标 4.0.4
新建各级生活圈居住区应配套规划建设公共绿地,并应集中设置具有一定规模,且能开展休闲、体育活动的居住区公园;公共绿地控制指标应符合表4.0.4的规定。

表4.0.4　公共绿地控制指标

类 别	人均公共绿地面积（m^2／人）	居住区公园			备 注
		最小规模（hm^2）	最小宽度（m）		
十五分钟生活圈居住区	2.0	5.0	80		不含十分钟生活圈及以下级居住区的公共绿地指标
十分钟生活圈居住区	1.0	1.0	50		不含五分钟生活圈及以下级居住区的公共绿地指标
五分钟生活圈居住区	1.0	0.4	30		不含居住街坊的绿地指标

注：居住区公园中应设置10%～15%的体育活动场地。

3 居标 4.0.7
居住街坊内集中绿地的规划建设,应符合下列规定:
1 新区建设不应低于0.5 m^2／人,旧区改建不应低于0.35 m^2／人;
2 宽度不应小于8 m;
3 在标准的建筑日照阴影线范围之外的绿地面积不应少于1/3,其中应设置老年人、儿童活动场地。

4 防规 7.1.2
高层民用建筑,超过3000个座位的体育馆,超过2000个座位的会堂,占地面积大于3000 m^2 的商店建筑、展览建筑等单、多层公共建筑应设置环形消防车道,确有困难时,可沿建筑的两个长边设置消防车道;对于高层住宅建筑和山坡地或河道边临空建造的高层民用建筑,可沿建筑的一个长边设置消防车道,但该长边所在建筑立面应为消防车登高操作面。

5 防规 7.1.8（节选）
消防车道应符合下列要求:
1 车道的净宽度和净空高度均不应小于4.0 m;
2 转弯半径应满足消防车转弯的要求;
3 消防车道与建筑之间不应设置妨碍消防车操作的树木、架空管线等障碍物;

6 防规 7.2.1
高层建筑应至少沿一个长边或周边长度的1/4且不小于一个长边长度的底边连续布置消防车登高操作场地,该范围内的裙房进深不应大于4 m。
建筑高度不大于50 m的建筑,连续布置消防车登高操作场地确有困难时,可间隔布置,但间隔距离不宜大于30 m,且消防车登高操作场地的总长度仍应符合上述规定。

7 防规 7.2.2（节选）
消防车登高操作场地应符合下列规定：
1 场地与厂房、仓库、民用建筑之间不应设置妨碍消防车操作的树木、架空管线等障碍物和车库出入口。
2 场地的长度和宽度分别不应小于 15 m 和 10 m。对于建筑高度大于 50 m 的建筑，场地的长度和宽度分别不应小于 20 m 和 10 m。
3 场地及其下面的建筑结构、管道和暗沟等，应能承受重型消防车的压力。

8 防规 7.2.3
建筑物与消防车登高操作场地相对应的范围内，应设置直通室外的楼梯或直通楼梯间的入口。

9 无障碍 3.7.3（节选）
升降平台应符合下列规定：
3 垂直升降平台的基坑应采用防止误入的安全防护措施；
5 垂直升降平台的传送装置应有可靠的安全防护装置。

10 无障碍 6.2.4（节选）
无障碍游览路线应符合下列规定：
5 在地形险要的地段应设置安全防护设施和安全警示线。

11 竖设 3.0.7
同一城市的用地竖向规划应采用统一的坐标和高程系统。

12 竖设 4.0.7
高度大于 2 m 的挡土墙和护坡，其上缘与建筑物的水平净距不应小于 3 m，下缘与建筑物的水平净距不应小于 2 m；高度大于 3 m 的挡土墙与建筑物的水平净距还应满足日照标准要求。

13 住建 3.1.1
住宅建设应符合城市规划要求，保障居民的基本生活条件和环境，经济、合理、有效地使用土地和空间。

14 住建 3.1.2
住宅选址时应考虑噪声、有害物质、电磁辐射和工程地质灾害、水文地质灾害等的不利影响。

15 住建 3.1.3
住宅应具有与其居住人口规模相适应的公共服务设施、道路和公共绿地。

16 住建 4.1.2
住宅至道路边缘的最小距离，应符合表 4.1.2 的规定。

表 4.1.2 住宅至道路边缘最小距离（m）

与住宅距离		路面宽度 < 6 m	6～9 m	> 9 m
住宅面向道路	无出入口 高层	2	3	5
住宅面向道路	无出入口 多层	2	3	3
住宅面向道路	有出入口	2.5	5	-
住宅山墙面向道路	高层	1.5	2	4
住宅山墙面向道路	多层	1.5	2	2

注：1 当道路设有人行便道时，其道路边缘指便道边缘；
2 表中"-"表示住宅不应向路面宽度大于 9 米的道路开设出入口。

17 住建 4.3.1
每个住宅单元至少应有一个出入口可以通达机动车。

18 住建 4.3.2
道路设置应符合下列规定：
1 双车道道路的路面宽度不应小于 6 m；宅前路的路面宽度不应小于 2.5 m；
2 当尽端式道路的长度大于 120 m 时，应在尽端设置不小于 12 m×12 m 的回车场地；
3 当主要道路坡度较大时，应设缓冲段与城市道路相接；
4 在抗震设防地区，道路交通应考虑减灾、救灾的要求。

19 住建 4.3.3
无障碍通路应贯通，并应符合下列规定：
1 坡道的坡度应符合表 4.3.3 的规定。

表 4.3.3 坡道的坡度

高度（m）	1.50	1.00	0.75
坡度	≤1:20	≤1:16	≤1:12

2 人行道在交叉路口、街坊路口、广场入口处应设缘石坡道，其坡面应平整，且不应光滑。坡度应小于 1:20，坡宽应大于 1.2 m。
3 通行轮椅车的坡道宽度不应小于 1.5 m。

20 住建 4.3.4
居住用地内应配套设置居民自行车、汽车的停车场地或停车库。

21 住建 4.4.1
新区的绿地率不应低于 30%。

22 住建 4.4.2
公共绿地总指标不应少于 1 m^2/人。

23 住建 4.4.3
人工景观水体的补充水严禁使用自来水。无护栏水体的近岸 2 m 范围内及园桥、汀步附近 2 m 范围内，水深不应大于 0.5 m。

24 住建 4.4.4
受噪声影响的住宅周边应采取防噪措施。

25 住建 4.5.1
地面水的排水系统，应根据地形特点设计，地面排水坡度不应小于 0.2%。

26 住建 4.5.2
住宅用地的防护工程设置应符合下列规定：
1 台阶式用地的台阶之间应用护坡或挡土墙连接，相邻台地间高差大于 1.5 m 时，应在挡土或坡比值大于 0.5 的护坡顶面加设安全防护设施；
2 土质护坡的坡比值不应大于 0.5；
3 高度大于 2 m 的挡土墙和护坡的上缘与住宅间水平距离不应小于 3 m，其下缘与住宅间的水平距离不应小于 2 m。

27 住建 9.1.1
住宅建筑的周围环境应为灭火救援提供外部条件。

28 住建 9.3.1
住宅建筑与相邻建筑、设施之间的防火间距应根据建筑的耐火等级、外墙的防火构造、灭火救援条件及设施的性质等因素确定。

29 住建 9.3.2
住宅建筑与相邻民用建筑之间的防火间距应符合表9.3.2的要求。当建筑相邻外墙采取必要的防火措施后,其防火间距可适当减少或贴邻。

表9.3.2 住宅建筑与相邻民用建筑之间的防火间距(m)

建筑类别			10层及10层以上住宅或其他高层民用建筑		10层以下住宅或其他非高层民用建筑		
			高层建筑	裙房	耐火等级		
					一、二级	三级	四级
10层以下住宅	耐火等级	一、二级	9	6	6	7	9
		三级	11	7	7	8	10
		四级	14	9	9	10	12
10层及10层以上住宅			13	9	9	11	14

30 住建 9.8.1
10层及10层以上的住宅建筑应设置环形消防车道,或至少沿建筑的一个长边设置消防车道。

31 住建 9.8.2
供消防车取水的天然水源和消防水池应设置消防车道,并满足消防车的取水要求。

32 住设 6.5.2
位于阳台、外廊及开敞楼梯平台下部的公共出入口,应采取防止物体坠落伤人的安全措施。

33 库规 3.1.7
机动车库基地出入口应设置减速安全设施。

34 库规 4.2.8
机动车库的人员出入口与车辆出入口应分开设置,机动车升降梯不得替代乘客电梯作为人员出入口,并应设置标识。

35 库防规 4.1.3
汽车库不应与火灾危险性为甲、乙类的厂房、仓库贴邻或组合建造。

36 库防规 4.2.1
除本规范另有规定外,汽车库、修车库、停车场之间及汽车库、修车库、停车场与除甲类物品仓库外的其他建筑物的防火间距,不应小于表4.2.1的规定。其中,高层汽车库与其他建筑物,汽车库、修车库与高层建筑的防火间距应按表4.2.1的规定值增加3 m;汽车库、修车库与甲类厂房的防火间距应按表4.2.1的规定值增加2 m。

表4.2.1 汽车库、修车库、停车场之间及汽车库、修车库、停车场与除甲类物品仓库外的其他建筑物的防火间距(m)

名称和耐火等级	汽车库、修车库		厂房、仓库、民用建筑		
	一、二级	三级	一、二级	三级	四级
一、二级汽车库、修车库	10	12	10	12	14

续表

名称和耐火等级	汽车库、修车库		厂房、仓库、民用建筑		
	一、二级	三级	一、二级	三级	四级
三级汽车库、修车库	12	14	12	14	16
停车场	6	8	6	8	10

注：1 防火间距应按相邻建筑物外墙的最近距离算起，如外墙有凸出的可燃物构件时，则应从其凸出部分外缘算起，停车场应从靠近建筑物的最近停车位置边缘算起。
  2 厂房、仓库的火灾危险性分类应符合现行国家标准《建筑设计防火规范》GB 50016的有关规定。

37 库防规 4.3.1
汽车库、修车库周围应设置消防车道。

38 库防规 6.0.1
汽车库、修车库的人员安全出口和汽车疏散出口应分开设置。设置在工业与民用建筑内的汽车库，其车辆疏散出口应与其他场所的人员安全出口分开设置。

39 库防规 6.0.9
除本规范另有规定外，汽车库、修车库的汽车疏散出口总数不应少于2个，且应分散布置。

40 收集技 7.1.2
收集站应设置通风、除尘、除臭、隔声等环境保护设施，并应设置消毒、杀虫、灭鼠等装置。

41 管线 5.0.8
架空管线之间及其与建（构）筑物之间的最小水平净距应符合表5.0.8的规定。

表5.0.8 架空管线之间及其与建（构）筑物之间的最小水平净距（m）

名 称		建（构）筑物（凸出部分）	通信线	电力线	燃气管道	其他管道
电力线	3 kV以下边导线	1.0	1.0	2.5	1.5	1.5
	3 kV～10 kV边导线	1.5	2.0	2.5	2.0	2.0
	35 kV～66 kV边导线	3.0	4.0	5.0	4.0	4.0
	110 kV边导线	4.0	4.0	5.0	4.0	4.0
	220 kV边导线	5.0	5.0	7.0	5.0	5.0
	330 kV边导线	6.0	6.0	9.0	6.0	6.0
	500 kV边导线	8.5	8.0	13.0	7.5	6.5
	750 kV边导线	11.0	10.0	16.0	9.5	9.5
通信线		2.0	—	—	—	—

注：架空电力线与其他管线及建（构）筑物的最小水平净距为最大计算风偏情况下的净距。

42 管线 5.0.9
架空管线之间及其与建（构）筑物之间的最小垂直净距应符合表5.0.9的规定。

表5.0.9 架空管线之间及其与建（构）筑物之间的最小垂直净距（m）

名称		建（构）筑物	地面	公路	电车道（路面）	铁路（轨顶） 标准轨	铁路（轨顶） 电气轨	通信线	燃气管道 P≤1.6MPa	其他管道
电力线	3 kV以下	3.0	6.0	6.0	9.0	7.5	11.5	1.0	1.5	1.5
	3 kV~10 kV	3.0	6.5	7.0	9.0	7.5	11.5	2.0	3.0	2.0
	35 kV	4.0	7.0	7.0	10.0	7.5	11.5	3.0	4.0	3.0
	66 kV	5.0	7.0	7.0	10.0	7.5	11.5	3.0	4.0	3.0
	110 kV	5.0	7.0	7.0	10.0	7.5	11.5	3.0	4.0	3.0
	220 kV	6.0	7.5	8.0	11.0	8.5	12.5	4.0	5.0	4.0
	330 kV	7.0	8.5	9.0	12.0	9.5	13.5	5.0	6.0	5.0
	500 kV	9.0	14.0	14.0	16.0	14.0	16.0	8.5	7.5	6.5
	750 kV	11.5	19.5	19.5	21.5	19.5	21.5	12.0	9.5	8.5
通信线		1.5	4.5 (5.5)	3.0 (5.5)	9.0	7.5	11.5	0.6	1.5	1.0
燃气管道P≤1.6MPa		0.6	5.5	5.5	9.0	6.0	10.5	1.5	0.3	0.3
其他管道		0.6	4.5	4.5	9.0	6.0	10.5	1.0	0.3	0.25

注：1 架空电力线及架空通信线与建（构）物及其他管线的最小垂直净距为最大计算弧垂情况下的净距；
　　2 括号内为特指与道路平行，但不跨越道路时的高度。

43 管廊 5.4.7
天然气管道舱室的排风口与其他舱室排风口、进风口、人员出入口以及周边建（构）筑物口部距离不应小于10m。天然气管道舱室的各类孔口不得与其他舱室连通，并应设置明显的安全警示标识。

44 园规 5.1.3
公园地形应按照自然安息角设计坡度，当超过土壤的自然安息角时，应采取护坡、固土或防冲刷的措施。

45 园规 5.3.3
非淤泥底人工水体的岸高及近岸水深应符合下列规定：
1 无防护设施的人工驳岸，近岸2.0 m范围内的常水位水深不得大于0.7 m；
2 无防护设施的园桥、汀步及临水平台附近2.0 m范围以内的常水位水深不得大于0.5 m；
3 无防护设施的驳岸顶与常水位的垂直距离不得大于0.5 m。

46 内环 4.1.1

新建、扩建的民用建筑工程设计前，应进行建筑工程所在城市区域土壤中氡浓度或土壤表面氡析出率调查，并提交相应的调查报告。未进行过区域土壤中氡浓度或土壤表面氡析出率测定的，应进行建筑场地土壤中氡浓度或土壤氡析出率测定，并提供相应的检测报告。

2 建筑相关
2.1 通用规定

表 2-3 所示的是各种建筑单体在场地设计中通用性强条条款，本节各表需要与表 2-3 **结合起来**一起使用。

扫描进入建识网

表 2-3　建筑单体相关的通用性强条条款

序号	关键信息	出处	使用指引	附图
1	-	居标 4.0.9	住宅建筑间距以日照为核心的规定	图 2-12
2	道红或地红	统标 4.3.1	建筑物及其附属设施不应突出道路红线或用地红线建造	图2-13
3	-	防规 3.4.1	（节选）厂房与民用建筑的防火间距	图2-14
4	-	防规 3.4.2	厂房与重要公共建筑的防火间距	-
5	-	防规 3.5.1	（节选）甲类仓库与其他建筑的防火间距	-
6	-	防规 3.5.2	（节选）乙丙丁戊类仓库与民用建筑的防火间距	-
7	-	防规 4.2.1	（节选）甲、乙、丙类液体储罐（区）和乙、丙类液体桶装堆场与其他建筑的防火间距	-
8	-	防规 4.3.1	（节选）可燃气体储罐与建筑物、储罐、堆场等的防火间距的规定	-
9	-	防规 4.3.3	（节选）氧气储罐与建筑物、储罐、堆场等的防火间距应符合下列规定	-
10	-	防规 4.3.8	（节选）液化天然气气化站的液化天然气储罐（区）与站外建筑等的防火间距	-
11	-	防规 4.4.1	（节选）液化石油气供应基地的全压式和半冷冻式储罐（区），与明火或散发火花地点和基地外建筑等的防火间距	-
12	-	防规 4.4.5	Ⅰ、Ⅱ级瓶装液化石油气供应站瓶库与站外建筑等的防火间距	-

续表

序号	关键信息	出处	使用指引	附图
13	–	防规 5.2.2	民用建筑之间的防火间距要求	图2-15~图2-19
14	–	防规 5.2.6	建筑高度大于100 m的民用建筑与相邻建筑的防火间距	–
15	–	防规 5.4.17	（1、2、3）建筑采用瓶装液化石油气瓶组供气时，应符合的规定	–
16	直通出入口	防规 7.2.3	建筑物与消防车登高操作场地相对应的范围中应设直通室外的楼梯（间）入口	–
17	–	防规 11.0.10	民用木结构建筑之间及其与其他民用建筑的防火间距的规定	–
18	抗开裂	内环 4.2.4	对建筑物采取底层地面抗开裂措施的规定	–
19	抗开裂、防水	内环 4.2.5	对建筑物采取底层地面抗开裂措施并对基础进行防水处理的规定	–
20	抗氡	内环 4.2.6	对建筑物采取综合抗氡措施的规定	–

图2-12 | 住宅建筑的日照条件是总平面布置的原则示意

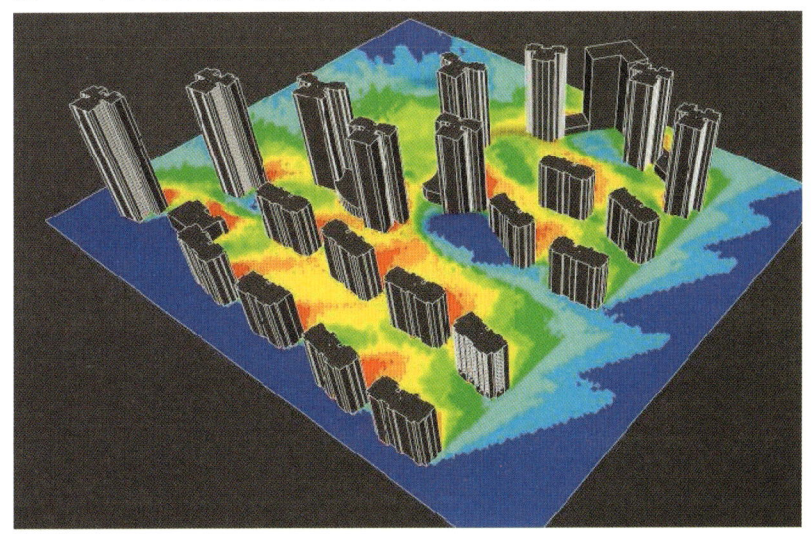

图2-13 建筑物及附属设施不得突出道路红线和用地红线建造的设施

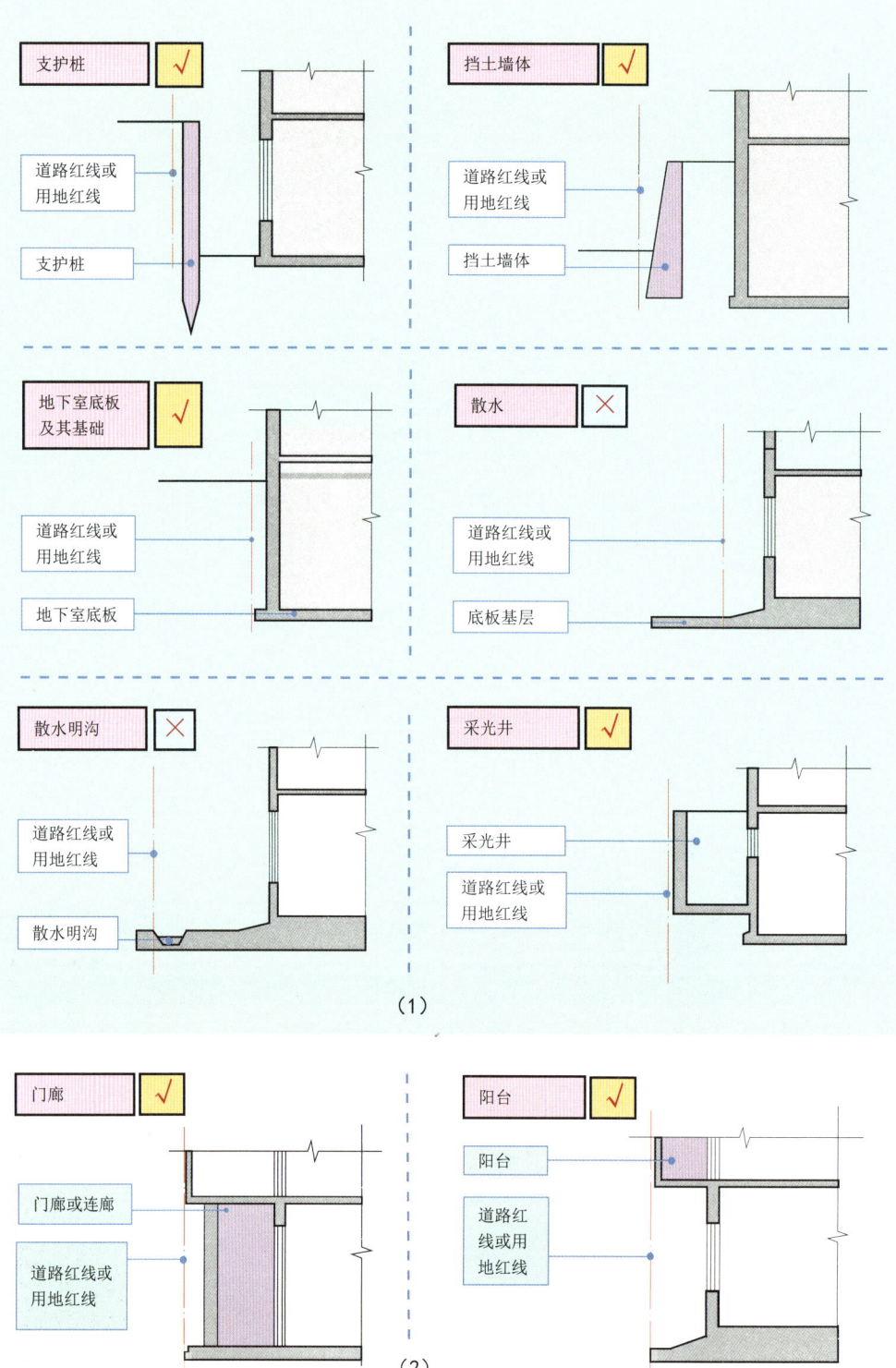

图2-13 │ 建筑物及附属设施不得突出道路红线和用地红线建造的设施（续）

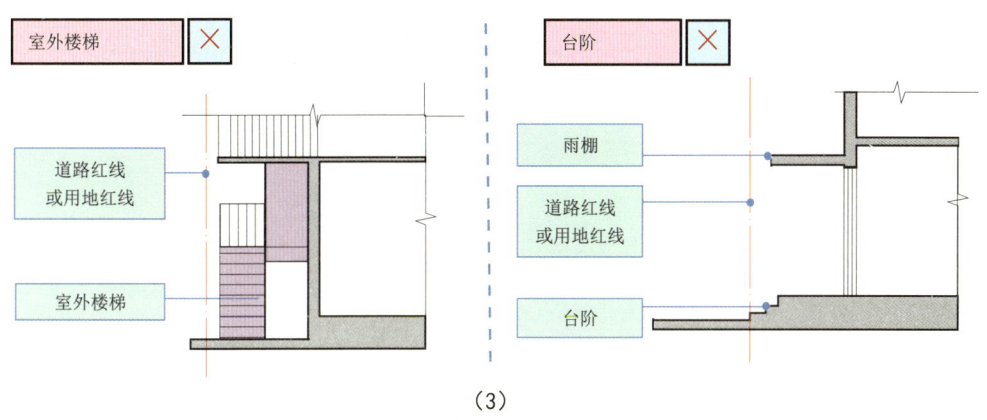

(3)

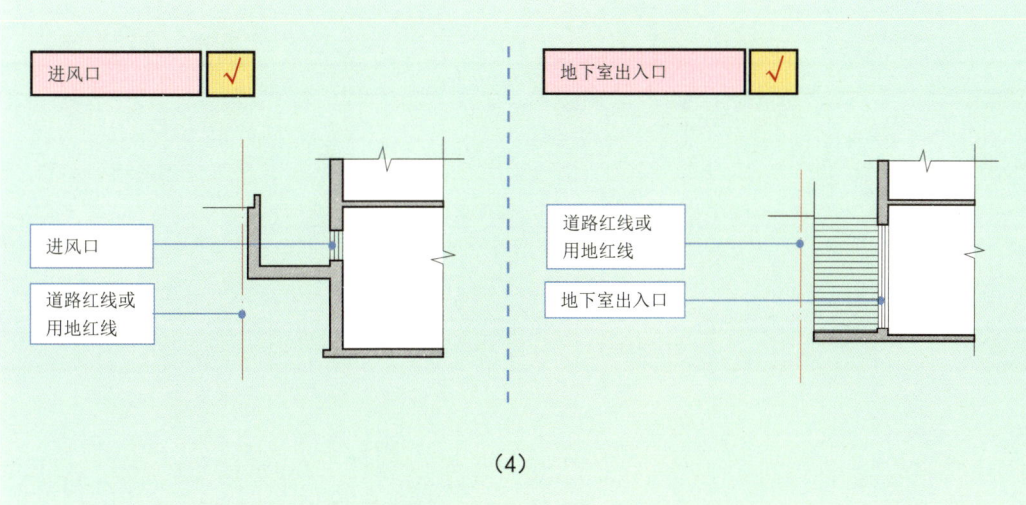

(4)

图2-14 │ 甲乙类厂房与民用建筑间的防火间距举例图示

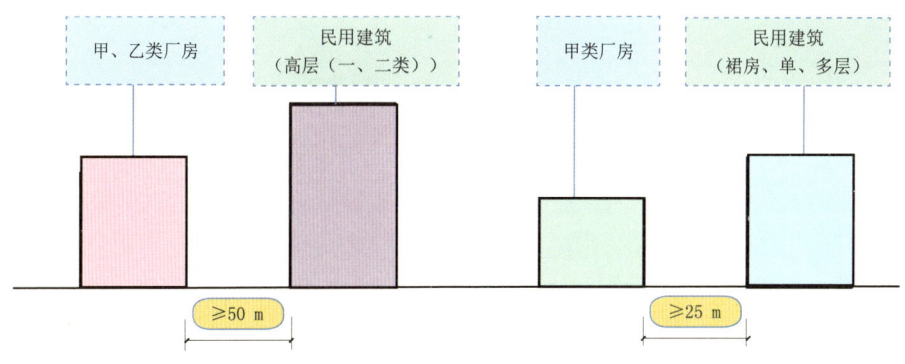

图2-15 | 民用建筑之间的防火间距（平面布置图）

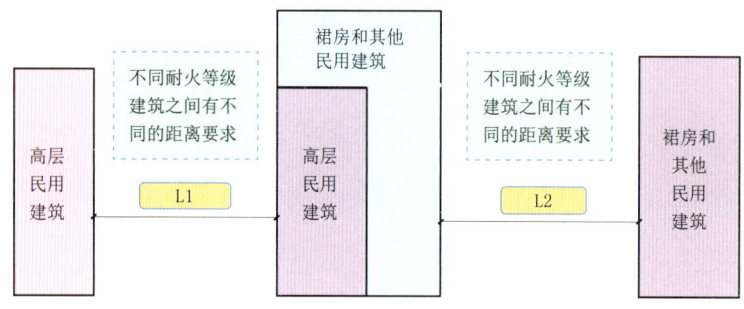

图2-16 | 相邻两座单、多层建筑间的防火间距可按规定减少25%的三个要求

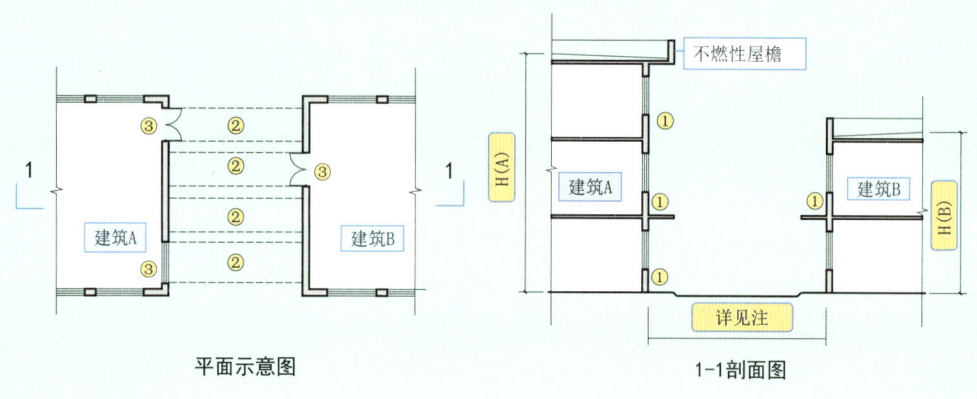

平面示意图　　　　　　1-1剖面图

注：① 相邻两座单、多层建筑，相邻外墙为不燃性墙体且无外露的可燃性屋檐；
　　② 每面外墙上无防火保护的门、窗、洞口不正对开设；
　　③ 无防火保护措施的门、窗、洞口面积之和≤外墙面积的 5%。

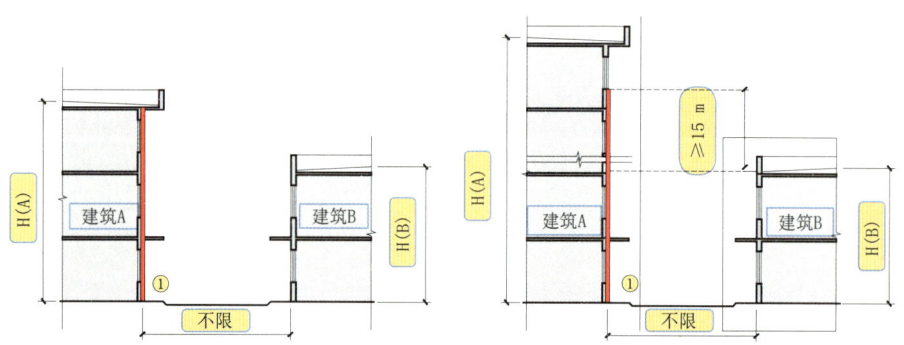

两座建筑相邻较高一面外墙为防火墙，或高出相邻较低一座一、二级耐火等级建筑的屋面15m及以下范围内的外墙为防火墙时，其防火间距不限。① 为防火墙

图2-17 | 相邻两座高度相同的 一、二级耐火等级建筑的防火间距要求

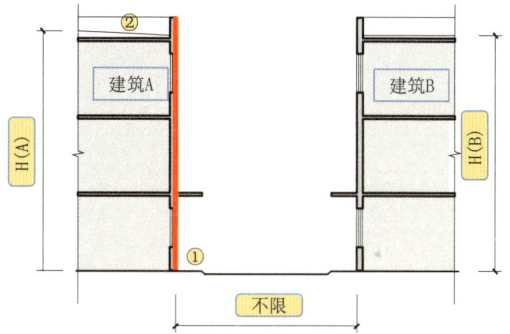

相邻两座高度相同的一、二级耐火等级建筑中相邻任一侧外墙为防火墙，屋顶的耐火极限不低于1.00h时，其防火间距不限。

①相邻两座建筑高度相同，且相邻任意一侧外墙为防火墙；
②屋顶的耐火极限≥1.00 h。

图2-18 | 相邻两座高度不同的建筑的防火间距要求

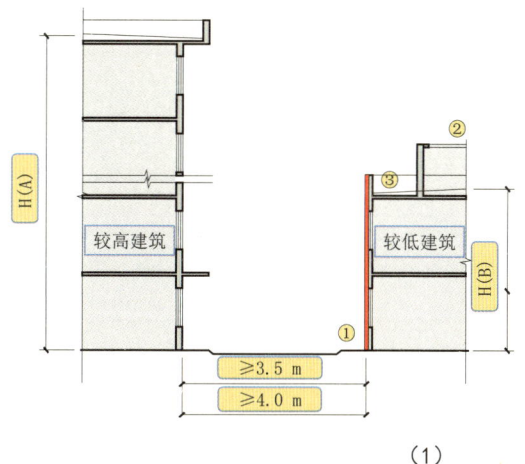

条件：
①较低一侧为防火墙
②满足防火间距时，屋顶可设天窗、洞口；
③屋顶的耐火极限≥1.00 h；

▲当满足上条件时：
防火间距：应≥3.50 m
对于高层建筑：应≥4.0 m

（1）

条件：
①甲级防火门、窗或设置符合现行国家标准《自动喷水灭火系统设计规范》GB 50084规定的防火分隔水幕或第6.5.3条规定的防火卷帘
②满足防火间距时，屋顶可设天窗、洞口

▲当满足上条件时：
防火间距：应≥3.50 m
对于高层建筑：应≥4.0 m

（2）

规范原文摘录

1 居标 4.0.9

住宅建筑的间距应符合表 4.0.9 的规定；对特定情况，还应符合下列规定：
1 老年人居住建筑日照标准不应低于冬至日日照时数 2 h；
2 在原设计建筑外增加任何设施不应使相邻住宅原有日照标准降低，既有住宅建筑进行无障碍改造加装电梯除外；
3 旧区改建项目内新建住宅建筑日照标准不应低于大寒日日照时数 1 h。

表 4.0.9　住宅建筑日照标准

建筑气候区划	I、II、III、VII 气候区		IV 气候区		V、VI 气候区
城市常住人口（万人）	≥50	<50	≥50	<50	无限定
日照标准日	大寒日				冬至日
日照时数（h）	≥2		≥3		≥1
有效日照时间带（当地真太阳时）	8 时～16 时				9 时～15 时
计算起点	底层窗台面				

注：底层窗台面是指距室内地坪 0.9 m 高的外墙位置。

2 统标 4.3.1

除骑楼、建筑连接体、地铁相关设施及连接城市的管线、管沟、管廊等市政公共设施以外，建筑物及其附属的下列设施不应突出道路红线或用地红线建造：
1 地下设施，应包括支护桩、地下连续墙、地下室底板及其基础、化粪池、各类水池、处理池、沉淀池等构筑物及其他附属设施等；
2 地上设施，应包括门廊、连廊、阳台、室外楼梯、凸窗、空调机位、雨篷、挑檐、装饰构架、固定遮阳板、台阶、坡道、花池、围墙、平台、散水明沟、地下室进风及排风口、地下室出入口、集水井、采光井、烟囱等。

3 防规 3.4.1（节选）

除本规范另有规定外，厂房之间及与乙、丙、丁、戊类仓库、民用建筑等的防火间距不应小于表 3.4.1 的规定，与甲类仓库的防火间距应符合本规范第 3.5.1 条的规定。

表 3.4.1　厂房之间及与乙、丙、丁、戊类仓库、民用建筑等的防火间距(m)（节选）

名　称			民用建筑				
			裙房、单、多层			高层	
			一、二级	三级	四级	一类	二类
甲类厂房	单、多层	一、二级	25			50	
乙类厂房	单、多层	一、二级	25			50	
		三级					
	高层	一、二级					
丙类厂房	单、多层	一、二级	10	12	14	20	15
		三级	12	14	16	25	30
		四级	14	16	18		
	高层	一、二级	13	15	17	20	15

续表

名　称			民用建筑				
			裙房、单、多层			高层	
			一、二级	三级	四级	一类	二类
丁、戊类厂房	单、多层	一、二级	10	12	14	15	13
		三级	12	14	16	18	15
		四级	14	16	18		
	高层	一、二级	13	15	17	15	13
室外变、配电站	变压器总油量（t）	≥5 ≤10	15	20	25	20	
		>10 ≤50	20	25	30	25	
		>50	25	30	35	30	

注：1 乙类厂房与重要公共建筑的防火间距不宜小于 50 m；与明火或散发火花地点，不宜小于 30 m。单、多层戊类厂房之间及与戊类仓库的防火间距可按本表的规定减少 2 m，与民用建筑的防火间距可将戊类厂房等同民用建筑按本规范第 5.2.2 条的规定执行。为丙、丁、戊类厂房服务而单独设置的生活用房应按民用建筑确定，与所属厂房的防火间距不应小于 6 m。确需相邻布置时，应符合本表注 2、3 的规定；

2 两座厂房相邻较高一面外墙为防火墙，或相邻两座高度相同的一、二级耐火等级建筑中相邻任一侧外墙为防火墙且屋顶的耐火极限不低于 1.00 h 时，其防火间距不限，但甲类厂房之间不应小于 4 m。两座丙、丁、戊类厂房相邻两面外墙均为不燃性墙体，当无外露的可燃性屋檐，每面外墙上的门、窗、洞口面积之和各不大于外墙面积的 5%，且门、窗、洞口不正对开设时，其防火间距可按本表的规定减少 25%。甲、乙类厂房（仓库）不应与本规范第 3.3.5 条规定外的其他建筑贴邻；

3 两座一、二级耐火等级的厂房，当相邻较低一面外墙为防火墙且较低一座厂房的屋顶无天窗、屋顶的耐火极限不低于 1.00 h，或相邻较高一面外墙的门、窗等开口部位设置甲级防火门、窗或防火分隔水幕或按本规范第 6.5.3 条的规定设置防火卷帘时，甲、乙类厂房之间的防火间距不应小于 6 m；丙、丁、戊类厂房之间的防火间距不应小于 4 m。

4 防规 3.4.2
甲类厂房与重要公共建筑的防火间距不应小于 50 m，与明火或散发火花地点的防火间距不应小于 30 m。

5 防规 3.5.1（节选）
甲类仓库之间及与其他建筑、明火或散发火花地点、铁路、道路等的防火间距不应小于表 3.5.1 的规定。
表3.5.1　甲类仓库之间及与其他建筑、明火或散发火花地点、铁路、道路等的防火间距(m)（节选）

名　称	甲类仓库（储量，t）			
	甲类储存物品第 3、4 项		甲类储存物品第 1、2、5、6 项	
	≤5	>5	≤10	>10
高层民用建筑、重要公共建筑	50			
裙房、其他民用建筑、明火或散发火花地点	30	40	25	30

注：甲类仓库之间的防火间距，当第 3、4 项物品储量不大于 2 t，第 1、2、5、6 项物品储量不大于 5 t 时，不应小于 12 m。甲类仓库与高层仓库的防火间距不应小于 13 m。

6 防规 3.5.2（节选）
除本规范另有规定外，乙、丙、丁、戊类仓库之间及与民用建筑的防火间距，不应小于表 3.5.2 的规定。

表3.5.2 乙、丙、丁、戊类仓库之间及与民用建筑的防火间距(m)（节选）

名称			乙类仓库		丙类仓库			丁、戊类仓库			
			单多层	高层	单多层			单多层			高层
			一、二级	三级	一、二级	一、二级	三级	四级	一、二级	一、二级	三级	四级	一、二级

名称			乙类仓库 单多层 一、二级	乙类仓库 单多层 三级	乙类仓库 高层 一、二级	丙类仓库 单多层 一、二级	丙类仓库 单多层 三级	丙类仓库 单多层 四级	丙类仓库 高层 一、二级	丁、戊类仓库 单多层 一、二级	丁、戊类仓库 单多层 三级	丁、戊类仓库 单多层 四级	丁、戊类仓库 高层 一、二级
民用建筑	裙房、单、多层	一、二级	25			10	12	14	13	10	12	14	13
		三级				12	14	16	15	12	14	16	15
		四级				14	16	18	17	14	16	18	17
	高层	一类	50			20	25	25	20	15	18	18	15
		二类				15	20	20	15	13	15	15	13

注：3 除乙类第6项物品外的乙类仓库，与民用建筑的防火间距不宜小于25 m，与重要公共建筑的防火间距不应小于50 m，与铁路、道路等的防火间距不宜小于表3.5.1中甲类仓库与铁路、道路等的防火间距。

7 防规 4.2.1（节选）

甲、乙、丙类液体储罐（区）和乙、丙类液体桶装堆场与其他建筑的防火间距，不应小于表4.2.1的规定。

表4.2.1 甲、乙、丙类液体储罐（区）和乙、丙类液体桶装堆场与其他建筑的防火间距(m)

类别	一个罐区或堆场的总容量 V（m³）	建筑物 一、二级 高层民用建筑	建筑物 一、二级 裙房、其他建筑	三级	四级	室外变、配电室
甲、乙类液体储罐（区）	1≤V<50	40	12	15	20	30
	50≤V<200	50	15	20	25	35
	200≤V<1000	60	20	25	30	40
	1000≤V<5000	70	25	30	40	50
丙类液体储罐（区）	5≤V<250	40	12	15	20	24
	250≤V<1000	50	15	20	25	28
	1000≤V<5000	60	20	25	30	32
	5000≤V<25000	70	25	30	40	40

注：2 储罐防火堤外侧基脚线至相邻建筑的距离不应小于10 m；
3 甲、乙、丙类液体的固定顶储罐区或半露天堆场，乙、丙类液体桶装堆场与甲类厂房（仓库）、民用建筑的防火间距，应按本表的规定增加25%，且甲、乙类液体的固定顶储罐区或半露天堆场，乙、丙类液体桶装堆场与甲类厂房（仓库）、裙房、单、多层民用建筑的防火间距不应小于25 m，与明火或散发火花地点的防火间距应按本表有关四级耐火等级建筑物的规定增加25%；
4 浮顶储罐区或闪点大于120℃的液体储罐区与其他建筑的防火间距，可按本表的规定减少25%；
6 直埋地下的甲、乙、丙类液体卧式罐，当单罐容量不大于50 m³，总容量不大于200 m³时，与建筑物的防火间距可按本表规定减少50%；
7 室外变、配电站指电力系统电压为35kV～500kV且每台变压器容量不小于10 mV·A的室外变、配电站和工业企业的变压器总油量大于5 t的室外降压变电站。

8 防规 4.3.1（节选）

可燃气体储罐与建筑物、储罐、堆场等的防火间距应符合下列规定：
1 湿式可燃气体储罐与建筑物、储罐、堆场等的防火间距不应小于表4.3.1的规定。

表4.3.1　湿式可燃气体储罐与建筑物、储罐、堆场等的防火间距(m)（节选）

名　称		湿式可燃气体储罐总容积（V，m³）				
		V＜1000	1000≤V＜10000	10000≤V＜50000	50000≤V＜100000	100000≤V＜300000
室外变、配电站		20	25	30	35	40
高层民用建筑		25	30	35	40	45
裙房，单、多层民用建筑		18	20	25	30	35
其他建筑	一、二级	12	15	20	25	30
	三级	15	20	25	30	35
	四级	20	25	30	35	40

注：固定容积可燃气体储罐的总容积按储罐几何容积（m³）和设计储存压力（绝对压力，10⁵ Pa）的乘积计算。
2 固定容积的可燃气体储罐与建筑物、储罐、堆场等的防火间距不应小于表4.3.1的规定。
3 干式可燃气体储罐与建筑物、储罐、堆场等的防火间距：当可燃气体的密度比空气大时，应按表4.3.1的规定增加25%；当可燃气体的密度比空气小时，可按表4.3.1的规定确定。

9 防规 4.3.3 （节选）
氧气储罐与建筑物、储罐、堆场等的防火间距应符合下列规定：
1 湿式氧气储罐与建筑物、储罐、堆场等的防火间距不应小于表4.3.3的规定。

表4.3.3　湿式氧气储罐与建筑物、储罐、堆场等的防火间距(m)（节选）

名　称		湿式氧气储罐（V，m³）		
		V≤1000	1000＜V≤50000	V＞50000
室外变、配电站		20	25	30
民用建筑		18	20	25
其他建筑	一、二级	10	12	14
	三级	12	14	16
	四级	14	16	18

注：固定容积氧气储罐的总容积按储罐几何容积（m³）和设计储存压力（绝对压力，10⁵ Pa）的乘积计算。

4 固定容积的氧气储罐与建筑物、储罐、堆场等的防火间距不应小于表4.3.3的规定。

注：1 m³液氧折合标准状态下800 m³气态氧。

10 防规 4.3.8 （节选）
液化天然气气化站的液化天然气储罐（区）与站外建筑等的防火间距不应小于表4.3.8的规定，与表4.3.8未规定的其他建筑的防火间距，应符合现行国家标准《城镇燃气设计规范》GB 50028的规定。

表4.3.8　液化天然气气化站的液化天然气储罐(区)与站外建筑等的防火间距(m)（节选）

名　称	液化天然气储罐（区）（总容积V，m³）							集中放散装置的天然气放散总管
	V≤10	10＜V≤30	30＜V≤50	50＜V≤200	200＜V≤500	500＜V≤1000	1000＜V≤2000	
单罐容积V（m³）	V≤10	V≤30	V≤50	V≤200	V≤500	V≤1000	V≤2000	
居住区、村镇和重要公共建筑（最外侧建筑物的外墙）	30	35	45	50	70	90	110	45
室外变、配电室	30	35	45	50	55	60	70	30
其他民用建筑	27	32	40	45	50	55	65	25

注：居住区、村镇指1000人或300户及以上者；当少于1000人或300户时，相应防火间距应按本表有关其他民用建筑的要求确定。

11 防规 4.4.1（节选）

液化石油气供应基地的全压式和半冷冻式储罐（区），与明火或散发火花地点和基地外建筑等的防火间距不应小于表4.4.1的规定，与表4.4.1未规定的其他建筑的防火间距应符合现行国家标准《城镇燃气设计规范》GB 50028 的规定。

表4.4.1　液化石油气供应基地的全压式和半冷冻式储罐(区)与明火或散发火花地点和基地外建筑等的防火间距(m)　（节选）

名　称	液化天然气储罐（区）（总容积 V, m³）						
	30＜V≤50	50＜V≤200	200＜V≤500	500＜V≤1000	1000＜V≤2500	2500＜V≤5000	5000＜V≤10000
单罐容积 V（m³）	V≤20	V≤50	V≤100	V≤200	V≤400	V≤1000	V＞1000
居住区、村镇和重要公共建筑（最外侧建筑物的外墙）	45	50	70	90	110	130	150
室外变、配电室	45	50	55	60	70	80	120
其他民用建筑	40	45	50	55	65	75	100

注：1　防火间距应按本表储罐区的总容积或单罐容积的较大者确定；
　　2　当地下液化石油气储罐的单罐容积不大于50 m³，总容积不大于400 m³时，其防火间距可按本表的规定减50%；
　　3　居住区、村镇指1000人或300户及以上者；当少于1000人或300户时，相应防火间距应按本表有关其他民用建筑的要求确定。

12 防规 4.4.5

Ⅰ、Ⅱ级瓶装液化石油气供应站瓶库与站外建筑等的防火间距不应小于表4.4.5的规定。瓶装液化石油气供应站的分级及总存瓶容积不大于1 m³的瓶装供应站瓶库的设置。应符合现行国家标准《城镇燃气设计规范》GB 50028 的规定。

表4.4.5　Ⅰ、Ⅱ级瓶装液化石油气供应站瓶库与站外建筑等的防火间距(m)　（节选）

名　称	Ⅰ级		Ⅱ级	
	6＜V≤10	10＜V≤20	1＜V≤3	3＜V≤6
重要公共建筑	20	25	12	15
其他民用建筑	10	15	6	8

注：总存瓶容积应按实瓶个数与单瓶几何容积的乘积计算。

13 防规 5.2.2

民用建筑之间的防火间距不应小于表5.2.2的规定，与其他建筑的防火间距，除应符合本节规定外，尚应符合本规范其他章的有关规定。

表5.2.2　民用建筑之间的防火间距(m)

建筑类别		高层民用建筑	裙房和其他民用建筑		
		一、二级	一、二级	三级	四级
高层民用建筑	一、二级	13	9	11	14
裙房和其他民用建筑	一、二级	9	6	7	9
	三级	11	7	8	10
	四级	14	9	10	12

注：1　相邻两座单、多层建筑，当相邻外墙为不燃性墙体且无外露的可燃性屋檐，每面外墙上无防火保护的门、窗、洞口不正对开设且该门、窗、洞口的面积之和不大于外墙面积的5%时，其防火间距可按本表的规定减少25%；
　　2　两座建筑相邻较高一面外墙为防火墙，或高出相邻较低一座一、二级耐火等级建筑的屋面15 m及以下范围内的外墙为防火墙时，其防火间距不限；
　　3　相邻两座高度相同的一、二级耐火等级建筑中相邻任一侧外墙为防火墙，屋顶的耐火极限不低于1.00 h时，其防火间距不限。

4 相邻两座建筑中较低一座建筑的耐火等级不低于二级，相邻较低一面外墙为防火墙且屋顶无天窗，屋顶的耐火极限不低于1.00 h时，其防火间距不应小于3.5 m；对于高层建筑，不应小于4 m；

5 相邻两座建筑中较低一座建筑的耐火等级不低于二级且屋顶无天窗，相邻较高一面外墙高出较低一座建筑的屋面15 m及以下范围内的开口部位设置甲级防火门、窗，或设置符合现行国家标准《自动喷水灭火系统设计规范》GB 50084规定的防火分隔水幕或本规范第6.5.3条规定的防火卷帘时，其防火间距不应小于3.5 m；对于高层建筑，不应小于4 m；

6 相邻建筑通过连廊、天桥或底部的建筑物等连接时，其间距不应小于本表的规定；

7 耐火等级低于四级的既有建筑，其耐火等级可按四级确定。

14 防规 5.2.6
建筑高度大于100 m的民用建筑与相邻建筑的防火间距。当符合本防规第3.4.5条、第3.5.3条、第4.2.1条和第5.2.2条允许减小的条件时，仍不应减小。

15 防规 5.4.17 （节选）
建筑采用瓶装液化石油气瓶组供气时，应符合下列规定：

1 应设置独立的瓶组间；

2 瓶组间不应与住宅建筑、重要公共建筑和其他高层公共建筑贴邻，液化石油气气瓶的总容积不大于1 m³的瓶组间与所服务的其他建筑贴邻时，应采用自然气化方式供气；

3 液化石油气气瓶的总容积大于1 m³、不大于4 m³的独立瓶组间，与所服务建筑的防火间距应符合本规范表5.4.17的规定；

表5.4.17 液化石油气气瓶的独立瓶组间与所服务建筑的防火间距(m)

名 称		液化石油气气瓶的独立瓶组间的总容积V (m³)	
		V ≤ 2	2 < V ≤ 4
重要公共建筑、一类高层民用建筑		15	20
裙房和其他民用建筑		8	10
道路（路边）	主要	10	
	次要	5	

注：气瓶总容积应按配置气瓶个数与单瓶几何容积的乘积计算。

16 防规 7.2.3
建筑物与消防车登高操作场地相对应的范围内，应设置直通室外的楼梯或直通楼梯间的入口。

17 防规 11.0.10
民用木结构建筑之间及其与其他民用建筑的防火间距不应小于表11.0.10的规定。

民用木结构建筑与厂房（仓库）等建筑的防火间距、木结构厂房（仓库）之间及其与其他民用建筑的防火间距，应符合本规范第3、4章有关四级耐火等级建筑的规定。

表11.0.10 民用木结构建筑之间及其与其他民用建筑的防火间距 (m)

建筑耐火等级或类别	一、二级	三级	木结构建筑	四级
木结构建筑	8	9	10	11

18 内环 4.2.4
当民用建筑工程场地土壤氡浓度测定结果大于20000 Bq/m³，且小于30000 Bq/m³，或土壤表面氡析出率大于0.05 Bq/(m²·s)且小于0.1 Bq/(m²·s)时，应采取建筑物底层地面抗开裂措施。

19 内环 4.2.5
当民用建筑工程场地土壤氡浓度测定结果大于或等于30000 Bq/m³，且小于50000 Bq/m³，或土壤表面氡析出率大于或等于0.1 Bq/(m²·s)且小于0.3 Bq/(m²·s)时，除采取建筑物底层地面抗开裂措施外，还必须按现行国家标准《地下工程防水技术规范》GB 50108中的一级防水要求，对基础进行处理。

20 内环 4.2.6
当民用建筑工程场地土壤氡浓度大于或等于50000 Bq/m³或土壤表面氡析出率平均值大于或等于0.3 Bq/(m²·s)时，应采取建筑物综合防氡措施。

2.2 住宅商业项目
2.2.1 住宅单体

扫描进入建识网

表 2-4　住宅单体在总平面涉及的强条条款

序号	关键信息	出处	使用指引	附图
1	-	居标 4.0.9	住宅建筑日照标准	图2-20
2	防火间距	防规 5.2.6	建筑高度大于100 m的民用建筑与相邻建筑的防火间距	-
3	-	住建 4.1.1	住宅间距应满足的要求	-
4	-	住建 4.1.2	住宅至道路边缘最小距离的规定	图2-21
5	-	住建 4.3.1	每个住宅单元口至少应有一个出入口可通达机动车	-
6	防噪	住建 4.4.4	受噪声影响的住宅周边应采取防噪措施	-
7	分开设置	住建 5.2.4	住宅与附建公共用房的出入口应分开布置	-
8	-	住建 5.3.2	建筑入口及入口平台的无障碍设计规定	-
9	-	住建 9.3.1	住宅建筑与相邻建筑、设施之间防火间距的确定依据	-
10	-	住建 9.3.2	住宅建筑与相邻民用建筑之间的防火间距数据规定	-
11	-	住设 6.6.1	七层及七层以上的住宅需要做无障碍设计的位置	-
12	-	住设 6.6.2	住宅入口及入口平台的无障碍设计规定	图2-22
13	分开设置	住设 6.10.4	住户的公共出入口与附建公共用房的出入口应分开布置	图2-23
14	一间日照	住设 7.1.1	每套住宅至少有一个居住空间能获得冬季日照	-

图2-20 | 住宅建筑日照间距图示

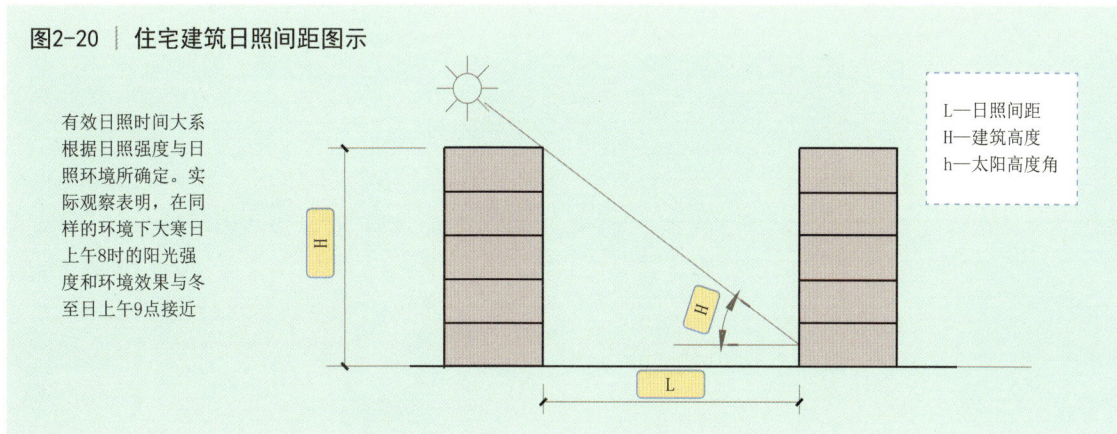

有效日照时间大系根据日照强度与日照环境所确定。实际观察表明，在同样的环境下大寒日上午8时的阳光强度和环境效果与冬至日上午9点接近

H
H
L
L—日照间距
H—建筑高度
h—太阳高度角

图2-21 | 住宅至道路边缘最小距离图示

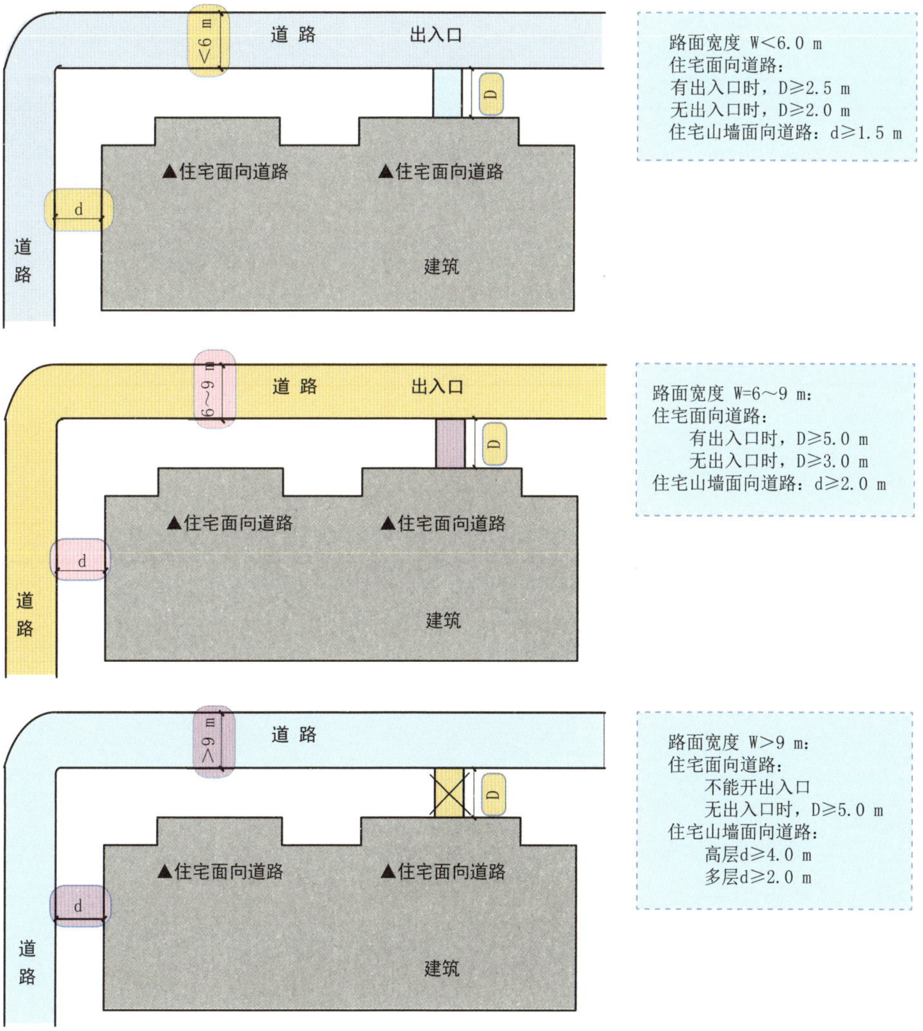

<6 m
道 路
出入口
D
▲住宅面向道路
▲住宅面向道路
d
道路
建筑
路面宽度 W<6.0 m
住宅面向道路：
有出入口时，D≥2.5 m
无出入口时，D≥2.0 m
住宅山墙面向道路：d≥1.5 m
6～9 m
道 路
出入口
D
▲住宅面向道路
▲住宅面向道路
d
道路
建筑
路面宽度 W=6～9 m：
住宅面向道路：
有出入口时，D≥5.0 m
无出入口时，D≥3.0 m
住宅山墙面向道路：d≥2.0 m
>9 m
道 路
D
▲住宅面向道路
▲住宅面向道路
d
道路
建筑
路面宽度 W>9 m：
住宅面向道路：
不能开出入口
无出入口时，D≥5.0 m
住宅山墙面向道路：
高层d≥4.0 m
多层d≥2.0 m

图2-22 ｜ 无障碍出入口案例

图2-23 ｜ 住户建筑公共出入口与附建公共用房的出入口分开布置图示

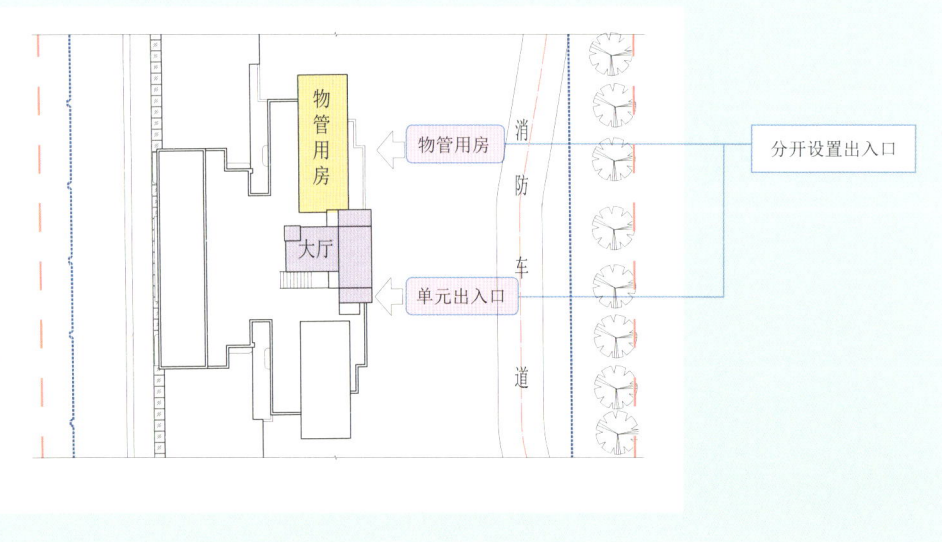

规范原文摘录

1 居规 4.0.9
住宅建筑的间距应符合表4.0.9的规定；对特定情况，还应符合下列规定：
1 老年人居住建筑日照标准不应低于冬至日日照时数2 h；
2 在原设计建筑外增加任何设施不应使相邻住宅原有日照标准降低，既有住宅建筑进行无障碍改造加装电梯除外；
3 旧区改建项目内新建住宅建筑日照标准不应低于大寒日日照时数1 h。

表4.0.9 住宅建筑日照标准

建筑气候区划	I、II、III、VII 气候区		IV 气候区		V、VI 气候区
城市常住人口（万人）	≥50	<50	≥50	<50	无限定
日照标准日	大寒日				冬至日
日照时数（h）	≥2		≥3		≥1
有效日照时间带（当地真太阳时）	8时～16时				9时～15时
计算起点	底层窗台面				

注：底层窗台面是指距室内地坪0.9 m高的外墙位置。

2 防规 5.2.6
建筑高度大于100 m的民用建筑与相邻建筑的防火间距。当符合本规范第3.4.5条、第3.5.3条、第4.2.1条和第5.2.2条允许减小的条件时，仍不应减小。

3 住建 4.1.1
住宅间距，应以满足日照要求为基础，综合考虑采光、通风、消防、防灾、管线埋设、视觉卫生等要求确定。住宅日照标准应符合表4.1.1的规定；对于特定情况还应符合下列规定：
1 老年人住宅不应低于冬至日日照2 h的标准；
2 旧区改建的项目内新建住宅日照标准可酌情降低，但不应低于大寒日日照1 h的标准。

表4.1.1 住宅建筑日照标准

建筑气候划区	I、II、III、VII 气候区		IV 气候区		V、VI 气候区
	大城市	中小城市	大城市	中小城市	
日照标准日	大 寒 日				冬 至 日
日照时数（h）	≥2		≥3		≥1
有效日照时间带（h）（当地真太阳时）	8～16时				9～15时
计算起点	底 层 窗 台 面				

注：底层窗台面是指距室内地坪0.9 m高的外墙位置。

4 住建 4.1.2
住宅至道路边缘的最小距离，应符合表4.1.2的规定。

表4.1.2 住宅至道路边缘最小距离（m）

与住宅距离		路面宽度	<6 m	6～9 m	>9 m
住宅面向道路	无出入口	高层	2	3	5
		多层	2	3	3
	有出入口		2.5	5	—
住宅山墙面向道路	高层		1.5	2	4
	多层		1.5	2	2

注：1 当道路设有人行道时，其道路边缘指便道变现；
　　2 表中"—"表示住宅不应向路面宽度大于9 m的道路开设出入口。

5 住建 4.3.1
每个住宅单元至少应有一个出入口可以通达机动车。

6 住建 4.4.4
受噪声影响的住宅周边应采取防噪措施。

7 住建 5.2.4
住宅与附建公共用房的出入口应分开布置。住宅的公共出入口位于阳台、外廊及开敞楼梯平台的下部时，应采取防止物体坠落伤人的安全措施。

8 住建 5.3.2
建筑入口及入口平台的无障碍设计应符合下列规定：
1 建筑入口设台阶时，应设轮椅坡道和扶手；
2 坡道的坡度应符合表5.3.2的规定；

表5.3.2 坡道的坡度

高度（m）	1.00	0.75	0.60	0.35
坡　度	≤1:16	≤1:12	≤1:10	≤1:8

3 供轮椅通行的门净宽不应小于0.80 m；
4 供轮椅通行的推拉门和平开门，在门把手一侧的墙面，应留有不小于0.50 m的墙面宽度；
5 供轮椅通行的门扇，应安装视线观察玻璃、横执把手和关门拉手，在门扇的下方应安装高0.35 m的护门板；
6 门槛高度及门内外地面高差不应大于15 mm，并应以斜坡过渡。

9 住建 9.3.1
住宅建筑与相邻建筑、设施之间的防火间距应根据建筑的耐火等级、外墙的防火构造、灭火救援条件及设施的性质等因素确定。

10 住建 9.3.2
住宅建筑与相邻民用建筑之间的防火间距应符合表9.3.2的要求。当建筑相邻外墙采取必要的防火措施后，其防火间距可适当减少或贴邻。

表9.3.2　住宅建筑与相邻民用建筑之间的防火间距（m）

建筑类别			10层及10层以上住宅或其他高层民用建筑		10层以下住宅或其他非高层民用建筑		
			高层建筑	裙房	耐火等级		
					一、二级	三级	四级
10层以下住宅	耐火等级	一、二级	9	6	6	7	9
		三级	11	7	7	8	10
		四级	14	9	9	10	12
10层及10层以上住宅			13	9	9	11	14

11 住设 6.6.1
　　七层及七层以上的住宅，应对下列部位进行无障碍设计：
　1　建筑入口；
　2　入口平台；
　3　候梯厅；
　4　公共走道。

12 住设 6.6.2
　　住宅入口及入口平台的无障碍设计应符合下列规定：
　1　建筑入口设台阶时，应同时设置轮椅坡道和扶手；
　2　坡道的坡度应符合表6.6.2的规定；

表6.6.2　坡道的坡度

坡度	1:20	1:16	1:12	1:10	1:8
最大高度（m）	1.50	1.00	0.75	0.60	0.35

　3　供轮椅通行的门净宽不应小于0.8 m；
　4　供轮椅通行的推拉门和平开门，在门把手一侧的墙面，应留有不小于0.5 m的墙面宽度；
　5　供轮椅通行的门扇，应安装视线观察玻璃、横执把手和关门拉手，在门扇的下方应安装高0.35 m的护门板；
　6　门槛高度及门内外地面高差不应大于0.015 m，并应以斜坡过渡。

13 住设 6.10.4
　　住户的公共出入口与附建公共用房的出入口应分开布置。

14 住设 7.1.1
　　每套住宅应至少有一个居住空间能获得冬季日照。

2.2.2 配套设施

扫描进入建识网

表 2-5 总平面相关配套设施涉及的强条条款

序号	关键信息	出处	使用指引	附图
1	—	防规 5.4.12	（1）锅炉房、变压器室的设置规定	—
2	—	防规 7.1.2	高层民用建筑、多层公共建筑消防车道的规定	图2-24
3	—	住建 4.2.1	配套公共服务的9类设施内容	—
4	—	住建 4.2.2	配套公建的项目与规模及其建设与交付要求	—
5	—	住建 4.3.4	居住区内配套停车设施要求	图2-25
6	—	住设 6.10.1	住宅建筑内严禁布置的设施	—
7	分开设置	住设 6.10.4	住户的公共出入口与附建公共用房的出入口应分开布置	—
8	40% 35%	老设规 5.3.1	老年人设施场地范围内的绿地率规定	—
9		老设标 4.2.4	道路系统应保证救护车辆能停靠在建筑主要出入口处	—
10	洗手盆	城公厕 4.2.7	固定式公共厕所应设置洗手盆	—
11	—	城公厕 4.5.4	城市公共厕所的卫生设备安装	—
12	30 m	城公厕 5.0.11	化粪池和贮粪池距离地下取水构筑物的要求	—
13	同步	城公厕 7.0.1	公共厕所无障碍设施应与公共厕所同步设计、同步建设	—

图2-24 | 消防车道案例

图2-25 | 地面停车位案例

规范原文摘录

1 防规 5.4.12（节选）
　　燃油或燃气锅炉、油浸变压器、充有可燃油的高压电容器和多油开关等，宜设置在建筑外的专用房间内；确需贴邻民用建筑布置时，应采用防火墙与所贴邻的建筑分隔，且不应贴邻人员密集场所，该专用房间的耐火等级不应低于二级；确需布置在民用建筑内时，不应布置在人员密集场所的上一层、下一层或贴邻，并应符合下列规定：
　　1 燃油或燃气锅炉房、变压器室应设置在首层或地下一层的靠外墙部位，但常（负）压燃油或燃气锅炉可设置在地下二层或屋顶上。设置在屋顶上的常（负）压燃气锅炉，距离通向屋面的安全出口不应小于 6 m。采用相对密度（与空气密度的比值）不小于 0.75 的可燃气体为燃料的锅炉，不得设置在地下或半地下；

2 防规 7.1.2
　　高层民用建筑，超过3000个座位的体育馆，超过2000个座位的会堂，占地面积大于3000 ㎡的商店建筑、展览建筑等单、多层公共建筑应设置环形消防车道，确有困难时，可沿建筑的两个长边设置消防车道；对于高层住宅建筑和山坡地或河道边临空建造的高层民用建筑，可沿建筑的一个长边设置消防车道，但该长边所在建筑立面应为消防车登高操作面。

3 住建 4.2.1
　　配套公共服务设施（配套公建）应包括：教育、医疗卫生、文化、体育、商业服务、金融邮电、社区服务、市政公用和行政管理等9类设施。

4 住建 4.2.2
　　配套公建的项目与规模，必须与居住人口规模相对应，并应与住宅同步规划、同步建设、同期交付。

5 住建 4.3.4
　　居住用地内应配套设置居民自行车、汽车的停车场地或停车库。

6 住设 6.10.1
　　住宅建筑内严禁布置存放和使用甲、乙类火灾危险性物品的商店、车间和仓库，以及产生噪声、振动和污染环境卫生的商店、车间和娱乐设施。

7 住设 6.10.4
　　住户的公共出入口与附建公共用房的出入口应分开布置。

8 老设规 5.3.1
　　老年人设施场地范围内的绿地率：新建不应低于40%，扩建和改建不应低于35%。

9 老设标 4.2.4
　　道路系统应保证救护车辆能停靠在建筑的主要出入口处，且应与建筑的紧急送医通道相连。

10 城公厕 4.2.7
　　固定式公共厕所应设置洗手盆。

11 城公厕 4.5.4
　　城市公共厕所的卫生设备安装时，严禁给水管道与排水管道直接连接；严禁采用再生水作为洗手盆的水源。

12 城公厕 5.0.11
　　化粪池和贮粪池距离地下取水构筑物不得小于 30 m。

13 城公厕 7.0.1
　　公共厕所无障碍设施应与公共厕所同步设计、同步建设。

47

3 相关专业与专题
3.1 结构与设备
3.1.1 结构

扫描进入建识网

表2-6 结构专业相关的强条条款

序号	关键信息	出处	使用指引	附图
1	3.0 m 2.0 m	竖设 4.0.7	挡土墙与建筑物的水平净距的规定	图2-26
2	—	住建 6.1.3	住宅结构设计应取得合格的岩土工程勘察文件	—
3	—	住建 6.3.1	地基基础的规定	—
4	—	地基 6.1.1	山区(包括丘陵地带)地基的设计认定	—
5	—	抗规 3.3.1	选择建筑场地的规定	—
6	—	高规 3.9.3	抗震设计时,建筑钢筋混凝土结构的抗震等级	—
7	—	荷规 5.1.1	民用建筑楼面均布活荷载的标准值及相关系数的规定	—

图2-26 结构基础及山地护坡图示

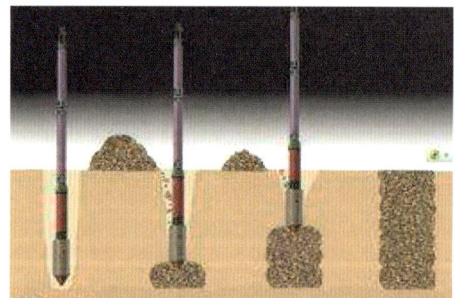

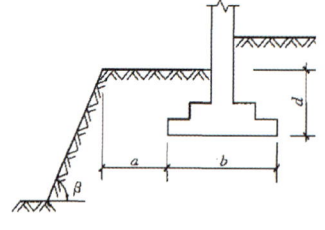

基础底面外边缘线至坡顶的距离与角度示意

规范原文摘录

1 竖设 4.0.7
高度大于 2 m 的挡土墙和护坡，其上缘与建筑物的水平净距不应小于 3 m，下缘与建筑物的水平净距不应小于 2 m；高度大于 3 m 的挡土墙与建筑物的水平净距还应满足日照标准要求。

2 住建 6.1.3
住宅结构设计应取得合格的岩土工程勘察文件。对不利地段，应提出避开要求或采取有效措施；严禁在抗震危险地段建造住宅建筑。

3 住建 6.3.1
住宅应根据岩土工程勘察文件，综合考虑主体结构类型、地域特点、抗震设防烈度和施工条件等因素，进行地基基础设计。

4 地基 6.1.1
山区（包括丘陵地带）地基的设计，应对下列设计条件分析认定：
1 建设场区内，在自然条件下，有无滑坡现象，有无影响场地稳定性的断层、破碎带；
2 在建设场地周围，有无不稳定的边坡；
3 施工过程中，因挖方、填方、堆载和卸载等对山坡稳定性的影响；
4 地基内岩石厚度及空间分布情况、基岩面的起伏情况、有无影响地基稳定性的临空面；
5 建筑地基的不均匀性；
6 岩溶、土洞的发育程度，有无采空区；
7 出现危岩崩塌、泥石流等不良地质现象的可能性；
8 地面水、地下水对建筑地基和建设场区的影响。

5 抗规 3.3.1
选择建筑场地时，应根据工程需要和地震活动情况、工程地质和地震地质的有关资料，对抗震有利、一般、不利和危险地段做出综合评价。对不利地段，应提出避开要求；当无法避开时应采取有效的措施。对危险地段，严禁建造甲、乙类的建筑，不应建造丙类的建筑。

6 高规 3.9.3
抗震设计时，高层建筑钢筋混凝土结构构件应根据抗震设防分类、烈度、结构类型和房屋高度采用不同的抗震等级，并应符合相应的计算和构造措施要求。A 级高度丙类建筑钢筋混凝土结构的抗震等级应按表 3.9.3 确定。当本地区的设防烈度为 9 度时，A 级高度乙类建筑的抗震等级应按特一级采用，甲类建筑应采取更有效的抗震措施。
注：本规程"特一级和一、二、三、四级"即"抗震等级为特一级和一、二、三、四级"的简称。

表 3.9.3　A 级高度的高层建筑结构抗震等级

结构类型		烈度						
		6 度		7 度		8 度		9 度
框架结构		三		二		一		一
框架-剪力墙结构	高度（m）	≤60	>60	≤60	>60	≤60	>60	≤50
	框架	四	三	三	二	二	一	一
	剪力墙	三		二		一		一
剪力墙结构	高度	≤80	>80	≤80	>80	≤80	>80	≤60
	剪力墙	四	三	三	二	二	一	一
部分框支剪力墙结构	非底部加强部位的剪力墙	四	三	三	二	二	一	—
	底部加强部位的剪力墙	三	二	二	一	一	特一	—
	框支框架	二		二		一		—

注：1 接近或等于高度分界时，应结合房屋不规则程度及场地、地基条件适当确定抗震等级；
　　2 底部带转换层的筒体结构，其转换框架的抗震等级应按表中部分框支剪力墙结构的规定采用；
　　3 当框架－核心筒结构的高度不超过60 m时，其抗震等级应允许按框架－剪力墙结构采用。

7 荷规 5.1.1

民用建筑楼面均布活荷载的标准值及其组合值系数、频遇值系数和准永久值系数的取值，不应小于表5.1.1的规定。

表5.1.1 民用建筑楼面均布活荷载标准值及其组合值、频遇值和准永久值系数

项次	类别			标准值（KN/m²）	组合值系数 ψ_c	频遇值系数 ψ_f	准永久值系数 ψ_q
1	（1）住宅、宿舍、旅馆、办公楼、医院病房、托儿所、幼儿园			2.0	0.7	0.5	0.4
	（2）试验室、阅览室、会议室、医院门诊室			2.0	0.7	0.6	0.5
2	教室、食堂、餐厅、一般资料档案室			2.5	0.7	0.6	0.5
3	（1）礼堂、剧场、影院、有固定座位的看台			3.0	0.7	0.5	0.3
	（2）公共洗衣房			3.0	0.7	0.6	0.5
4	（1）商店、展览厅、车站、港口、机场大厅及其旅客等候厅			3.5	0.7	0.6	0.5
	（2）无固定座位的看台			3.5	0.7	0.5	0.3
5	（1）健身房、演出舞台			4.0	0.7	0.6	0.5
	（2）运动场所、舞厅			4.0	0.7	0.6	0.3
6	（1）书库、档案库、储藏室			5.0	0.9	0.9	0.8
	（2）密集柜书库			12.0	0.9	0.9	0.8
7	通风机房、电梯机房			7.0	0.9	0.9	0.8
8	汽车通道及客车停车库	（1）单向板楼盖（板跨不小于2 m）和双向板楼盖（板跨不小于3×3 m）	客车	4.0	0.7	0.7	0.6
			消防车	35.0	0.7	0.5	0.0
		（2）双向板楼盖（板跨不小于6×6 m）和无梁楼盖（柱网不小于6×6 m）	客车	2.5	0.7	0.7	0.6
			消防车	20.0	0.7	0.5	0.0
9	厨房	（1）餐厅		4.0	0.7	0.7	0.7
		（2）其他		2.0	0.7	0.6	0.5
10	浴室、卫生间、盥洗室			2.5	0.7	0.6	0.5
11	走廊、门厅	（1）宿舍、旅馆、医院病房、托儿所、幼儿园、住宅		2.0	0.7	0.5	0.4
		（2）办公楼、餐厅、医院门诊部		2.5	0.7	0.6	0.5
		（3）教学楼及其他可能出现人员密集的情况		3.5	0.7	0.5	0.3
12	楼梯	（1）多层住宅		2.0	0.7	0.5	0.4
		（2）其他		3.5	0.7	0.5	0.3
13	阳台	（1）可能出现人员密集的情况		3.5	0.7	0.6	0.5
		（2）其他		2.5	0.7	0.6	0.5

注：1 本表所给各项活荷载适用于一般使用条件，当使用荷载较大、情况特殊或有专门要求时，应按实际情况采用；

2 第 6 项书库活荷载当书架高度大于 2 m 时，书库活荷载尚应按每米书架高度不小于 2.5 kN/m² 确定；
3 第 8 项中的客车活荷载仅适用于停放载人少于 9 人的客车；消防车活荷载适用于满载总重为 300 kN 的大型车辆；当不符合本表的要求时，应将车轮的局部荷载按结构效应的等效原则，换算为等效均布荷载；
4 第 8 项消防车活载，当双向板楼盖板跨介于 3×3 m～6×6 m 之间时，应按跨度线性插值确定；
5 第 12 项楼梯活荷载，对预制楼梯踏步平板，尚应按 1.5 kN 集中荷载验算；
6 本表各项荷载不包括隔墙自重和二次装修荷载；对固定隔墙的自重应按永久荷载考虑，当隔墙位置可灵活自由布置时，非固定隔墙的自重应取不小于 1/3 的每延米长墙重 (kN/m) 作为楼面活荷载的附加值 (kN/m²) 计入，且附加值不应小于 1.0 kN/m²。

3.1.2 设备

扫描进入建识网

表 2-7 设备专业相关的强条条款

序号	关键信息	出处	使用指引	附图
1	—	防规 5.4.12	燃油或燃气锅炉、油浸变压器、充有可燃油的高压电容器和多油开关等布置规定	图2-27 图2-28 图2-29
2	室外消火栓	防规 8.1.2	室外消火栓系统的布置要求	—
3	—	防规 8.1.8	消防水泵房、消控室应采取防水淹措施	图2-30
4	10 m 2 m	给排水 3.13.11	埋地式生活饮用水贮水池和生活饮用水水池（箱）周围的规定	—
5	30 m	给排水 4.10.13	化粪池距离地下取水构筑物的净距不得小于30 m	—
6	5 m	20 KV变电所 6.1.5	露天或半露天变电所安装油浸变压器的规定	—
7	—	燃气 6.3.3	地下燃气管道不得穿越的建构筑物	—
8	0.5 m 0.3 m	燃气 6.3.15	（1、3）室外架空燃气管道敷设要求	图2-31
9	—	燃气 6.5.3	储气罐与建、构筑物的防火间距	—
10	—	燃气 6.5.5	（2、3、4）门站和储配站总平布置规定	—
11	—	燃气 6.5.12	（2、3、6）集中放散装置的放散管与建、构筑物的防火间距	—
12	20 m 6 m	通风 6.3.9	（2）事故通风的规定	—
13	—	通风 8.7.7	（4）蓄热水池不应与消防水池合用	—
14	—	管线 5.0.8	架空管线之间及其与建（构）筑物之间的最小水平净距	—
15	—	管线 5.0.9	架空管线之间及其与建（构）筑物之间的最小垂直净距	—

图2-27 | 燃油或燃气锅炉、油浸变压器、充有可燃油的高压电容器和多油开关等设置要求

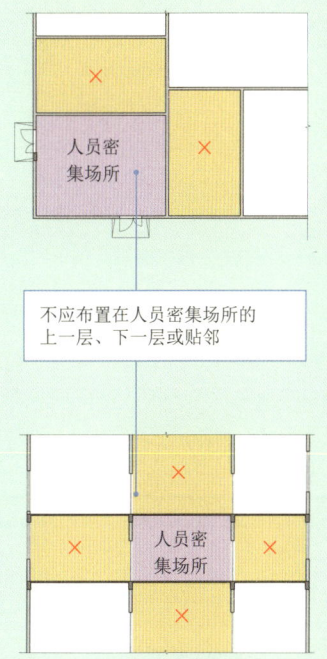

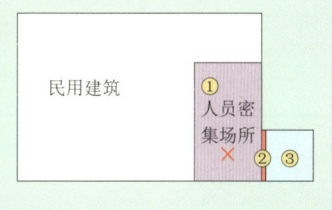

不应布置在人员密集场所的上一层、下一层或贴邻

图2-30 | 化粪池距离地下取水构筑物距离图示

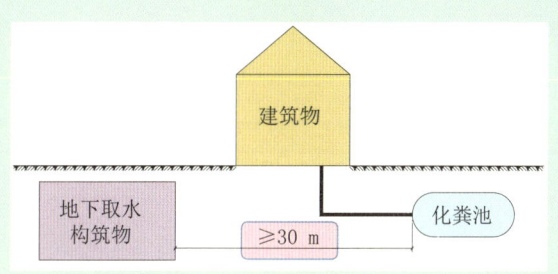

图2-28 | 常（负）压燃气锅炉房设置位置规定

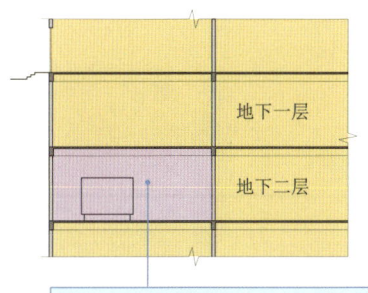

常（负）压燃油或燃气锅炉可设在地下二层

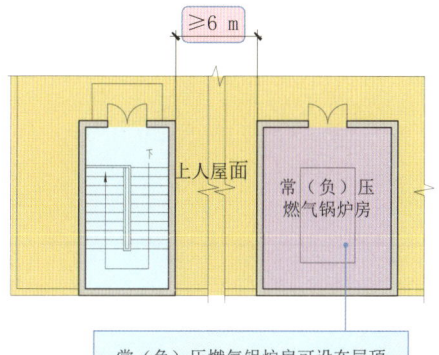

常（负）压燃气锅炉房可设在屋顶

图2-29 | 锅炉房、变压器室的设置规定

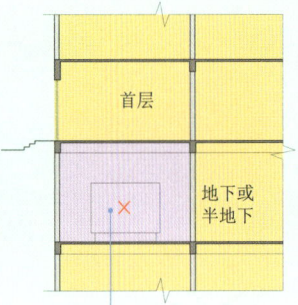

采用相对密度（与空气密度的比值）≥0.75的可燃气体为燃料的锅炉确需布置在民用建筑内时，不得设置在地下或半地下

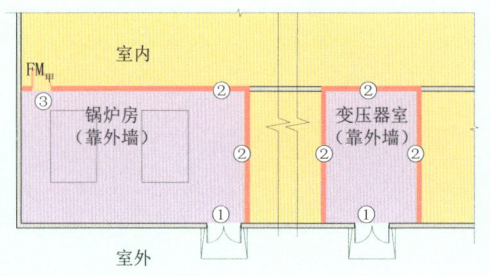

锅炉房、变压器室确需布置在民用建筑内首层时：
① 应设置直通室外或安全出口
② 应采用耐火极限≥2.00 h的防火隔墙，隔墙上不应开设洞口
③ 确需设置门、窗，应设置甲级防火门、窗

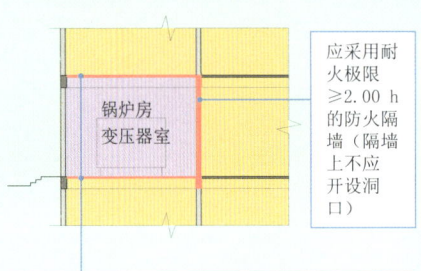

锅炉房、变压器室确需布置在民用建筑内时，应采用耐火极限≥1.50 h的不燃性楼板（楼板上不应开设洞口）

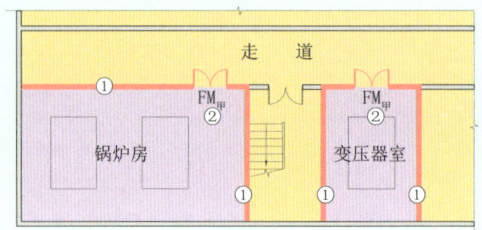

锅炉房、变压器室确需布置在民用建筑内地下层时：
① 应采用耐火极限≥2.00 h的防火隔墙，隔墙上不应开设洞口
② 确需设置门、窗时，应设置直通安全出口的甲级防火门窗

图2-30 | 消防控制室设置门槛而防淹案例

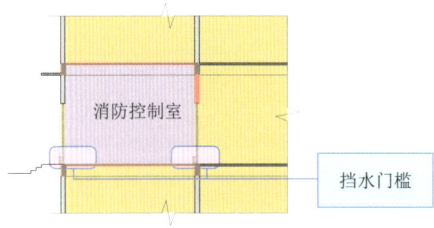

图2-31 | 室外布置的燃气管道示例

规范原文摘录

1 防规 5.4.12

燃油或燃气锅炉、油浸变压器、充有可燃油的高压电容器和多油开关等，宜设置在建筑外的专用房间内；确需贴邻民用建筑布置时，应采用防火墙与所贴邻的建筑分隔，且不应贴邻人员密集场所，该专用房间的耐火等级不应低于二级；确需布置在民用建筑内时，不应布置在人员密集场所的上一层、下一层或贴邻，并应符合下列规定：

 1 燃油或燃气锅炉房、变压器室应设置在首层或地下一层的靠外墙部位，但常（负）压燃油或燃气锅炉可设置在地下二层或屋顶上。设置在屋顶上的常（负）压燃气锅炉，距离通向屋面的安全出口不应小于 6 m。采用相对密度（与空气密度的比值）不小于 0.75 的可燃气体为燃料的锅炉，不得设置在地下或半地下；

 2 锅炉房、变压器室的疏散门均应直通室外或安全出口；

 3 锅炉房、变压器室等与其他部位之间应采用耐火极限不低于 2.00 h 的防火隔墙和 1.50 h 的不燃性楼板分隔。在隔墙和楼板上不应开设洞口，确需在隔墙上设置门、窗时，应采用甲级防火门、窗；

 4 锅炉房内设置储油间时，其总储存量不应大于 1 m³，且储油间应采用耐火极限不低于 3.00 h 的防火隔墙与锅炉间分隔；确需在防火隔墙上设置门时，应采用甲级防火门；

 5 变压器室之间、变压器室与配电室之间，应设置耐火极限不低于 2.00 h 的防火隔墙；

 6 油浸变压器、多油开关室、高压电容器室，应设置防止油品流散的设施。油浸变压器下面应设置能储存变压器全部油量的事故储油设施；

 7 应设置火灾报警装置；

 8 应设置与锅炉、变压器、电容器和多油开关等的容量及建筑规模相适应的灭火设施，当建筑内其他部位设置自动喷水灭火系统时，应设置自动喷水灭火系统；

 9 锅炉的容量应符合现行国家标准《锅炉房设计规范》GB 50041 的规定。油浸变压器的总容量不应大于 1260 kV·A，单台容量不应大于 630 kV·A；

 10 燃气锅炉房应设置爆炸泄压设施。燃油或燃气锅炉房应设置独立的通风系统，并应符合本规范第 9 章的规定。

2 防规 8.1.2

城镇（包括居住区、商业区、开发区、工业区等）应沿可通行消防车的街道设置市政消火栓系统。民用建筑、厂房、仓库、储罐（区）和堆场周围应设置室外消火栓系统。

用于消防救援和消防车停靠的屋面上，应设置室外消火栓系统。

 注：耐火等级不低于二级且建筑体积不大于 3000 m³ 的戊类厂房，居住区人数不超过 500 人且建筑层数不超过两层的居住区，可不设置室外消火栓系统。

3 防规 8.1.8

消防水泵房和消防控制室应采取防水淹的技术措施。

4 给排水 3.13.11

埋地式生活饮用水贮水池周围 10m 内，不得有化粪池、污水处理构筑物、渗水井、垃圾堆放点等污染源。生活饮用水水池（箱）周围 2m 内不得有污水管和污染物。

5 给排水 4.10.13

化粪池与地下取水构筑物的净距不得小于 30 m。

6 20 KV 变电所 6.1.5

当露天或半露天变电所安装油浸变压器，且变压器外廓与生产建筑物外墙的距离小于 5 m 时，建筑物外墙在下列范围内不得有门、窗或通风孔：

 1 油量大于 1000 kg 时，在变压器总高度加 3 m 及外廓两侧各加 3 m 的范围内；

 2 油量小于或等于 1000 kg 时，在变压器总高度加 3 m 及外廓两侧各加 1.5 m 的范围内。

7 燃气 6.3.3

地下燃气管道不得从建筑物和大型构筑物（不包括架空的建筑物和大型构筑物）的下面穿越。

地下燃气管道与建筑物、构筑物或相邻管道之间的水平和垂直净距，不应小于表 6.3.3-1 和表 6.3.3-2 的规定。

表 6.3.3-1　地下燃气管道与建筑物、构筑物或相邻管道之间的水平净距（m）

项　目		地下燃气管道压力（MPa）				
		低压 <0.01	中压 B≤0.2	中压 A≤0.4	次高压 B 0.8	次高压 A 1.6
建筑物	基础	0.7	1.0	1.5	—	—
	外墙面（出地面处）	—	—	—	5.0	13.5
给水管		0.5	0.5	0.5	1.0	1.5
污水、雨水排水管		1.0	1.2	1.2	1.5	2.0
电力电缆（含电车电缆）	直埋	0.5	0.5	0.5	1.0	1.5
	在导管内	1.0	1.0	1.0	1.0	1.5
通信电缆	直埋	0.5	0.5	0.5	1.0	1.5
	在导管内	1.0	1.0	1.0	1.0	1.5
其他燃气管道	DN≤300 mm	0.4	0.4	0.4	0.4	0.4
	DN>300 mm	0.5	0.5	0.5	0.5	0.5
热力管	直埋	1.0	1.0	1.0	1.5	2.0
	在管沟内（至外壁）	1.0	1.5	1.5	2.0	4.0
电杆（塔）的基础	≤35 kV	1.0	1.0	1.0	1.0	1.0
	>35 kV	2.0	2.0	2.0	5.0	5.0
通讯照明电杆（至电杆中心）		1.0	1.0	1.0	1.0	1.0
铁路路堤坡脚		5.0	5.0	5.0	5.0	5.0
有轨电车钢轨		2.0	2.0	2.0	2.0	2.0
街树（至树中心）		0.75	0.75	0.75	1.2	1.2

表 6.3.3-2　地下燃气管道与构筑物或相邻管道之间垂直净距（m）

项　目		地下燃气管道（当有套管时，以套管计）
给水管、排水管或其他燃气管道		0.15
热力管的管沟底（或顶）		0.15
电缆	直埋	0.50
	在导管内	0.15
铁路（轨底）		1.20
有轨电车（轨底）		1.00

注： 1 当次高压燃气管道压力与表中数不相同时，可采用直线方程内插法确定水平净距。
2 如受地形限制无法满足表6.3.3-1和表6.3.3-2规定的净距，经与有关部门协商，采取有效的安全防护措施后，表6.3.3-1和表6.3.3-2规定的净距，均可适当缩小，但低压管道应不影响建（构）筑物和相邻管道基础的稳固性，中压管道距建筑物基础不应小于0.5 m且距建筑物外墙面不应小于1 m，次高压燃气管道距建筑物外墙面不应小于3.0 m。其中当对次高压A燃气管道采取有效的安全防护措施或当管道壁厚不小于9.5 mm时，管道距建筑物外墙面不应小于6.5 m；当管壁厚度不小于11.9 mm时，管道距建筑物外墙面不应小于3.0 m。
3 表6.3.3-1和表6.3.3-2规定除地下室燃气管道与热力管的净距不适于聚乙烯燃气管道和钢骨架聚乙烯塑料复合管外，其它规定也均适用于聚乙烯燃气管道和钢骨架聚乙烯塑料复合管道。聚乙烯燃气管道与热力管道的净距应按国家现行标准《聚乙烯燃气管道工程技术规程》CJJ 63 执行。
4 地下燃气管道与电杆（塔）基础之间的水平净距，还应满足本规范表6.7.5地下燃气管道与交流电力线接地体的净距规定。

8 燃气 6.3.15（节选）

室外架空的燃气管道，可沿建筑物外墙或支柱敷设。并应符合下列要求：
1 中压和低压燃气管道，可沿建筑耐火等级不低于二级的住宅或公共建筑的外墙敷设；次高压B、中压和低压燃气管道，可沿建筑耐火等级不低于二级的丁、戊类生产厂房的外墙敷设；
3 架空燃气管道与铁路、道路、其他管线交叉时的垂直净距不应小于表6.3.15的规定。

表6.3.15　架空燃气管道与铁路、道路、其他管线交叉时的垂直净距

建筑物和管线名称		最小垂直净距（m）	
		燃气管道下	燃气管道上
铁路轨顶		6.0	—
城市道路路面		5.5	—
厂区道路路面		5.0	—
人行道路路面		2.2	—
架空电力线，电压	3 kV 以下	—	1.5
	3～10 kV	—	3.0
	35～66 kV	—	4.0
其他管道，管径	≤300 mm	同管道直径，但不小于0.10	同左
	>300 mm	0.30	0.30

注：1 厂区内部的燃气管道，在保证安全的情况下，管底至道路路面的垂直净距可取4.5 m；管底至铁路轨顶的垂直净距，可取5.5 m。在车辆和人行道以外的地区，可在从地面到管底高度不小于0.35 m的低支柱上敷设燃气管道；
2 电气机车铁路除外；
3 架空电力线与燃气管道的交叉垂直净距尚应考虑导线的最大垂度。

9 燃气 6.5.3

储配站内的储气罐与站内的建、构筑物的防火间距应符合表6.5.3的规定。

表 6.5.3　储气罐与站内的建、构筑物的防火间距（m）

储气罐总容积（m³）	≤1000	>1000～≤10000	>10000～≤50000	>50000～≤200000	>200000
明火或散发火花地点	20	25	30	35	40
调压室、压缩机室、计量室	10	12	15	20	25
控制室、变配电室、汽车库等辅助建筑	12	15	20	25	30
机修间、燃气锅炉房	15	20	25	30	35
办公、生活建筑	18	20	25	30	35
消防泵房、消防水池取水口	20				
站内道路（路边）	10	10	10	10	10
围墙	15	15	15	15	18

注：1 低压湿式储气罐与站内的建、构筑物的防火间距，应按本表确定；
　　2 低压干式储气罐与站内的建、构筑物的防火间距，当可燃气体的密度比空气大时，应按本表增加25%；比空气小或等于时，可按本表确定；
　　3 固定容积储气罐与站内的建、构筑物的防火间距应按本表的规定执行。总容积按其几何容积（m³）和设计压力（绝对压力，103 kPa）的乘积计算；
　　4 低压湿式或干式储气罐的水封室、油泵房和电梯间等附属设施与该储罐的间距按工艺要求确定；
　　5 露天燃气工艺装置与储气罐的间距按工艺要求确定。

10 燃气 6.5.5（节选）
门站和储配站总平面布置应符合下列要求：
　2 站内的各建构筑物之间以及与站外建构筑物之间的防火间距应符合现行国家标准《建筑设计防火规范》GB 50016 的有关规定。站内建筑物的耐火等级不应低于现行国家标准《建筑设计防火规范》GB 50016 "二级"的规定；
　3 站内露天工艺装置区边缘距明火或散发火花地点不应小于 20 m，距办公、生活建筑不应小于 18 m，距围墙不应小于 10 m。与站内生产建筑的间距按工艺要求确定；
　4 储配站生产区应设置环形消防车通道。消防车通道宽度不应小于 3.5 m。

11 燃气 6.5.12（节选）
高压储气罐工艺设计，应符合下列要求：
　2 高压储气罐应分别设置安全阀、放散管和排污管；
　3 高压储气罐应设置压力检测装置；

6 当高压储气罐罐区设置检修用集中放散装置时,集中放散装置的放散管与站外建、构筑物的防火间距不应小于表6.5.12-1的规定;集中放散装置的放散管与站内建、构筑物的防火间距不应小于表6.5.12-2的规定;放散管管口高度应高出其25 m内的建构筑物2 m以上,且不得小于10 m。

表6.5.12-1 集中放散装置的放散管与站外建、构筑物的防火间距

项 目		防火间距(m)
明火或散发火花地点		30
民用建筑		25
甲、乙类液体储罐、易燃材料堆场		25
室外变配电站		30
甲乙类物品库房、甲乙类生产厂房		25
其他厂房		20
铁路(中心线)		40
公路、道路（路边）	高速、Ⅰ、Ⅱ级,城市快速	15
	其他	10
架空电力线（中心线）	>380 V	2.0倍杆高
	≤380 V	1.5倍杆高
架空通信线（中心线）	国家Ⅰ、Ⅱ级	1.5倍杆高
	其他	1.5倍杆高

表6.5.12-2 集中放散装置的放散管与站内建、构筑物的防火间距

项 目	防火间距(m)
明火、散发火花地点	30
办公、生活建筑	25
可燃气体储气罐	20
室外变、配电站	30
调压室、压缩机室、计量室及工艺装置区	20
控制室、配电室、汽车库、机修间和其他辅助建筑	25
燃气锅炉房	25
消防泵房、消防水池取水口	20
站内道路(路边)	2
围 墙	2

12 通风 6.3.9（节选）

事故通风应符合下列规定：

2 事故通风应根据放散物的种类，设置相应的检测报警及控制系统。事故通风的手动控制装置应在室内外便于操作的地点分别设置。

13 通风 8.7.7（节选）

水蓄冷（热）系统设计应符合下列规定：

4 蓄热水池不应与消防水池合用。

14 管线 5.0.8

架空管线之间及其与建（构）筑物之间的最小水平净距应符合表 5.0.8 的规定。

表 5.0.8 架空管线之间及其与建（构）筑物之间的最小水平净距（m）

名 称		建（构）筑物（凸出部分）	通信线	电力线	燃气管道	其他管道
电力线	3 kV 以下边导线	1.0	1.0	2.5	1.5	1.5
	3 kV—10 kV 边导线	1.5	2.0	2.5	2.0	2.0
	35 kV—66 kV 边导线	3.0	4.0	5.0	4.0	4.0
	110 kV 边导线	4.0	4.0	5.0	4.0	4.0
	220 kV 边导线	5.0	5.0	7.0	5.0	5.0
	330 kV 边导线	6.0	6.0	9.0	6.0	6.0
	500 kV 边导线	8.5	8.0	13.0	7.5	6.5
	750 kV 边导线	11.0	10.0	16.0	9.5	9.5
通信线		2.0	—	—	—	—

注：架空电力线与其他管线及建（构）筑物的最小水平净距为最大计算风偏情况下的净距。

15 管线 5.0.9

架空管线之间及其与建（构）筑物之间的最小垂直净距应符合表 5.0.9 的规定。

表 5.0.9 架空管线之间及其与建（构）筑物之间的最小垂直净距（m）

名 称		建（构）筑物	地面	公路	电车道（路面）	铁路（轨顶）		通信线	燃气管道 $p \leqslant 1.6$ MPa	其他管道
						标准轨	电气轨			
电力线	3 kV 以下	3.0	6.0	6.0	9.0	7.5	11.5	1.0	1.5	1.5
	3 kV—10 kV	3.0	6.5	7.0	9.0	7.5	11.5	2.0	3.0	2.0
	35 kV	4.0	7.0	7.0	10.0	7.5	11.5	3.0	4.0	3.0
	66 kV	5.0	7.0	7.0	10.0	7.5	11.5	3.0	4.0	3.0
	110 kV	5.0	7.0	7.0	10.0	7.5	11.5	3.0	4.0	3.0
	220 kV	6.0	7.5	8.0	11.0	8.5	12.5	4.0	5.0	4.0

续表

名 称		建（构）筑物	地面	公路	电车道（路面）	铁路（轨顶）		通信线	燃气管道 $p \leqslant 1.6$ MPa	其他管道
						标准轨	电气轨			
电力线	330 kV	7.0	8.0	9.0	12.0	9.5	13.5	5.0	6.0	5.0
	550 kV	9.0	14.0	14.0	16.0	14.0	16.0	8.5	7.5	6.5
	750 kV	11.5	19.5	19.5	21.5	19.5	21.5	12.5	9.5	8.5
通信线		1.5	(4.5) 5.5	(3.5) 5.5	9.0	7.5	11.5	0.6	1.5	1.0
燃气管道 $p \leqslant 1.6$ MPa		0.6	5.5	5.5	9.0	6.0	10.5	1.5	0.3	0.3
其他管道		0.6	4.5	4.5	9.0	6.0	10.5	1.0	0.3	0.25

注：1 架空电力线及架空通信线与建（构）物及其他管线的最小垂直净距为最大计算弧垂情况下的净距；
  2 括号内为特指与道路平行，但不跨越道路时的高度。

3.2 其他专业与专题
3.2.1 其他专业

总平面还涉及人防工程、景观工程等相关专业内容。

扫描进入建识网

表2-8 相关专业与建筑专业相关的强条条款

序号	关键信息	出处	使用指引	附图
1	–	居标 4.0.4	公共绿地控制指标的规定	–
2	–	居标 4.0.7	居住街坊内集中绿地的规划建设的规定	–
3	30%	住建 4.4.1	新区的绿地率的规定	–
4	1 m²/人	住建 4.4.2	公共绿地总指标的规定	–
5	–	住建 4.4.3	对人工景观水体的要求	图2-32
6	–	园规 5.1.3	公园地形与安息角设计的规定	图2-33
7	–	园规 5.2.4	地形填充土要求	–
8	2.0 m、0.7 m 2.0 m、0.5 m	园规 5.3.3	人工水体的规定	–
9	50 m、100 m	人防 3.1.3	防空地下室与易燃易爆物品和害液体、重毒气体的建构筑物的防护距离	–
10	出入口	人防 3.3.1	（1）防空地下室战时使用的出入口的规定	图2-34

图2-32 | 人工景观水体案例

无护栏水体的近岸2 m范围内及园桥、汀步附近2 m范围内，水深不应大于0.5 m

图2-32 | 人工景观水体案例（续）

不设护栏的桥梁、亲水平台等临水岸边，必须设置宽2.00 m以上的水下安全区，其水深不得超过0.70m。汀步两侧水深不得超过0.50 m

通游船的桥梁，其桥底与常水位之间的净空高度不应小于1.50 m

图2-33 | 不同体量的堆坡景观示例

图2-34 | 人防出入口场景

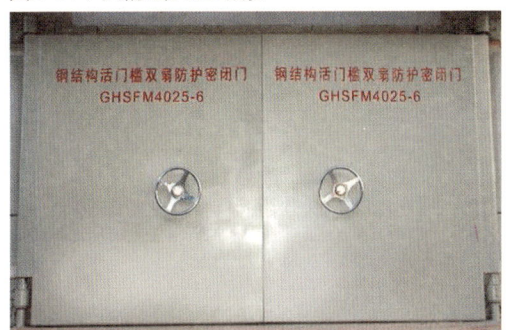
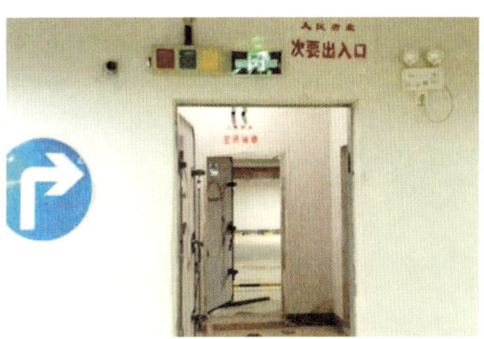

规范原文摘录

1 居标 4.0.4
新建各级生活圈居住区应配套规划建设公共绿地，并应集中设置具有一定规模，且能开展休闲、体育活动的居住区公园；公共绿地控制指标应符合表 4.0.4 的规定。

表 4.0.4 公共绿地控制指标

类别	人均公共绿地面积（m²/人）	居住区公园		备注
		最小规模（hm²）	最小宽度（m）	
十五分钟生活圈居住区	2.0	5.0	80	不含十分钟生活圈及以下级居住区的公共绿地指标
十分钟生活圈居住区	1.0	1.0	50	不含五分钟生活圈及以下级居住区的公共绿地指标
五分钟生活圈居住区	1.0	0.4	30	不含居住街坊绿地指标

注：居住区公园中应设置 10%～15% 的体育活动场地。

2 居标 4.0.7
居住街坊内集中绿地的规划建设，应符合下列规定：
1 新区建设不应低于 0.5 m²/人，旧区改建不应低于 0.35 m²/人；
2 宽度不应小于 8 m；
3 在标准的建筑日照阴影线范围之外的绿地面积不应少于 1/3，其中应设置老年人、儿童活动场地。

3 住建 4.4.1
新区的绿地率不应低于 30%。

4 住建 4.4.2
公共绿地总指标不应少于 1 m²/人。

5 住建 4.4.3
人工景观水体的补充水严禁使用自来水。无护栏水体的近岸 2 m 范围内及园桥、汀步附近 2 m 范围内，水深不应大于 0.5 m。

6 园规 5.1.3
公园地形应按照自然安息角设计坡度，当超过土壤的自然安息角时，应采取护坡、固土或防冲刷的措施。

7 园规 5.2.4
地形填充土不应含有对环境、人和动植物安全有害的污染物或放射性物质。

8 园规 5.3.3
非淤泥底人工水体的岸高及近岸水深应符合下列规定：
1 无防护设施的人工驳岸，近岸 2.0 m 范围内的常水位水深不得大于 0.7 m；
2 无防护设施的园桥、汀步及临水平台附近 2.0 m 范围以内的常水位水深不得大于 0.5 m；
3 无防护设施的驳岸顶与常水位的垂直距离不得大于 0.5 m。

9 人防 3.1.3
防空地下室距生产、储存易燃易爆物品厂房库房的距离不应小于 50 m；距有害液体、重毒气体的贮罐不应小于 100 m。

注："易燃易爆物品"系指国家标准《建筑设计防火规范》（GBJ 16）中"生产、储存的火灾危险性分类举例"中的甲乙类物品。

10 人防 3.3.1（节选）

防空地下室战时使用的出入口，其设置应符合下列规定：

1 防空地下室的每个防护单元不应少于两个出入口（不包括竖井式出入口、防护单元之间的连通口），其中至少有一个室外出入口（竖井式除外）。战时主要出入口应设在室外出入口（符合第 3.3.2 条规定的防空地下室除外）；

3.2.2 专题设计

本小节包括绿色建筑、节能等内容，此部分内容请登录建识网 www.archknow.com 参阅相关内容。

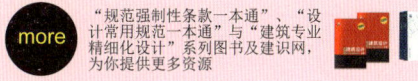

Chapter

3

地下车库

本章简介

　　本章汇总了有关地下车库建筑设计在国标行标等国家级的技术规范与标准中的强制性条款，并提供相关附图及其原文。

　　本章同时汇总了与建筑专业密切相关的其他专业规范中的强制性条款方便建筑师查询。

　　地方标准、企业标准等更多资源在建识网提供。

1 单体与空间
1.1 通用规定

本节各表需要与表 3-1 **结合起来**一同使用。

扫描进入建识网

表 3-1 地下车库单体涉及的通用性强条条款

序号	关键信息	出处	使用指引	附图
1	—	统标 4.3.1	建筑物及其附属设施不应突出道路红线或用地红线建造	—
2	2.0 m 2.2 m	统标 6.8.6	楼梯各部位净高的规定	—
3	—	防规 5.1.3	（1）对地下建筑耐火等级的确定	—
4	—	防规 5.2.2	民用建筑之间的防火间距	—
5	—	防规 5.3.1	不同耐火等级建筑的允许建筑高度或层数、防火分区最大允许建筑面积的规定	—
6	—	防规 5.3.2	建筑中庭与上、下层相连通的开口的防火规定	—
7	—	防规 5.4.2	民用建筑内不应设置生产车间和其他库房	—
8	—	防规 5.4.10	（2）对住宅建筑与其他建筑合建时墙体楼板疏散楼梯等的规定	—
9	2个	防规 5.5.8	公共建筑内每个防火分区或一个防火分区的每个楼层，其安全出口的数量应经计算确定，且不应少于2个	—
10	—	防规 5.5.15	公共建筑房间疏散门的规定	—
11	—	防规 5.5.17	公共建筑的安全疏散距离规定	—
12	0.90 m 1.10 m	防规 5.5.18	公共建筑内疏散门、安全出口、疏散走道、疏散楼梯的净宽度	—
13	—	防规 6.2.9	（1、2、3）电梯井的规定	—
14	1.0 m	防规 6.4.1	（除7）疏散楼梯间的规定	—
15	—	防规 6.4.2	封闭楼梯间的规定	—

68

续表

序号	关键信息	出处	使用指引	附图
16	—	防规 6.4.3	（除2）防烟楼梯间的规定	—
17	10 m 3层	防规 6.4.4	地下、半地下建筑（室）的疏散楼梯应采用的楼梯间形式的规定及首层防火分隔的规定	—
18	—	防规 6.4.5	室外疏散楼梯的规定	—
19	甲级 防火门	防规 6.4.10	疏散走道在防火分区处应设置常开甲级防火门	—
20	—	防规 6.4.11	开向疏散楼梯或疏散楼梯间的门，当其完全开启时，不应减少楼梯平台的有效宽度	—
21	10 m 3000 m²	防规 7.3.1	（3）消防电梯的设置条件	—
22	1台	防规 7.3.2	消防电梯应分别设置在不同防火分区内，且每个防火分区不应少于1台	—
23	6.0 m² 2.4 m	防规 7.3.5	（除1）消防电梯前室的规定	—
24	2.0 h	防规 7.3.6	电梯井、机房间分隔的规定	—
25	—	防规 8.5.1	需要设置防烟设施的部位的规定	—
26		无障碍 3.7.3	（3、5）升降平台的规定	—
27	1部	无障碍 8.1.4	建筑内设有电梯时，至少应设置1部无障碍电梯	—
28	—	住建 5.4.1	住宅房间布置在地下室、半地下室的规定	—
29	—	住建 5.4.2	库内直通住宅单元的楼（电）梯间应设门，严禁利用楼（电）梯间进行自然通风	—
30	—	住建 5.4.3	住宅地下自行车库净高不应低于2.00 m	—
31	—	住建 5.4.4	住宅地下室应采取有效防水措施	—
32	—	住建 9.4.4	住宅建筑中的楼梯、电梯直通住宅楼层下部的汽车库时应有防火分隔措施	—

续表

序号	关键信息	出处	使用指引	附图
33	乙级防火门	住设 6.9.6	直通住宅单元地下楼、电梯间入口处应设置乙级防火门的规定	—
34	—	库规 3.1.7	机动车库基地出入口应设置减速安全设施	—
35	—	库规 4.2.8	人员出入口与车辆出入口应分别设置	—
36	—	库防规 3.0.2	汽车库、修车库的耐火等级分级及构件的燃烧性能和耐火极限	—
37	—	库防规 3.0.3	汽车库和修车库的耐火等级	—
38	—	库防规 4.1.3	汽车库不应与火灾危险性为甲、乙类的厂房、仓库贴邻或组合建造	—
39	—	库防规 4.2.1	汽车库、修车库、停车场与各类建筑的间距要求	—
40	—	库防规 4.2.4	汽车库、修车库、停车场与甲类物品仓库的防火间距	—
41	—	库防规 4.2.5	甲、乙类物品运输车的汽车库、修车库、停车场与各类建筑的防火间距	—
42	—	库防规 4.3.1	汽车库、修车库周围应设置消防车道	—
43	2500 m² 2000 m²	库防规 5.1.1	汽车库防火分区的最大允许面积	—
44	1.0 h 2.0 h	库防规 5.3.1	电梯井、管道井、电缆井和楼梯间应分别独立设置	—
45	—	库防规 6.0.1	车辆疏散出口应与其他场所的人员安全出口分开设置	—
46	1.1 m	库防规 6.0.3	汽车库、修车库的疏散楼梯的规定	图3-1
47	45 m 60 m	库防规 6.0.6	汽车库内人员安全出口疏散距离的规定	图3-2
48	2个	库防规 6.0.9	汽车库、修车库的汽车疏散出口总数不应少于2个，且应分散布置	图3-3

图 3-1 | 库内直通住宅单元的楼梯间设乙级防火门图示

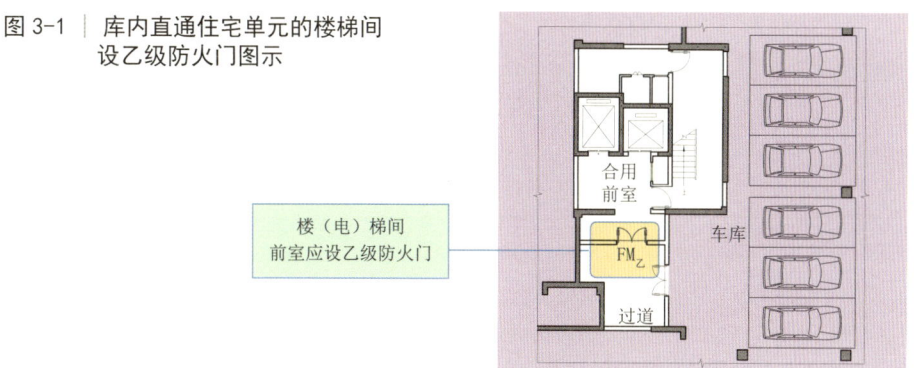

图 3-2 | 地库人员疏散距离示意

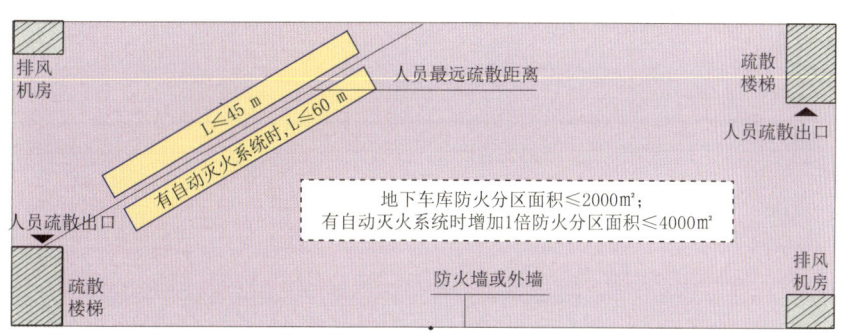

图 3-3 | 汽车库、修车库的汽车疏散出口总数不应少于 2 个

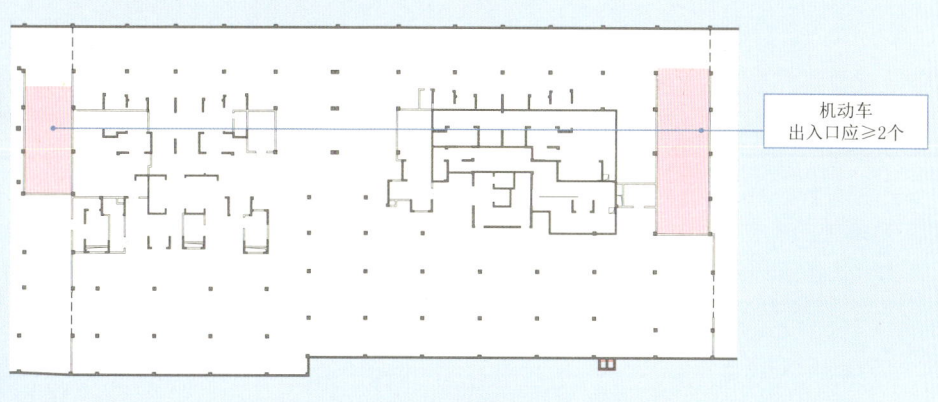

规范原文摘录

1 统标 4.3.1

除骑楼、建筑连接体、地铁相关设施及连接城市的管线、管沟、管廊等市政公共设施以外，建筑物及其附属的下列设施不应突出道路红线或用地红线建造：

1 地下设施，应包括支护桩、地下连续墙、地下室底板及其基础、化粪池、各类水池、处理池、沉淀池等构筑物及其他附属设施等；

2 地上设施，应包括门廊、连廊、阳台、室外楼梯、凸窗、空调机位、雨篷、挑檐、装饰构架、固定遮阳板、台阶、坡道、花池、围墙、平台、散水明沟、地下室进风及排风口、地下室出入口、集水井、采光井、烟囱等。

2 统标 6.8.6

楼梯平台上部及下部过道处的净高不应小于 2.0 m，梯段净高不应小于 2.2 m。

注：梯段净高为自踏步前缘（包括每个梯段最低和最高一级踏步前缘线以外 0.3 m 范围内）量至上方突出物下缘间的垂直高度。

3 防规 5.1.3（节选）

民用建筑的耐火等级应根据其建筑高度、使用功能、重要性和火灾扑救难度等确定，并应符合下列规定：
1 地下或半地下建筑（室）和一类高层建筑的耐火等级不应低于一级。

4 防规 5.2.2

民用建筑之间的防火间距不应小于表 5.2.2 的规定，与其他建筑的防火间距，除应符合本节规定外，尚应符合本规范其他章的有关规定。

表 5.2.2 民用建筑之间的防火间距（m）

建筑类别		高层民用建筑	裙房和其他民用建筑		
		一、二级	一、二级	三级	四级
高层民用建筑	一、二级	13	9	11	14
裙房和其他民用建筑	一、二级	9	6	7	9
	三级	11	7	8	10
	四级	14	9	10	12

注：1 相邻两座单、多层建筑，当相邻外墙为不燃性墙体且无外露的可燃性屋檐，每面外墙上无防火保护的门、窗、洞口不正对开设且该门、窗、洞口的面积之和不大于外墙面积的 5% 时，其防火间距可按本表的规定减少 25%；
2 两座建筑相邻较高一面外墙为防火墙，或高出相邻较低一座一、二级耐火等级建筑的屋面 15 m 及以下范围内的外墙为防火墙时，其防火间距不限；
3 相邻两座高度相同的一、二级耐火等级建筑中相邻任一侧外墙为防火墙，屋顶的耐火极限不低于 1.00 h 时，其防火间距不限；
4 相邻两座建筑中较低一座建筑的耐火等级不低于二级，相邻较低一面外墙为防火墙且屋顶无天窗，屋顶的耐火极限不低于 1.00 h 时，其防火间距不应小于 3.5 m；对于高层建筑，不应小于 4 m；
5 相邻两座建筑中较低一座建筑的耐火等级不低于二级且屋顶无天窗，相邻较高一面外墙高出较低一座建筑的屋面 15 m 及以下范围内的开口部位设置甲级防火门、窗，或设置符合现行国家标准《自动喷水灭火系统设计规范》GB 50084 规定的防火分隔水幕或本规范第 6.5.3 条规定的防火卷帘时，其防火间距不应小于 3.5 m；对于高层建筑，不应小于 4 m；
6 相邻建筑通过连廊、天桥或底部的建筑物等连接时，其间距不应小于本表的规定；
7 耐火等级低于四级的既有建筑，其耐火等级可按四级确定。

5 防规 5.3.1

除本规范另有规定外，不同耐火等级建筑的允许建筑高度或层数、防火分区最大允许建筑面积应符合表 5.3.1 的规定。

表 5.3.1 不同耐火等级建筑的允许建筑高度或层数、防火分区最大允许建筑面积

名称	耐火等级	允许建筑高度或层数	防火分区的最大允许建筑面积（m²）	备注
高层民用建筑	一、二级	按本规范第 5.1.1 条确定	1500	对于体育馆、剧场的观众厅，防火分区的最大允许建筑面积可适当增加
单、多层民用建筑	一、二级	按本规范第 5.1.1 条确定	2500	
	三级	5 层	1200	
	四级	2 层	600	

续表

名　称	耐火等级	允许建筑高度或层数	防火分区的最大允许建筑面积（m²）	备注
地下或半地下建筑（室）	一级	—	500	设备用房的防火分区最大允许建筑面积不应大于 1000 m²

注：1 表中规定的防火分区最大允许建筑面积，当建筑内设置自动灭火系统时，可按本表的规定增加 1.0 倍；局部设置时，防火分区的增加面积可按该局部面积的 1.0 倍计算；
　　2 裙房与高层建筑主体之间设置防火墙时，裙房的防火分区可按单、多层建筑的要求确定。

6　防规 5.3.2

建筑内设置自动扶梯、敞开楼梯等上、下层相连通的开口时，其防火分区的建筑面积应按上、下层相连通的建筑面积叠加计算；当叠加计算后的建筑面积大于本规范第 5.3.1 条的规定时，应划分防火分区。

建筑内设置中庭时，其防火分区的建筑面积应按上、下层相连通的建筑面积叠加计算；当叠加计算后的建筑面积大于本规范第 5.3.1 条的规定时，应符合下列规定：

　1 与周围连通空间应进行防火分隔：采用防火隔墙时，其耐火极限不应低于 1.00 h；采用防火玻璃墙时，其耐火隔热性和耐火完整性不应低于 1.00 h。采用耐火完整性不低于 1.00 h 的非隔热性防火玻璃墙时，应设置自动喷水灭火系统进行保护；采用防火卷帘时，其耐火极限不应低于 3.00 h，并应符合本规范第 6.5.3 条的规定；与中庭相连通的门、窗，应采用火灾时能自行关闭的甲级防火门、窗；
　2 高层建筑内的中庭回廊应设置自动喷水灭火系统和火灾自动报警系统；
　3 中庭应设置排烟设施；
　4 中庭内不应布置可燃物。

7　防规 5.4.2

除为满足民用建筑使用功能所设置的附属库房外，民用建筑内不应设置生产车间和其他库房。经营、存放和使用甲、乙类火灾危险性物品的商店、作坊和储藏间，严禁附设在民用建筑内。

8　防规 5.4.10（节选）

除商业服务网点外，住宅建筑与其他使用功能的建筑合建时，应符合下列规定：
　2 住宅部分与非住宅部分的安全出口和疏散楼梯应分别独立设置；为住宅部分服务的地上车库应设置独立的疏散楼梯或安全出口，地下车库的疏散楼梯应按本规范第 6.4.4 条的规定进行分隔。

9　防规 5.5.8

公共建筑内每个防火分区或一个防火分区的每个楼层，其安全出口的数量应经计算确定，且不应少于 2 个。设置 1 个安全出口或 1 部疏散楼梯的公共建筑应符合下列条件之一：
　1 除托儿所、幼儿园外，建筑面积不大于 200 m² 且人数不超过 50 人的单层公共建筑或多层公共建筑的首层；
　2 除医疗建筑，老年人照料设施，托儿所、幼儿园儿童用房，儿童游乐厅等儿童活动场所和歌舞娱乐放映游艺场所等外，符合表 5.5.8 规定的公共建筑。

表 5.5.8　设置 1 部疏散楼梯的公共建筑

耐火等级	最多层数	每层最大建筑面积（m²）	人数
一、二级	3 层	200	第二、三层的人数之和不超过 50 人
三级	3 层	200	第二、三层的人数之和不超过 25 人
四级	2 层	200	第二层人数不超过 15 人

10　防规 5.5.15

公共建筑内房间的疏散门数量应经计算确定且不应少于 2 个。除托儿所、幼儿园、老年人照料设施、医疗建筑、教学建筑内位于走道尽端的房间外，符合下列条件之一的房间可设置 1 个疏散门：
　1 位于两个安全出口之间或袋形走道两侧的房间，对于托儿所、幼儿园、老年人照料设施，建筑面积不大于

50 m²；对于医疗建筑、教学建筑，建筑面积不大于75 m²；对于其他建筑或场所，建筑面积不大于120 m²。

2 位于走道尽端的房间，建筑面积小于50m2且疏散门的净宽度不小于0.90 m，或由房间内任一点至疏散门的直线距离不大于15 m、建筑面积不大于200 m²且疏散门的净宽度不小于1.40 m。

3 歌舞娱乐放映游艺场所内建筑面积不大于50 m²且经常停留人数不超过15人的厅、室。

11 防规 5.5.17

公共建筑的安全疏散距离应符合下列规定：

1 直通疏散走道的房间疏散门至最近安全出口的直线距离不应大于表5.5.17的规定。

2 楼梯间应在首层直通室外，确有困难时，可在首层采用扩大的封闭楼梯间或防烟楼梯间前室。当层数不超过4层且未采用扩大的封闭楼梯间或防烟楼梯间前室时，可将直通室外的门设置在离楼梯间不大于15m处。

3 房间内任一点至房间直通疏散走道的疏散门的直线距离，不应大于表5.5.17规定的袋形走道两侧或尽端的疏散门至最近安全出口的直线距离。

4 一、二级耐火等级建筑内疏散门或安全出口不少于2个的观众厅、展览厅、多功能厅、餐厅、营业厅等，其室内任一点至最近疏散门或安全出口的直线距离不应大于30 m；当疏散门不能直通室外地面或疏散楼梯间时，应采用长度不大于10 m的疏散走道通至最近的安全出口。当该场所设置自动喷水灭火系统时，室内任一点至最近安全出口的安全疏散距离可分别增加25%。

表5.5.17 直通疏散走道的房间疏散门至最近安全出口的直线距离（m）

名 称			位于两个安全出口之间的疏散门			位于袋形走道两侧或尽端的疏散门		
			一、二级	三级	四级	一、二级	三级	四级
托儿所、幼儿园老年人照料设施			25	20	15	20	15	10
歌舞娱乐放映游艺场所			25	20	15	9	—	—
医疗建筑	单、多层		35	30	25	20	15	10
	高层	病房部分	24	—	—	12	—	—
		其他部分	30	—	—	15	—	—
教学建筑	单、多层		35	30	25	22	20	10
	高层		30	—	—	15	—	—
高层旅馆、展览建筑			30	—	—	15	—	—
其他建筑	单、多层		40	35	25	22	20	15
	高层		40	—	—	20	—	—

注：1 建筑内开向敞开式外廊的房间疏散门至最近安全出口的直线距离可按本表的规定增加5 m。
2 直通疏散走道的房间疏散门至最近敞开楼梯间的直线距离，当房间位于两个楼梯间之间时，应按本表的规定减少5m；当房间位于袋形走道两侧或尽端时，应按本表的规定减少2 m。
3 建筑物内全部设置自动喷水灭火系统时，其安全疏散距离可按本表的规定增加25%。

12 防规 5.5.18

除本规范另有规定外，公共建筑内疏散门和安全出口的净宽度不应小于0.90 m，疏散走道和疏散楼梯的净宽度不应小于1.10 m。高层公共建筑内楼梯间的首层疏散门、首层疏散外门、疏散走道和疏散楼梯的最小净宽度应符合表5.5.18的规定。

表 5.5.18　高层公共建筑内楼梯间的首层疏散门、首层疏散外门、疏散走道和疏散楼梯的最小净宽度（m）

建筑类别	楼梯间的首层疏散门、首层疏散外门	走道		疏散楼梯
		单面布房	双面布房	
高层医疗建筑	1.30	1.40	1.50	1.30
其他高层公共建筑	1.20	1.30	1.40	1.20

13 防规 6.2.9（节选）
建筑内的电梯井等竖井应符合下列规定：
1 电梯井应独立设置，井内严禁敷设可燃气体和甲、乙、丙类液体管道，不应敷设与电梯无关的电缆、电线等。电梯井的井壁除设置电梯门、安全逃生门和通气孔洞外，不应设置其他开口。
2 电缆井、管道井、排烟道、排气道、垃圾道等竖向井道，应分别独立设置。井壁耐火极限不应低于1.00 h，井壁上的检查门应采用丙级防火门。
3 建筑内的电缆井、管道井应在每层楼板处采用不低于楼板耐火极限的不燃材料或防火封堵材料封堵。建筑内的电缆井、管道井与房间、走道等相连通的孔隙应采用防火封堵材料封堵。

14 防规 6.4.1（节选）
疏散楼梯间应符合下列规定：
2 楼梯间内不应设置烧水间、可燃材料储藏室、垃圾道；
3 楼梯间内不应有影响疏散的凸出物或其他障碍物；
4 封闭楼梯间、防烟楼梯间及其前室，不应设置卷帘；
5 楼梯间内不应设置甲、乙、丙类液体管道；
6 封闭楼梯间、防烟楼梯间及其前室内禁止穿过或设置可燃气体管道。敞开楼梯间内不应设置可燃气体管道，当住宅建筑的敞开楼梯间内确需设置可燃气体管道和可燃气体计量表时，应采用金属管和设置切断气源的阀门。

15 防规 6.4.2
封闭楼梯间除应符合本规范第6.4.1条的规定外，尚应符合下列规定：
1 不能自然通风或自然通风不能满足要求时，应设置机械加压送风系统或采用防烟楼梯间；
2 除楼梯间的出入口和外窗外，楼梯间的墙上不应开设其他门、窗、洞口；
3 高层建筑、人员密集的公共建筑、人员密集的多层丙类厂房、甲、乙类厂房，其封闭楼梯间的门应采用乙级防火门，并应向疏散方向开启；其他建筑，可采用双向弹簧门；
4 楼梯间的首层可将走道和门厅等包括在楼梯间内形成扩大的封闭楼梯间，但应采用乙级防火门等与其他走道和房间分隔。

16 防规 6.4.3（节选）
防烟楼梯间除应符合本规范第6.4.1条的规定外，尚应符合下列规定：
1 应设置防烟设施；
3 前室的使用面积：公共建筑、高层厂房（仓库），不应小于6.0 m²；住宅建筑，不应小于4.5 m²；与消防电梯前室合用时，合用前室的使用面积：公共建筑、高层厂房（仓库），不应小于10.0 m²；住宅建筑，不应小于6.0 m²；
4 疏散走道通向前室以及前室通向楼梯间的门应采用乙级防火门；
5 除住宅建筑的楼梯间前室外，防烟楼梯间和前室内的墙上不应开设除疏散门和送风口外的其他门、窗、洞口；
6 楼梯间的首层可将走道和门厅等包括在楼梯前室内形成扩大的前室，但应采用乙级防火门等与其他走道和房间分隔。

17 防规 6.4.4
除通向避难层错位的疏散楼梯外，建筑内的疏散楼梯间在各层的平面位置不应改变。除住宅建筑套内的自用楼梯外，地下或半地下建筑（室）的疏散楼梯间，应符合下列规定：

1 室内地面与室外出入口地坪高差大于10 m或3层及以上的地下、半地下建筑（室），其疏散楼梯应采用防烟楼梯间；其他地下或半地下建筑（室），其疏散楼梯应采用封闭楼梯间；
　　2 应在首层采用耐火极限不低于2.00 h的防火隔墙与其他部位分隔并应直通室外，确需在隔墙上开门时，应采用乙级防火门；
　　3 建筑的地下或半地下部分与地上部分不应共用楼梯间，确需共用楼梯间时，应在首层采用耐火极限不低于2.00 h的防火隔墙和乙级防火门将地下或半地下部分与地上部分的连通部位完全分隔，并应设置明显标志。

18 防规 6.4.5
室外疏散楼梯应符合下列规定：
　　1 栏杆扶手的高度不应小于1.10 m，楼梯的净宽度不应小于0.90 m；
　　2 倾斜角度不应大于45°；
　　3 梯段和平台均应采用不燃材料制作。平台的耐火极限不应低于1.00 h，梯段的耐火极限不应低于0.25 h；
　　4 通向室外楼梯的门应采用乙级防火门，并应向外开启；
　　5 除疏散门外，楼梯周围2 m内的墙面上不应设置门、窗、洞口。疏散门不应正对梯段。

19 防规 6.4.10
疏散走道在防火分区处应设置常开甲级防火门。

20 防规 6.4.11
建筑内的疏散门应符合下列规定：
　　1 民用建筑和厂房的疏散门，应采用向疏散方向开启的平开门，不应采用推拉门、卷帘门、吊门、转门和折叠门。除甲、乙类生产车间外，人数不超过60人且每樘门的平均疏散人数不超过30人的房间，其疏散门的开启方向不限。
　　2 仓库的疏散门应采用向疏散方向开启的平开门，但丙、丁、戊类仓库首层靠墙的外侧可采用推拉门或卷帘门。
　　3 开向疏散楼梯或疏散楼梯间的门，当其完全开启时，不应减少楼梯平台的有效宽度。
　　4 人员密集场所内平时需要控制人员随意出入的疏散门和设置门禁系统的住宅、宿舍、公寓建筑的外门，应保证火灾时不需使用钥匙等任何工具即能从内部易于打开，并应在显著位置设置具有使用提示的标识。

21 防规 7.3.1（节选）
下列建筑应设置消防电梯：
　　3 设置消防电梯的建筑的地下或半地下室，埋深大于10 m且总建筑面积大于3000 m²的其他地下或半地下建筑（室）。

22 防规 7.3.2
消防电梯应分别设置在不同防火分区内，且每个防火分区不应少于1台。

23 防规 7.3.5（节选）
除设置在仓库连廊、冷库穿堂或谷物筒仓工作塔内的消防电梯外，消防电梯应设置前室，并应符合下列规定：
　　2 前室的使用面积不应小于6.0 m²，前室的短边不应小于2.4 m；与防烟楼梯间合用的前室，其使用面积尚应符合本规范第5.5.28条和第6.4.3条的规定；
　　3 除前室的出入口、前室内设置的正压送风口和本规范第5.5.27条规定的户门外，前室内不应开设其他门、窗、洞口；
　　4 前室或合用前室的门应采用乙级防火门，不应设置卷帘。

24 防规 7.3.6
消防电梯井、机房与相邻电梯井、机房之间应设置耐火极限不低于2.00 h的防火隔墙，隔墙上的门应采用甲级防火门。

25 防规 8.5.1
建筑的下列场所或部位应设置防烟设施：
1 防烟楼梯间及其前室；
2 消防电梯间前室或合用前室；
3 避难走道的前室、避难层（间）。
建筑高度不大于 50 m 的公共建筑、厂房、仓库和建筑高度不大于 100 m 的住宅建筑，当其防烟楼梯间的前室或合用前室符合下列条件之一时，楼梯间可不设置防烟系统：
1 前室或合用前室采用敞开的阳台、凹廊；
2 前室或合用前室具有不同朝向的可开启外窗，且可开启外窗的面积满足自然排烟口的面积要求。

26 无障碍 3.7.3（节选）
升降平台应符合下列规定：
3 垂直升降平台的基坑应采用防止误入的安全防护措施；
5 垂直升降平台的传送装置应有可靠的安全防护装置。

27 无障碍 8.1.4
建筑内设有电梯时，至少应设置 1 部无障碍电梯。

28 住建 5.4.1
住宅的卧室、起居室（厅）、厨房不应布置在地下室。当布置在半地下室时，必须采取采光、通风、日照、防潮、排水及安全防护措施。

29 住建 5.4.2
住宅地下机动车库应符合下列规定：
1 库内坡道严禁将宽的单车道兼作双车道。
2 库内不应设置修理车位，并不应设置使用或存放易燃、易爆物品的房间。
3 库内车道净高不应低于 2.20 m。车位净高不应低于 2.00 m。
4 库内直通住宅单元的楼（电）梯间应设门，严禁利用楼（电）梯间进行自然通风。

30 住建 5.4.3
住宅地下自行车库净高不应低于 2.00m。

31 住建 5.4.4
住宅地下室应采取有效防水措施。

32 住建 9.4.4
当住宅建筑中的楼梯、电梯直通住宅楼层下部的汽车库时，楼梯、电梯在汽车库出入口部位应采取防火分隔措施。

33 住设 6.9.6
直通住宅单元的地下楼、电梯间入口处应设置乙级防火门，严禁利用楼、电梯间为地下车库进行自然通风。

34 库规 3.1.7
机动车库基地出入口应设置减速安全设施。

35 库规 4.2.8
机动车库的人员出入口与车辆出入口应分开设置，机动车升降梯不得替代乘客电梯作为人员出入口，并应设置标识。

36 库防规 3.0.2
汽车库、修车库的耐火等级应分为一级、二级和三级，其构件的燃烧性能和耐火极限均不应低于表3.0.2的规定。

表3.0.2 汽车库、修车库构件的燃烧性能和耐火极限（h）

建筑构建名称		耐火等级		
		一级	二级	三级
墙	防火墙	不燃性 3.00	不燃性 3.00	不燃性 3.00
	承重墙	不燃性 3.00	不燃性 2.50	不燃性 2.00
	楼梯间和前室的墙、防火隔墙	不燃性 2.00	不燃性 2.00	不燃性 2.00
	隔墙、非承重外墙	不燃性 1.00	不燃性 1.00	不燃性 0.50
柱		不燃性 3.00	不燃性 2.50	不燃性 2.00
梁		不燃性 2.00	不燃性 1.50	不燃性 1.00
楼板		不燃性 1.50	不燃性 1.00	不燃性 0.50
疏散楼梯、坡道		不燃性 1.50	不燃性 1.00	不燃性 1.00
屋顶承重构件		不燃性 1.50	不燃性 1.00	可燃性 0.50
吊顶（包括吊顶格栅）		不燃性 0.25	不燃性 0.25	难燃性 0.15

注：预制钢筋混凝土构件的节点缝隙或金属承重构件的外露部位应加设防火保护层，其耐火极限不应低于表中相应构件的规定。

37 库防规 3.0.3
汽车库和修车库的耐火等级应符合下列规定：
1 地下、半地下和高层汽车库应为一级；
2 甲、乙类物品运输车的汽车库、修车库和Ⅰ类汽车库、修车库，应为一级；
3 Ⅱ、Ⅲ类汽车库、修车库的耐火等级不应低于二级；
4 Ⅳ类汽车库、修车库的耐火等级不应低于三级。

38 库防规 4.1.3
汽车库不应与火灾危险性为甲、乙类的厂房、仓库贴邻或组合建造。

39 库防规 4.2.1
除本规范另有规定外，汽车库、修车库、停车场之间及汽车库、修车库、停车场与除甲类物品仓库外的其他建筑物的防火间距，不应小于表4.2.1的规定。其中，高层汽车库与其他建筑物，汽车库、修车库与高层建筑的防火间距应按表4.2.1的规定值增加3 m；汽车库、修车库与甲类厂房的防火间距应按表4.2.1的规定值增加2 m。

表4.2.1 汽车库、修车库、停车场之间及汽车库、修车库、停车场与
除甲类物品仓库外的其他建筑物的防火间距（m）

名称和耐火等级	汽车库、修车库		厂房、仓库、民用建筑		
	一、二级	三级	一、二级	三级	四级
一、二级汽车库、修车库	10	12	10	12	14
三级汽车库、修车库	12	14	12	14	16
停车场	6	8	6	8	10

注：1 防火间距应按相邻建筑物外墙的最近距离算起，如外墙有凸出的可燃物构件时，则应从其凸出部分外缘算起，停车场从靠近建筑物的最近停车位置边缘算起。
2 厂房、仓库的火灾危险性分类应符合现行国家标准《建筑设计防火规范》GB 50016的有关规定。

40 库防规 4.2.4
汽车库、修车库、停车场与甲类物品仓库的防火间距不应小于表4.2.4的规定。

表 4.2.4　汽车库、修车库、停车场与甲类物品仓库的防火间距（m）

名　称		总容量（t）	汽车库、修车库		停车场
			一、二级	三级	
甲类 物品仓库	3、4项	≤5	15	20	15
		>5	20	25	20
	1、2、5、6项	≤10	12	15	12
		>10	15	20	15

注：1　甲类物品的分项应符合现行国家标准《建筑设计防火规范》GB 50016 的有关规定。
　　2　甲、乙类物品运输车的汽车库、修车库、停车场与甲类物品仓库的防火间距应按本表的规定值增加 5 m。

41 库防规 4.2.5
甲、乙类物品运输车的汽车库、修车库、停车场与民用建筑的防火间距不应小于 25 m，与重要公共建筑的防火间距不应小于 50 m。甲类物品运输车的汽车库、修车库、停车场与明火或散发火花地点的防火间距不应小于 30 m，与厂房、仓库的防火间距应按本规范表 4.2.1 的规定值增加 2 m。

42 库防规 4.3.1
汽车库、修车库周围应设置消防车道。

43 库防规 5.1.1
汽车库防火分区的最大允许建筑面积应符合表 5.1.1 的规定。其中，敞开式、错层式、斜楼板式汽车库的上下连通层面积应叠加计算，每个防火分区的最大允许建筑面积不应大于表 5.1.1 规定的 2.0 倍；室内有车道且有人员停留的机械式汽车库，其防火分区最大允许建筑面积应按表 5.1.1 的规定减少 35%。

表 5.1.1　汽车库防火分区的最大允许建筑面积（m²）

耐火等级	单层汽车库	多层汽车库、半地下汽车库	地下汽车库、高层汽车库
一、二级	3000	2500	2000
三级	1000	不允许	不允许

注：除本规范另有规定外，防火分区之间应采用符合本规范规定的防火墙、防火卷帘等分隔。

44 库防规 5.3.1
电梯井、管道井、电缆井和楼梯间应分别独立设置。管道井、电缆井的井壁应采用不燃材料，且耐火极限不应低于 1.00 h；电梯井的井壁应采用不燃材料，且耐火极限不应低于 2.00 h。

45 库防规 6.0.1
汽车库、修车库的人员安全出口和汽车疏散出口应分开设置。设置在工业与民用建筑内的汽车库，其车辆疏散出口应与其他场所的人员安全出口分开设置。

46 库防规 6.0.3
汽车库、修车库的疏散楼梯应符合下列规定：
1　建筑高度大于 32 m 的高层汽车库、室内地面与室外出入口地坪的高差大于 10 m 的地下汽车库应采用防烟楼梯间，其他汽车库、修车库应采用封闭楼梯间；
2　楼梯间和前室的门应采用乙级防火门，并应向疏散方向开启；
3　疏散楼梯的宽度不应小于 1.1 m。

47 库防规 6.0.6
汽车库室内任一点至最近人员安全出口的疏散距离不应大于 45 m，当设置自动灭火系统时，其距离不应大于 60 m。对于单层或设置在建筑首层的汽车库，室内任一点至室外最近出口的疏散距离不应大于 60 m。

48 库防规 6.0.9
除本规范另有规定外，汽车库、修车库的汽车疏散出口总数不应少于 2 个，且应分散布置。

1.2 机动车区

扫描进入建识网

表3-2 机动车区涉及的强条条款

序号	关键信息	出处	使用指引	附图
1	—	库规 4.2.8	人员出入口与车辆出入口应分别设置	—
2	—	库防规 5.1.3	室内无车道且无人员停留的机械式汽车库防火措施规定	图3-4
3	2个	库防规 6.0.9	汽车库、修车库的汽车疏散出口总数不应少于2个,且应分散布置	—

图3-4 │ 机械汽车库的防火规定图示

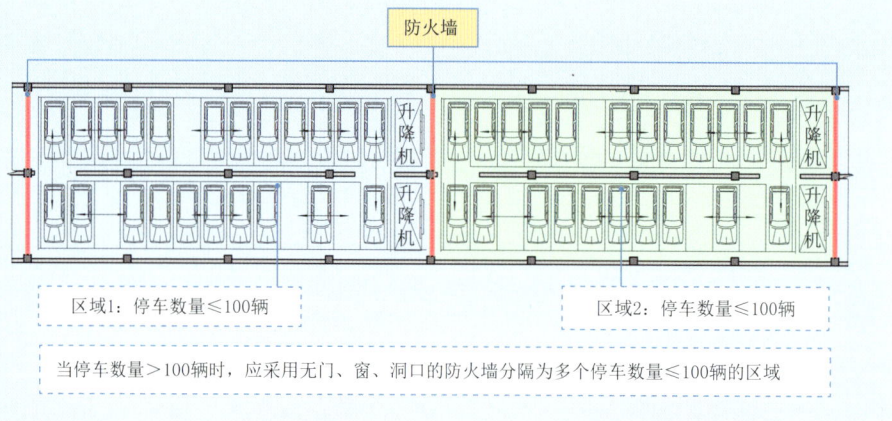

区域1:停车数量≤100辆 区域2:停车数量≤100辆

当停车数量>100辆时,应采用无门、窗、洞口的防火墙分隔为多个停车数量≤100辆的区域

规范原文摘录

1 库规 4.2.8
机动车库的人员出入口与车辆出入口应分开设置,机动车升降梯不得替代乘客电梯作为人员出入口,并应设置标识。

2 库防规 5.1.3
室内无车道且无人员停留的机械式汽车库,应符合下列规定:
1 当停车数量超过100辆时,应采用无门、窗、洞口的防火墙分隔为多个停车数量不大于100辆的区域,但当采用防火隔墙和耐火极限不低于1.00h的不燃性楼板分隔成多个停车单元,且停车单元内的停车数量不大于3辆时,应分隔为停车数量不大于300辆的区域;
2 汽车库内应设置火灾自动报警系统和自动喷水灭火系统,自动喷水灭火系统应选用快速响应喷头;
3 楼梯间及停车区的检修通道上应设置室内消火栓;
4 汽车库内应设置排烟设施,排烟口应设置在运输车辆的通道顶部。

3 库防规 6.0.9
除本规范另有规定外,汽车库、修车库的汽车疏散出口总数不应少于2个,且应分散布置。

1.3 非机动车库

表 3-3　非机动车库涉及的强条条款

序号	关键信息	出处	使用指引	附图
1	500 m² 1000 m²	防规 5.3.1	地下室或半地下室防火分区最大允许建筑面积	图3-5

图3-5 ｜ 非机动车车库防火分区与疏散设置示意

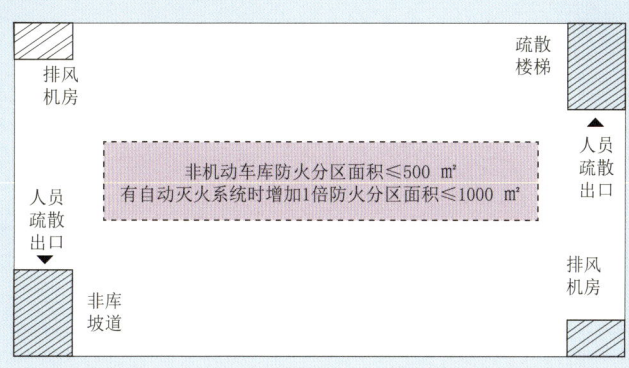

规范原文摘录

1　防规 5.3.1（节选）

除本规范另有规定外，不同耐火等级建筑的允许建筑高度或层数、防火分区最大允许建筑面积应符合表 5.3.1 的规定。

表 5.3.1　不同耐火等级建筑的允许建筑高度或层数、防火分区最大允许建筑面积

名　称	耐火等级	允许建筑高度或层数	防火分区的最大允许建筑面积（m²）	备　注
地下或半地下建筑（室）	一级	—	500	设备用房的防火分区最大允许建筑面积不应大于1000 m²

注：1　表中规定的防火分区最大允许建筑面积，当建筑内设置自动灭火系统时，可按本表的规定增加 1.0 倍；局部设置时，防火分区的增加面积可按该局部面积的 1.0 倍计算；
　　2　裙房与高层建筑主体之间设置防火墙时，裙房的防火分区可按单、多层建筑的要求确定。

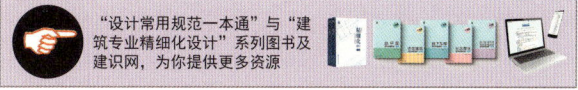

1.4 非停车区域

本小节主要是设备专业相关规范强条条款。

扫描进入建识网

表 3-4 非停车区域涉及的强条条款

序号	关键信息	出处	使用指引	附图
1	1000 m² 2000 m²	防规 5.3.1	地下室或半地下室防火分区最大允许建筑面积	—
2	—	防规 5.4.12	燃油或燃气锅炉、油浸变压器、充有可燃油的高压电容器和多油开关等设置在民用建筑中的规定	—
3	—	防规 5.4.13	（除1）布置在民用建筑内的柴油发电机房的规定	图3-6
4	—	防规 5.4.15	（1、2）设置在建筑内的锅炉、柴油发电机，其燃料供给管道的规定	—
5	—	防规 5.4.17	（除6）建筑采用瓶装液化石油气瓶组供气时的规定	—
6	2个	防规 5.5.15	房间疏散门的规定	—
7	0.90 m 1.10 m	防规 5.5.18	公共建筑内疏散门、安全出口、疏散走道、疏散楼梯的净宽度	—
8	—	防规 5.5.21	（1～4）疏散门、安全出口、疏散走道和疏散楼梯等的疏散宽度计算	—
9	2.0 h 墙 1.5 h 楼板	防规 6.2.7	附设在建筑内的设备机房、变配电室等的防火分隔措施	—
10	—	防规 8.1.6	消防水泵房的设置规定	图3-7
11	—	防规 8.1.7	（1、3、4）消防控制室的设置规定	图3-8
12	防淹	防规 8.1.8	消防水泵房和消防控制室应采取防水淹的技术措施	—

图3-6 | 柴油发电机房局部实景与平面案例

 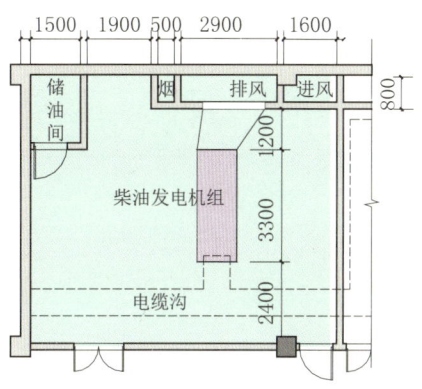

图3-7 | 消防水泵房局部实景与平面案例

 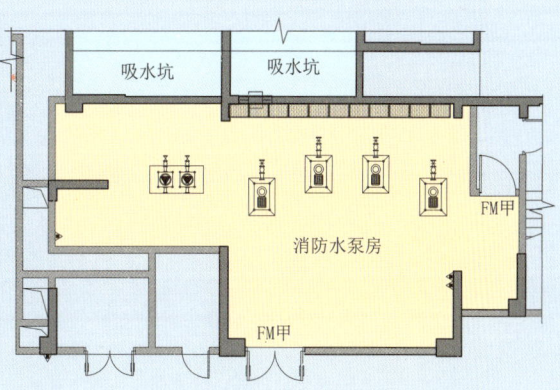

图3-8 | 消防控制室局部实景与平面案例

 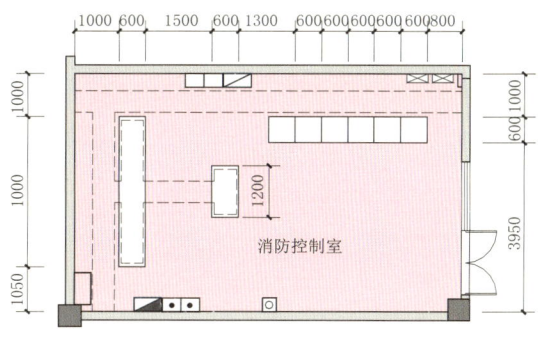

规范原文摘录

1 防规 5.3.1

除本规范另有规定外,不同耐火等级建筑的允许建筑高度或层数、防火分区最大允许建筑面积应符合表5.3.1的规定。

表5.3.1 不同耐火等级建筑的允许建筑高度或层数、防火分区最大允许建筑面积

名称	耐火等级	允许建筑高度或层数	防火分区的最大允许建筑面积（m²）	备注
高层民用建筑	一、二级	按本规范第5.1.1条确定	1500	对于体育馆、剧场的观众厅，防火分区的最大允许建筑面积可适当增加
单、多层民用建筑	一、二级	按本规范第5.1.1条确定	2500	—
	三级	5 层	1200	
	四级	2 层	600	
地下或半地下建筑（室）	一级	—	500	设备用房的防火分区最大允许建筑面积不应大于1000 m²

注：1 表中规定的防火分区最大允许建筑面积，当建筑内设置自动灭火系统时，可按本表的规定增加1.0倍；局部设置时，防火分区的增加面积可按该局部面积的1.0倍计算。
  2 裙房与高层建筑主体之间设置防火墙时，裙房的防火分区可按单、多层建筑的要求确定。

2 防规 5.4.12

燃油或燃气锅炉、油浸变压器、充有可燃油的高压电容器和多油开关等，宜设置在建筑外的专用房间内；确需贴邻民用建筑布置时，应采用防火墙与所贴邻的建筑分隔，且不应贴邻人员密集场所，该专用房间的耐火等级不应低于二级；确需布置在民用建筑内时，不应布置在人员密集场所的上一层、下一层或贴邻，并应符合下列规定：

 1 燃油或燃气锅炉房、变压器室应设置在首层或地下一层的靠外墙部位，但常（负）压燃油或燃气锅炉可设置在地下二层或屋顶上。设置在屋顶上的常（负）压燃气锅炉，距离通向屋面的安全出口不应小于 6 m；
  采用相对密度（与空气密度的比值）不小于0.75的可燃气体为燃料的锅炉，不得设置在地下或半地下；
 2 锅炉房、变压器室的疏散门均应直通室外或安全出口；
 3 锅炉房、变压器室等与其他部位之间应采用耐火极限不低于2.00 h的防火隔墙和1.50 h的不燃性楼板分隔。在隔墙和楼板上不应开设洞口，确需在隔墙上设置门、窗时，应采用甲级防火门、窗；
 4 锅炉房内设置储油间时，其总储存量不应大于 1 m³，且储油间应采用耐火极限不低于3.00 h的防火隔墙与锅炉间分隔；确需在防火隔墙上设置门时，应采用甲级防火门；
 5 变压器室之间、变压器室与配电室之间，应设置耐火极限不低于2.00 h的防火隔墙；
 6 油浸变压器、多油开关室、高压电容器室，应设置防止油品流散的设施。油浸变压器下面应设置能储存变压器全部油量的事故储油设施；
 7 应设置火灾报警装置；
 8 应设置与锅炉、变压器、电容器和多油开关等的容量及建筑规模相适应的灭火设施，当建筑内其他部位设置自动喷水灭火系统时，应设置自动喷水灭火系统；
 9 锅炉的容量应符合现行国家标准《锅炉房设计规范》GB 50041的规定。油浸变压器的总容量不应大于1260 kV·A，单台容量不应大于 630 kV·A；
 10 燃气锅炉房应设置爆炸泄压设施。燃油或燃气锅炉房应设置独立的通风系统，并应符合本规范第9章的规定。

3 防规 5.4.13（节选）
布置在民用建筑内的柴油发电机房应符合下列规定：
2 不应布置在人员密集场所的上一层、下一层或贴邻；
3 应采用耐火极限不低于2.00 h的防火隔墙和1.50 h的不燃性楼板与其他部位分隔，门应采用甲级防火门；
4 机房内设置储油间时，其总储存量不应大于1 m³，储油间应采用耐火极限不低于3.00 h的防火隔墙与发电机间分隔；确需在防火隔墙上开门时，应设置甲级防火门；
5 应设置火灾报警装置；
6 应设置与柴油发电机容量和建筑规模相适应的灭火设施，当建筑内其他部位设置自动喷水灭火系统时，机房内应设置自动喷水灭火系统。

4 防规 5.4.15（节选）
设置在建筑内的锅炉、柴油发电机，其燃料供给管道应符合下列规定：
1 在进入建筑物前和设备间内的管道上均应设置自动和手动切断阀；
2 储油间的油箱应密闭且应设置通向室外的通气管，通气管应设置带阻火器的呼吸阀，油箱的下部应设置防止油品流散的设施；

5 防规 5.4.17（节选）
建筑采用瓶装液化石油气瓶组供气时，应符合下列规定：
1 应设置独立的瓶组间；
2 瓶组间不应与住宅建筑、重要公共建筑和其他高层公共建筑贴邻，液化石油气气瓶的总容积不大于1 m³的瓶组间与所服务的其他建筑贴邻时，应采用自然气化方式供气；
3 液化石油气气瓶的总容积大于1 m³、不大于4 m³的独立瓶组间，与所服务建筑的防火间距应符合本规范表5.4.17的规定；

表5.4.17 液化石油气气瓶的独立瓶组间与所服务建筑的防火间距（m）

名 称		液化石油气气瓶的独立瓶组间的总面积 V（m³）	
		$V \leq 2$	$2 < V \leq 4$
重要公共建筑、一类高层民用建筑		15	20
裙房和其他民用建筑		8	10
道路（路边）	主要	10	
	次要	5	

注：气瓶总容积应按配置气瓶个数与单瓶几何容积的乘积计算。

4 在瓶组间的总出气管道上应设置紧急事故自动切断阀；
5 瓶组间应设置可燃气体浓度报警装置。

6 防规 5.5.15
公共建筑内房间的疏散门数量应经计算确定且不应少于2个。除托儿所、幼儿园、老年人照料设施、医疗建筑、教学建筑内位于走道尽端的房间外，符合下列条件之一的房间可设置1个疏散门：
1 位于两个安全出口之间或袋形走道两侧的房间，对于托儿所、幼儿园、老年人照料设施，建筑面积不大于50 m²；对于医疗建筑、教学建筑，建筑面积不大于75 m²；对于其他建筑或场所，建筑面积不大于120 m²；
2 位于走道尽端的房间，建筑面积小于50 m²且疏散门的净宽度不小于0.90 m，或由房间内任一点至疏散门的直线距离不大于15 m、建筑面积不大于200 m²且疏散门的净宽度不小于1.40 m；
3 歌舞娱乐放映游艺场所内建筑面积不大于50 m²且经常停留人数不超过15人的厅、室。

7 防规 5.5.18
除本规范另有规定外，公共建筑内疏散门和安全出口的净宽度不应小于0.90 m，疏散走道和疏散楼梯的净宽度不应小于1.10 m。高层公共建筑内楼梯间的首层疏散门、首层疏散外门、疏散走道和疏散楼梯的最小净宽度应符合表5.5.18的规定。

表 5.5.18　高层公共建筑内楼梯间的
　　　　　 首层疏散门、首层疏散外门、疏散走道和疏散楼梯的最小净宽度（m）

建筑类别	楼梯间的首层疏散门、首层疏散外门	走道		疏散楼梯
		单面布房	双面布房	
高层医疗建筑	1.30	1.40	1.50	1.30
其他高层公共建筑	1.20	1.30	1.40	1.20

8 防规 5.5.21（节选）

除剧场、电影院、礼堂、体育馆外的其他公共建筑，其房间疏散门、安全出口、疏散走道和疏散楼梯的各自总净宽度，应符合下列规定：

1 每层的房间疏散门、安全出口、疏散走道和疏散楼梯的各自总净宽度，应根据疏散人数按每100人的最小疏散净宽度不小于表5.5.21-1的规定计算确定。当每层疏散人数不等时，疏散楼梯的总净宽度可分层计算，地上建筑内下层楼梯的总净宽度应按该层及以上疏散人数最多一层的人数计算；地下建筑内上层楼梯的总净宽度应按该层及以下疏散人数最多一层的人数计算；

表5.5.21-1　每层的房间疏散门、安全出口、疏散走道和疏散楼梯的每100人最小疏散净宽度（m/百人）

建 筑 层 数		建筑的耐火等级		
		一、二级	三级	四级
地上楼层	1～2 层	0.65	0.75	1.00
	3 层	0.75	1.00	—
	≥ 4 层	1.00	1.25	—
地下楼层	与地面出入口地面的高差 ΔH ≤10 m	0.75	—	—
	与地面出入口地面的高差 ΔH >10 m	1.00	—	—

2 地下或半地下人员密集的厅、室和歌舞娱乐放映游艺场所，其房间疏散门、安全出口、疏散走道和疏散楼梯的各自总净宽度，应根据疏散人数按每100人不小于1.00 m计算确定；

3 首层外门的总净宽度应按该建筑疏散人数最多一层的人数计算确定，不供其他楼层人员疏散的外门，可按本层的疏散人数计算确定；

4 歌舞娱乐放映游艺场所中录像厅的疏散人数，应根据厅、室的建筑面积按不小于1.0人/m^2计算；其他歌舞娱乐放映游艺场所的疏散人数，应根据厅、室的建筑面积按不小于0.5人/m^2计算。

9 防规 6.2.7

附设在建筑内的消防控制室、灭火设备室、消防水泵房和通风空气调节机房、变配电室等，应采用耐火极限不低于2.00 h的防火隔墙和1.50 h的楼板与其他部位分隔；

设置在丁、戊类厂房内的通风机房，应采用耐火极限不低于1.00 h的防火隔墙和0.50 h的楼板与其他部位分隔；

通风、空气调节机房和变配电室开向建筑内的门应采用甲级防火门，消防控制室和其他设备房开向建筑内的门应采用乙级防火门。

10 防规 8.1.6

消防水泵房的设置应符合下列规定：

1 单独建造的消防水泵房，其耐火等级不应低于二级；

2 附设在建筑内的消防水泵房，不应设置在地下三层及以下或室内地面与室外出入口地坪高差大于10 m的地下楼层；

3 疏散门应直通室外或安全出口。

11 防规 8.1.7（节选）

设置火灾自动报警系统和需要联动控制的消防设备的建筑（群）应设置消防控制室。消防控制室的设置应符合下列规定：

    1 单独建造的消防控制室，其耐火等级不应低于二级；
    3 不应设置在电磁场干扰较强及其他可能影响消防控制设备正常工作的房间附近；
    4 疏散门应直通室外或安全出口；

12 防规 8.1.8

消防水泵房和消防控制室应采取防水淹的技术措施。

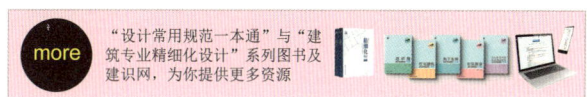

2 建筑构造
2.1 通用规定

本节各表需要与表 3-5 **结合起来**一同使用。

表 3-5 建筑构造涉及的通用性强条条款

序号	关键信息	出处	使用指引	附图
1	–	防规 6.1.1	防火墙布置的规定	图3-10
2	–	防规 6.2.4	建筑内的防火隔墙应从楼地面基层隔断至梁、楼板或屋面板的底面基层	–
3	–	防规 6.2.6	建筑幕墙应在每层楼板外沿处的防火措施规定	–
4	–	防规 6.2.7	附设在建筑内设备机房、变配电室等的防火分隔措施	–
5	1.0 h 丙级防火门	防规 6.2.9	（1、2、3）建筑内的电梯井等竖井的规定	–
6	–	防规 6.3.5	管道穿越防火隔墙、楼板和防火墙的规定	–
7	–	防规 11.0.9	管道、电气线路敷设在墙体内或穿过楼板、墙体时填塞密实规定	–
8	三级	库防规 3.0.2	汽车库、修车库构件的燃烧性能和耐火极限的规定	–
9	–	地下防水 3.1.4	地下工程迎水面主体结构应采用防水混凝土	–
10	四级	地下防水 3.2.1	地下工程的防水等级的划分	–
11	四级	地下防水 3.2.2	地下工程不同防水等级的适用范围	–
12	300 mm	地下防水 5.1.3	变形缝处混凝土结构的厚度	图3-9

图3-9 ｜ 变形缝处混凝土结构的厚度

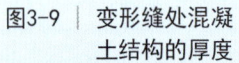
变形缝处混凝土结构的厚度应≥300 mm

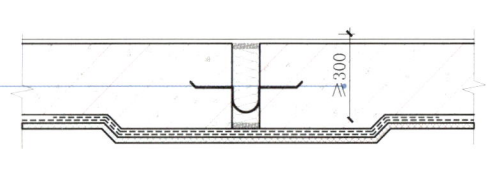

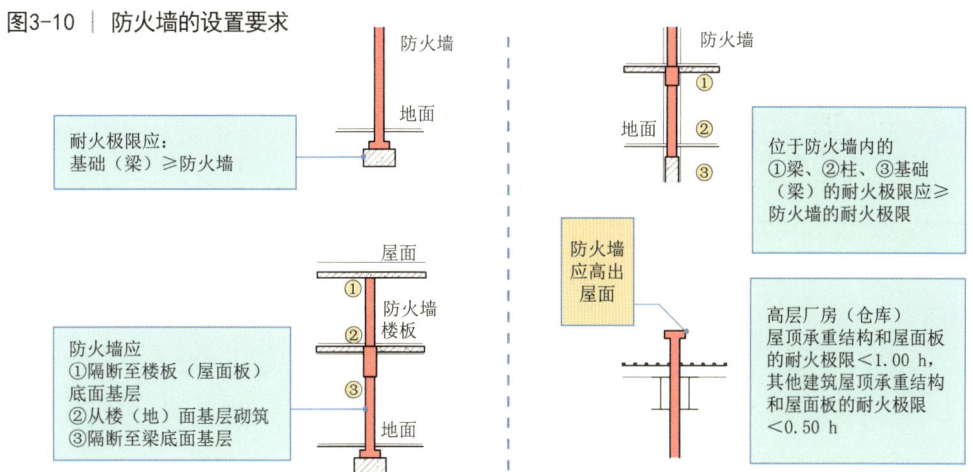

图3-10 | 防火墙的设置要求

规范原文摘录

1 防规 6.1.1
防火墙应直接设置在建筑的基础或框架、梁等承重结构上，框架、梁等承重结构的耐火极限不应低于防火墙的耐火极限。
防火墙应从楼地面基层隔断至梁、楼板或屋面板的底面基层。当高层厂房（仓库）屋顶承重结构和屋面板的耐火极限低于1.00 h，其他建筑屋顶承重结构和屋面板的耐火极限低于0.50 h时，防火墙应高出屋面0.5 m以上。

2 防规 6.2.4
建筑内的防火隔墙应从楼地面基层隔断至梁、楼板或屋面板的底面基层。住宅分户墙和单元之间的墙应隔断至梁、楼板或屋面板的底面基层，屋面板的耐火极限不应低于0.50 h。

3 防规 6.2.6
建筑幕墙应在每层楼板外沿处采取符合本规范第6.2.5条规定的防火措施，幕墙与每层楼板、隔墙处的缝隙应采用防火封堵材料封堵。

4 防规 6.2.7
附设在建筑内的消防控制室、灭火设备室、消防水泵房和通风空气调节机房、变配电室等，应采用耐火极限不低于2.00 h的防火隔墙和1.50 h的楼板与其他部位分隔；
设置在丁、戊类厂房内的通风机房，应采用耐火极限不低于1.00 h的防火隔墙和0.50 h的楼板与其他部位分隔；
通风、空气调节机房和变配电室开向建筑内的门应采用甲级防火门，消防控制室和其他设备房开向建筑内的门应采用乙级防火门。

5 防规 6.2.9（节选）
建筑内的电梯井等竖井应符合下列规定：
1 电梯井应独立设置，井内严禁敷设可燃气体和甲、乙、丙类液体管道，不应敷设与电梯无关的电缆、电线等。电梯井的井壁除设置电梯门、安全逃生门和通气孔洞外，不应设置其他开口。
2 电缆井、管道井、排烟道、排气道、垃圾道等竖向井道，应分别独立设置。井壁的耐火极限不应低于1.00 h，井壁上的检查门应采用丙级防火门；
3 建筑内的电缆井、管道井应在每层楼板处采用不低于楼板耐火极限的不燃材料或防火封堵材料封堵；
建筑内的电缆井、管道井与房间、走道等相连通的孔隙应采用防火封堵材料封堵。

6 防规 6.3.5
防烟、排烟、供暖、通风和空气调节系统中的管道及建筑内的其他管道，在穿越防火隔墙、楼板和防火墙处的孔隙应采用防火封堵材料封堵；

风管穿过防火隔墙、楼板和防火墙时，穿越处风管上的防火阀、排烟防火阀两侧各 2.0 m 范围内的风管应采用耐火风管或风管外壁应采取防火保护措施，且耐火极限不应低于该防火分隔体的耐火极限。

7 防规 11.0.9

建筑内管道、电气线路敷设在墙体内或穿过楼板、墙体时，应采取防火保护措施，与墙体、楼板之间的缝隙应采用防火封堵材料填塞密实。

住宅建筑内厨房的明火或高温部位及排油烟管道等，应采用防火隔热措施。

8 库防规 3.0.2

汽车库、修车库的耐火等级应分为一级、二级和三级，其构件的燃烧性能和耐火极限均不应低于表3.0.2的规定。

表 3.0.2　汽车库、修车库构件的燃烧性能和耐火极限（h）

建筑构件名称		耐火等级		
		一级	二级	三级
墙	防火墙	不燃性 3.00	不燃性 3.00	不燃性 3.00
	承重墙	不燃性 3.00	不燃性 2.50	不燃性 2.00
	楼梯间和前室的墙、防火隔墙	不燃性 2.00	不燃性 2.00	不燃性 2.00
	隔墙、非承重外墙	不燃性 1.00	不燃性 1.00	不燃性 0.50
柱		不燃性 3.00	不燃性 2.50	不燃性 2.00
梁		不燃性 2.00	不燃性 1.50	不燃性 1.00
楼板		不燃性 1.50	不燃性 1.00	不燃性 0.50
疏散楼梯、坡道		不燃性 1.50	不燃性 1.00	不燃性 1.00
屋顶承重构件		不燃性 1.50	不燃性 1.00	可燃性 0.50
吊顶（包括吊顶格栅）		不燃性 0.25	不燃性 0.25	难燃性 0.15

注：预制钢筋混凝土构件的节点缝隙或金属承重构件的外露部位应加设防火保护层，其耐火极限不应低于表中相应构件的规定。

9 地下防水 3.1.4

地下工程迎水面主体结构应采用防水混凝土，并应根据防水等级的要求采取其他防水措施。

10 地下防水 3.2.1

地下工程的防水等级应分为四级，各等级防水标准应符合表 3.2.1 的规定。

表 3.2.1　地下工程防水标准

防水等级	防水标准
一级	不允许渗水，结构表面无湿渍
二级	不允许漏水，结构表面可有少量湿渍； 工业与民用建筑：总湿渍面积不应大于总防水面积（包括顶板、墙面、地面）的 1/1000；任意 100 m² 防水面积上的湿渍不超过 2 处，单个湿渍的最大面积不大于 0.1 m²； 其他地下工程：总湿渍面积不应大于总防水面积的 2/1000；任意 100 m² 防水面积上的湿渍不超过 3 处，单个湿渍的最大面积不大于 0.2 m²；其中，隧道工程还要求平均渗水量不大于 0.05 L/（m²·d），任意 100 m² 防水面积上的渗水量不大于 0.15 L/（m²·d）
三级	有少量漏水点，不得有线流和漏泥砂； 任意 100 m² 防水面积上的漏水或湿渍点数不超过 7 处，单个漏水点的最大漏水不大于 2.5 L/d，单个湿渍的最大面积不大于 0.3 m²
四级	有漏水点，不得有线流和漏泥砂； 整个工程平均漏水量 t 不大于 2 L/（m²·d）；任意 100 m² 防水面积上的平均漏水不大于 4L/（m²·d）

11 地下防水 3.2.2

地下工程不同防水等级的适用范围，应根据工程的重要性和使用中对防水的要求按表 3.2.2 选定。

表 3.2.2　不同防水等级的适用范围

防水等级	防 水 标 准
一级	人员长期停留的场所；因有少量湿渍会使物品变质、失效的贮物场所及严重影响设备正常运转和危及工程安全运营的部位；极重要的战备工程、地铁车站
二级	人员经常活动的场所；在有少量湿渍的情况下不会使物品变质、失效的贮物场所及基本不影响设备正常运转和工程安全运营的部位；重要的战备工程
三级	人员临时活动的场所；一般战备工程
四级	对渗漏水无严格要求的工程

12 地下防水 5.1.3

变形缝处混凝土结构的厚度不应小于 300 mm。

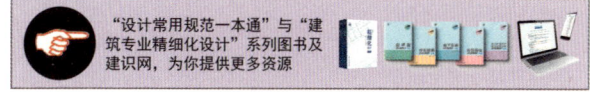

2.2 墙体

扫描进入建识网

表 3-6 墙体涉及的强条条款

序号	关键信息	出处	使用指引	附图
1	4.0m	防规 6.1.2	防火墙横截面中心线水平距离天窗端面的距离要求	图3-11
2	甲级	防规 6.1.5	防火墙开设门窗洞口的规定	图3-12 图3-13
3	—	防规 6.1.7	不会导致防火墙倒塌的防火墙的构造要求	—
4	—	防规 6.2.5	外墙上、下层开口之间处理要求	图3-14
5	2.0	防规 6.4.4	（2、3）疏散楼梯的防火隔墙设置规定	—
6	—	防规 7.3.6	消防电梯井、机房与相邻电梯井、机房之间防火隔墙规定	—
7	—	库防规 5.2.1	防火墙的设置要求	—
8	—	墙体 3.1.4	墙体不应采用非蒸压硅酸盐砖（砌块）及非蒸压加气混凝土制品	—
9	—	墙体 3.1.5	应用氯氧镁墙材制品时应做吸潮返卤、翘曲变形及耐水性试验等规定	—
10	—	墙体 3.2.1	（1、6）非烧结含孔块材的孔洞率、壁及肋厚度等规定	—
11	—	墙体 3.2.2	（1、2）块体材料强度等级规定	—
12	—	墙体 3.4.1	有抗冻性要求的墙体时，砂浆应进行冻融试验等的规定	—
13	—	墙体 4.1.8	对植物纤维墙体材料的要求	—
14	—	外墙砖 4.0.4	外墙饰面砖伸缩缝嵌缝要求	—
15	—	外墙砖 4.0.8	窗台檐口装饰线等墙面凹凸部位采用防水与排水构造	—

图3-11 | 防火墙横截面中心线水平距离天窗端面的距离要求

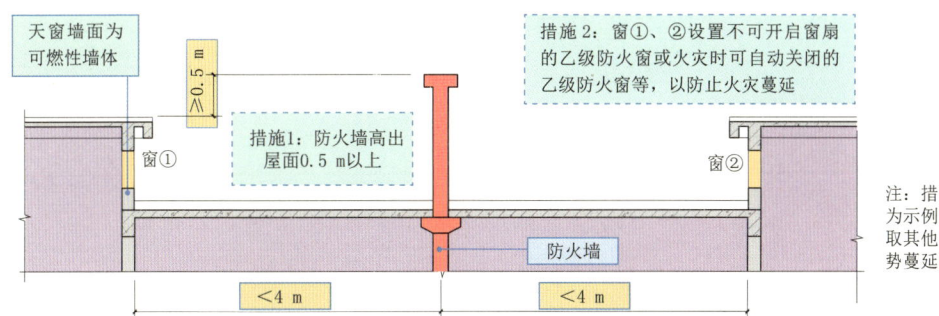

图3-12 | 防火墙上设置的规定

图3-13 | 管线穿越防火隔墙、楼板和防火墙的规定

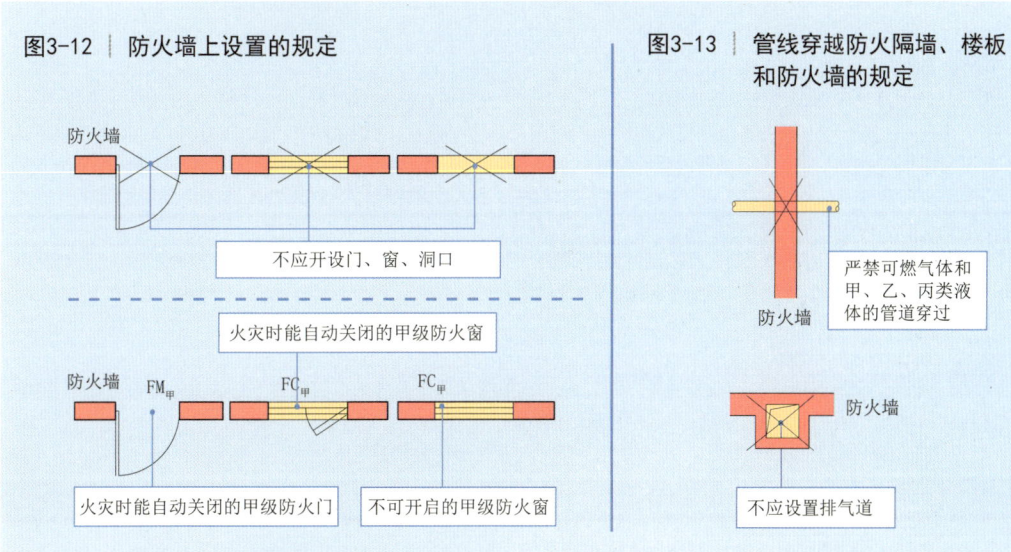

图3-14 | 玻璃幕墙防火构造示例

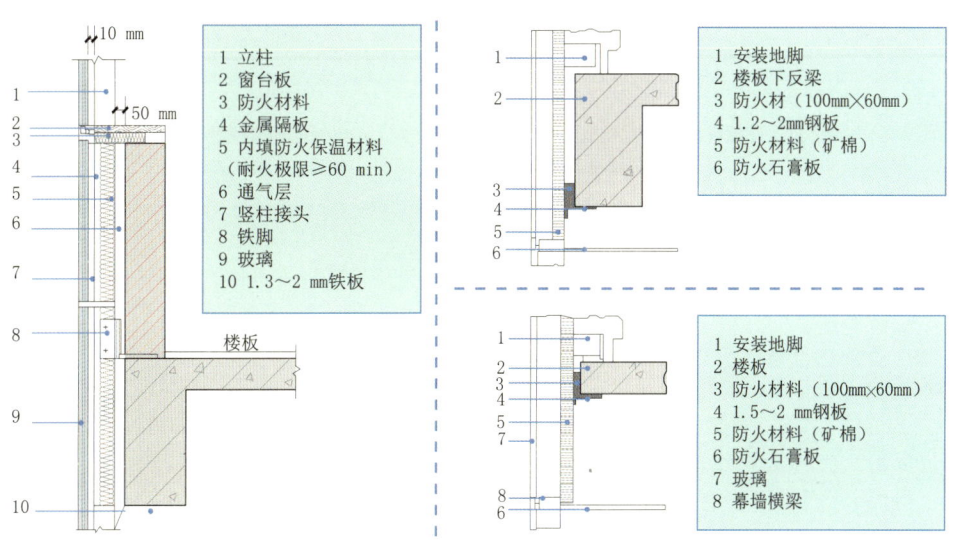

规范原文摘录

1 防规 6.1.2
防火墙横截面中心线水平距离天窗端面小于4.0 m，且天窗端面为可燃性墙体时，应采取防止火势蔓延的措施。

2 防规 6.1.5
防火墙上不应开设门、窗、洞口，确需开设时，应设置不可开启或火灾时能自动关闭的甲级防火门、窗。可燃气体和甲、乙、丙类液体的管道严禁穿过防火墙。防火墙内不应设置排气道。

3 防规 6.1.7
防火墙的构造应能在防火墙任意一侧的屋架、梁、楼板等受到火灾的影响而破坏时，不会导致防火墙倒塌。

4 防规 6.2.5
除本规范另有规定外，建筑外墙上、下层开口之间应设置高度不小于1.2 m的实体墙或挑出宽度不小于1.0 m、长度不小于开口宽度的防火挑檐；当室内设置自动喷水灭火系统时，上、下层开口之间的实体墙高度不应小于0.8 m。当上、下层开口之间设置实体墙确有困难时，可设置防火玻璃墙，但高层建筑的防火玻璃墙的耐火完整性不应低于1.00 h，多层建筑的防火玻璃墙的耐火完整性不应低于0.50 h。外窗的耐火完整性不应低于防火玻璃墙的耐火完整性要求；
  住宅建筑外墙上相邻户开口之间的墙体宽度不应小于1.0 m；小于1.0 m时，应在开口之间设置突出外墙不小于0.6 m的隔板；实体墙、防火挑檐和隔板的耐火极限和燃烧性能，均不应低于相应耐火等级建筑外墙的要求。

5 防规 6.4.4（节选）
除通向避难层错位的疏散楼梯外，建筑内的疏散楼梯间在各层的平面位置不应改变。除住宅建筑套内的自用楼梯外，地下或半地下建筑（室）的疏散楼梯间，应符合下列规定：
  2 应在首层采用耐火极限不低于2.00 h的防火隔墙与其他部位分隔并应直通室外，确需在隔墙上开门时，应采用乙级防火门；
  3 建筑的地下或半地下部分与地上部分不应共用楼梯间，确需共用楼梯间时，应在首层采用耐火极限不低于2.00 h的防火隔墙和乙级防火门将地下或半地下部分与地上部分的连通部位完全分隔，并应设置明显的标志。

6 防规 7.3.6
消防电梯井、机房与相邻电梯井、机房之间应设置耐火极限不低于2.00 h的防火隔墙，隔墙上的门应采用甲级防火门。

7 库防规 5.2.1
防火墙应直接设置在建筑的基础或框架、梁等承重结构上，框架、梁等承重结构的耐火极限不应低于防火墙的耐火极限。防火墙、防火隔墙应从楼地面基层隔断至梁、楼板或屋面结构层的底面。

8 墙体 3.1.4
墙体不应采用非蒸压硅酸盐砖（砌块）及非蒸压加气混凝土制品。

9 墙体 3.1.5
应用氯氧镁墙材制品时应进行吸潮返卤、翘曲变形及耐水性试验，并应在其试验指标满足使用要求后用于工程。

10 墙体 3.2.1（节选）
块体材料的外形尺寸除应符合建筑模数要求外，尚应符合下列规定：
  1 非烧结含孔块材的孔洞率、壁及肋厚度等应符合表3.2.1的要求；

表 3.2.1 非烧结含孔块材的孔洞率、壁及肋厚度要求

块体材料类型及用途		空洞率（%）	最小外壁（mm）	最小肋厚（mm）	其他要求
含孔砖	用于承重墙	≤35	15	15	空的长度与宽度比应小于2
	用于自承重墙	-	10	10	
砌块	用于承重墙	≤35	30	25	空的圆角半径不应小于20 mm
	用于自承重墙	-	15	15	

注：1 承重墙体的混凝土多孔砖的孔洞应垂直于铺浆面。当孔的长度与宽度比不小于 2 时，外壁的厚度不应小于 18 mm；当孔的长度与宽度比小于 2 时，壁的厚度不应小于 15 mm。
　　2 承重含孔块材，其长度方向的中部不得设孔，中肋厚度不宜小于 20 mm。
　6 蒸压加气混凝土砌块不应有未切割面，其切割面不应有切割附着屑；

11 墙体 3.2.2（节选）
块体材料强度等级应符合下列规定：
1 产品标准除应给出抗压强度等级外，尚应给出其变异系数的限值；
2 承重砖的折压比不应小于表 3.2.2-1 的要求；

表 3.2.2-1 承重砖的折压比

砖种类	高度（mm）	砖强度等级				
		MU30	MU25	MU20	MU15	MU10
		折压比				
蒸压普通砖	53	0.16	0.18	0.20	0.25	-
多孔砖	90	0.21	0.23	0.24	0.27	0.32

注：1 蒸压普通砖包括蒸压灰砂实心砖和蒸压粉煤灰实心砖；
　　2 多孔砖包括烧结多孔砖和混凝土多孔砖。

12 墙体 3.4.1
设计有抗冻性要求的墙体时，砂浆应进行冻融试验，其抗冻性能应与墙体块材相同。

13 墙体 4.1.8
建筑设计不得采用含有石棉纤维、未经防腐和防虫蛀处理的植物纤维墙体材料。

14 外墙砖 4.0.4
外墙饰面砖伸缩缝应采用耐候密封胶嵌缝。

15 外墙砖 4.0.8
窗台、檐口、装饰线等墙面凹凸部位应采用防水和排水构造。

2.3 顶板

扫描进入建识网

表3-7 顶板涉及的强条条款

序号	关键信息	出处	使用指引	附图
1	—	防规 5.1.4	民用建筑屋面板的耐火极限规定	—
2	—	种植屋面3.2.3	种植屋面工程结构设计时应计算种植荷载等规定	—
3	一级	种植屋面5.1.7	种植屋面防水等级要求，且至少设置一道耐根穿刺防水层	图3-15
4	—	采光顶 3.1.6	采光顶与金属屋面工程的隔热、保温材料，应采用不燃性或难燃性材料	图3-16
5	—	公建节 3.3.1	严寒和寒冷地区，地下车库与供暖房间的楼板应进行保温设计	—

图3-15 │ 种植屋面设置耐根穿刺防水层图示

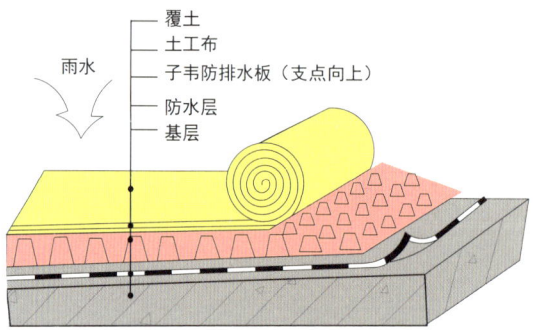

图3-16 │ 金属屋面的隔热、保温材料图示

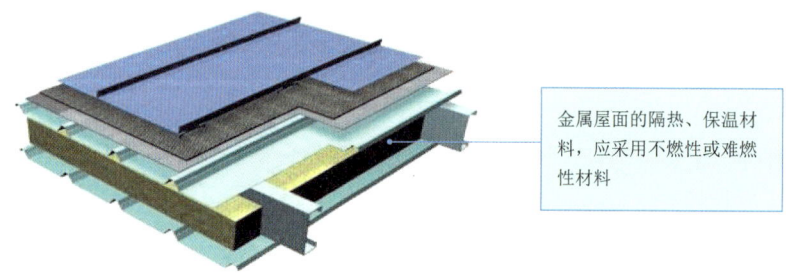

金属屋面的隔热、保温材料，应采用不燃性或难燃性材料

规范原文摘录

1 防规 5.1.4

建筑高度大于100m 的民用建筑，其楼板的耐火极限不应低于2.00 h。
一、二级耐火等级建筑的上人平屋顶，其屋面板的耐火极限分别不应低于1.50 h 和1.00 h。

2 种植屋面 3.2.3
种植屋面工程结构设计时应计算种植荷载。既有建筑屋面改造为种植屋面前，应对原结构进行鉴定。

3 种植屋面 5.1.7
种植屋面防水层应满足一级防水等级设防要求，且必须至少设置一道具有耐根穿刺性能的防水材料。

4 采光顶 3.1.6
采光顶与金属屋面工程的隔热、保温材料，应采用不燃性或难燃性材料。

5 公建节能 3.3.1（节选）
根据建筑热工设计的气候分区，甲类公共建筑的围护结构热工性能应分别符合表3.3.1-1～表3.3.1-6的规定。当不能满足本条的规定时，必须按本标准规定的方法进行权衡判断。

表 3.3.1-1　严寒 A、B 区甲类公共建筑围护结构热工性能限值（节选）

围护结构部位	体形系数 ≤ 0.30	0.30 < 体形系数 ≤ 0.50
	传热系数 K [W/(m²·K)]	
底面接触室外空气的架空或外挑楼板	≤0.38	≤0.35
地下车库与供暖房间之间的楼板	≤0.50	≤0.50

表 3.3.1-2　严寒 C 区甲类公共建筑围护结构热工性能限值（节选）

围护结构部位	体形系数 ≤ 0.30	0.30 < 体形系数 ≤ 0.50
	传热系数 K[W/(m²·K)]	
底面接触室外空气的架空或外挑楼板	≤0.43	≤0.38
地下车库与供暖房间之间的楼板	≤0.70	≤0.70

表 3.3.1-3　寒冷地区甲类公共建筑围护结构热工性能限值（节选）

围护结构部位	体形系数 < 0.30		0.30 < 体形系数 < 0.50	
	传热系数 K [W/(m²·K)]	太阳得热系数SHGC（东、南、西向/北向）	传热系数 K [W/(m²·K)]	太阳得热系数SHGC（东、南、西向/北向）
底面接触室外空气的架空或外挑楼板	≤0.50	—	≤0.45	—
地下车库与供暖房间之间的楼板	≤1.0	—	≤1.0	—

2.4 楼地面

表 3-8 楼地面涉及的强条条款

序号	关键信息	出处	使用指引	附图
1	–	防规 6.2.9	（3）建筑内电缆井、管道井应在每层楼板处的封堵规定	图3-17
2	–	库防规 5.3.2	电缆井、管道井应在每层楼板处用不燃材料或防火封堵材料进行分隔	–
3	防滑、耐磨、不易起尘	地面 3.2.1	公共建筑地面面层应采用防滑、耐磨、不易起尘的块材面层或水泥类整体面层	–
4	防滑面层	地面 3.2.2	公共场所的门厅、走道、室外坡道及经常用水冲洗或潮湿、结露等容易受影响的地面，应采用防滑面层	–
5	–	地面 3.8.5	不发火花的地面，必须采用不发火花材料铺设	–

图3-17 │ 穿楼板套管图示例

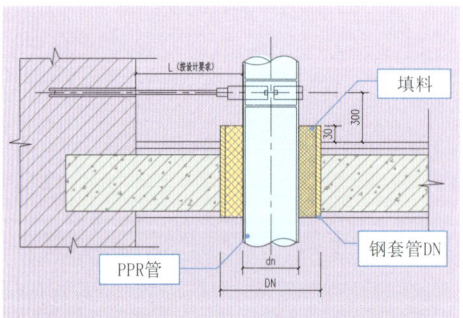

规范原文摘录

1 防规 6.2.9（节选）
建筑内的电梯井等竖井应符合下列规定：
3 建筑内的电缆井、管道井应在每层楼板处采用不低于楼板耐火极限的不燃材料或防火封堵材料封堵。

2 库防规 5.3.2
电缆井、管道井应在每层楼板处采用不燃材料或防火封堵材料进行分隔，且分隔后的耐火极限不应低于楼板的耐火极限，井壁上的检查门应采用丙级防火门。

3 地面 3.2.1
公共建筑中，经常有大量人员走动或残疾人、老年人、儿童活动及轮椅、小型推车行驶的地面，其地面面层应采用防滑、耐磨、不易起尘的块材面层或水泥类整体面层。

4 地面 3.2.2
公共场所的门厅、走道、室外坡道及经常用水冲洗或潮湿、结露等容易受影响的地面，应采用防滑面层。

5 地面 3.8.5
不发火花的地面，必须采用不发火花材料铺设，地面铺设材料必须经不发火花检验合格后方可使用。

2.5 门窗及玻璃

表3-9 门窗及玻璃涉及的强条条款

序号	关键信息	出处	使用指引	附图
1	-	防规 6.1.5	防火墙上不应开设门、窗、洞口及确需开设时的规定	-
2	丙级	库防规 5.3.2	电缆井、管道井的防火分隔规定	-
3	-	库防规 6.0.3	（2）楼梯间和前室的门应采用乙级防火门，并应向疏散方向开启	-
4	2.0 mm 1.4 mm	铝门窗 3.1.2	铝合金门窗主型材的壁厚规定	-
5	-	铝门窗 4.12.1	易于受到人员和物体碰撞的铝合金门窗应采用安全玻璃	-
6	-	铝门窗 4.12.2	铝合金门窗应使用安全玻璃的建筑物部位	-
7	-	铝门窗 4.12.4	有关铝合金推拉门、推拉窗的窗扇安全装置的规定	-
8	-	塑门窗 3.1.2	使用安全玻璃的门窗工程规定	-
9	-	塑门窗 6.2.19	滑撑、螺钉与框扇的安装规定	-
10	0.76 mm	玻璃 8.2.2	屋面玻璃或雨篷玻璃必须使用夹层玻璃或夹层中空玻璃	图3-18
11	-	玻璃 9.1.2	地板玻璃采用夹层玻璃的规定	-
12	-	玻幕 4.4.4	人员可能接触多的玻璃幕墙应采用安全玻璃与警示标志	-

图3-18 | 出地面天窗（采光井）案例

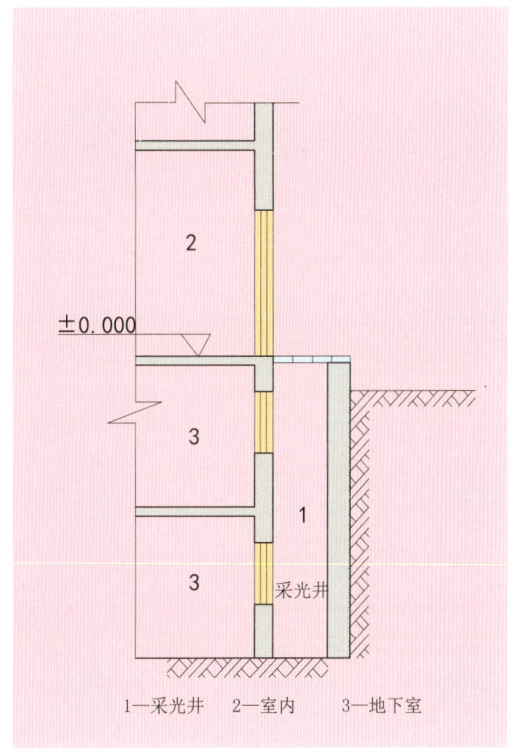

1—采光井　2—室内　3—地下室

规范原文摘录

1 防规 6.1.5
防火墙上不应开设门、窗、洞口，确需开设时，应设置不可开启或火灾时能自动关闭的甲级防火门、窗。可燃气体和甲、乙、丙类液体的管道严禁穿过防火墙。防火墙内不应设置排气道。

2 库防规 5.3.2
电缆井、管道井应在每层楼板处采用不燃材料或防火封堵材料进行分隔，且分隔后的耐火极限不应低于楼板的耐火极限，井壁上的检查门应采用丙级防火门。

3 库防规 6.0.3（节选）
汽车库、修车库的疏散楼梯应符合下列规定：
  2 楼梯间和前室的门应采用乙级防火门，并应向疏散方向开启。

4 铝门窗 3.1.2
铝合金门窗主型材的壁厚应经计算或试验确定，除压条、扣板等需要弹性装配的型材外，门用主型材主要受力部位基材截面最小实测壁厚不应小于2.0 mm，窗用主型材主要受力部位基材截面最小实测壁厚不应小于1.4 mm。

5 铝门窗 4.12.1
人员流动性大的公共场所，易于受到人员和物体碰撞的铝合金门窗应采用安全玻璃。

6 铝门窗 4.12.2
建筑物中下列部位的铝合金门窗应使用安全玻璃：
  1 七层及七层以上建筑物外开窗；

2 面积大于 1.5 m² 的窗玻璃或玻璃底边离最终装修面小于 500 mm 的落地窗；
3 倾斜安装的铝合金窗。

7 铝门窗 4.12.4
铝合金推拉门、推拉窗的扇应有防止从室外侧拆卸的装置。推拉窗用于外墙时，应设置防止窗扇向室外脱落的装置。

8 塑门窗 3.1.2
门窗工程有下列情况之一时，必须使用安全玻璃：
1 面积大于 1.5 m² 的窗玻璃；
2 距离可踏面高度 900 mm 以下的窗玻璃；
3 与水平面夹角不大于 75°的倾斜窗，包括天窗、采光顶等在内的顶棚；
4 7 层及 7 层以上建筑外开窗。

9 塑门窗 6.2.19
推拉门窗扇必须有防脱落装置。

10 玻璃 8.2.2
屋面玻璃或雨篷玻璃必须使用夹层玻璃或夹层中空玻璃，其胶片厚度不应小于 0.76 mm。

11 玻璃 9.1.2
地板玻璃必须采用夹层玻璃，点支承地板玻璃必须采用钢化夹层玻璃。钢化玻璃必须进行均质处理。

12 玻幕 4.4.4
人员流动密度大、青少年或幼儿活动的公共场所以及使用中容易受到撞击的部位，其玻璃幕墙应采用安全玻璃；对使用中容易受到撞击的部位，尚应设置明显的警示标志。

2.6 出地面构造

表 3-10　出地面构造涉及的规范条款

序号	关键信息	出处	使用指引	附图
1	-	库规 3.1.7	机动车库基地出入口应设置减速设施	图3-19

图3-19 │ 出入口减速装置示例

规范原文摘录

1 库规 3.1.7
机动车库基地出入口应设置减速安全设施。

3 相关专业与专题
3.1 设备

扫描进入建识网

表 3-11　设备涉及的强条条款

序号	关键信息	出处	使用指引	附图
1	–	防规 5.4.12	燃油或燃气锅炉、油浸变压器、充有可燃油的高压电容器和多油开关等设置在民用建筑中的规定	–
2	–	防规 5.4.13	（除1）布置在民用建筑内的柴油发电机房的规定	图3-20 图3-21
3	–	防规 5.4.15	（除3）设置在建筑内的锅炉、柴油发电机，其燃料供给管道规定	–
4	–	防规 6.2.7	附设在建筑内设备机房、变配电室等的防火分隔措施	图3-22
5	1.0 h 丙级防火门	防规 6.2.9	（2、3）建筑内的电梯井等竖井的规定	–
6	–	防规 6.3.5	管道穿越防火隔墙、楼板和防火墙的规定	–
7	–	防规 7.3.6	消防电梯井、机房与相邻电梯井、机房之间隔墙设置要求	–
8	10 m	防规 8.1.6	消防水泵房的设置规定	图3-23
9	–	防规 8.1.7	（1、3、4）消防控制室设置规定	–
10	–	防规 8.1.8	消防水泵房和消防控制室应采取防水淹的技术措施	–
11	–	防规 8.2.1	（5）应设置室内消火栓系统的建筑规定	–
12	–	防规 8.3.3	（1、2）应设置自动灭火系统的高层民用建筑及地下室	–
13	–	防规 8.5.1	应设置防烟设施的场所	–
14	–	防规 8.5.3	民用建筑应设置排烟设施的场所或部位	–
15	200 m² 50 m²	防规 8.5.4	地下、半地下建筑（室）应设置排烟设施的房间	–

续表

序号	关键信息	出处	使用指引	附图
16	—	防规 9.1.4	设置自然通风或独立的机械通风设施的建筑	—
17	—	住建 5.4.2	（4）库内直通住宅单元的楼（电）梯间应设门，严禁利用楼（电）梯间进行自然通风	—
18	—	住建 8.2.9	地下室、半地下室中卫生器具和地漏的排水管，不应与上部排水管连接	—
19	—	住建 8.4.5	住宅地下室、半地下室内严禁设置液化石油气用气设备、管道和气瓶	—
20	—	住建 8.4.6	住宅的地下室、半地下室内设置人工煤气、天然气用气设备时，必须采取安全措施	—
21	—	库防规 5.3.1	电梯井、管道井、电缆井应分别独立设置	—
22	丙级防火门	库防规 5.3.2	电缆井、管道井应在每层楼板处采用不燃材料或防火封堵材料进行分隔	—
23	—	库防规 7.2.1	应设置自动灭火系统的汽车库	—
24	—	库防规 8.2.1	汽车库、修车库应设置排烟系统并应划分防烟分区的规定	图 3-24
25	—	给排水 3.3.16	对建筑物内的生活饮用水水池（箱）体结构与池壁的规定	—
26	10 m 2 m	给排水 3.13.11	埋地式生活饮用水贮水池和生活饮用水水池（箱）周围的规定	—
27	30 m	给排水 4.10.13	化粪池距离地下取水构筑物不得小于30 m	—
28	—	消火栓 4.1.5	严寒、寒冷等冬季结冰地区的消防水池、水塔和高位消防水池等应采取防冻措施	—
29	100 m³	消火栓 4.3.4	消防水池采用两路消防供水，消防水池的有效容积的规定	—
30	10 m	消火栓 5.5.12	消防水泵房的规定	—
31	2.0 m³ 10 L/S	消火栓 9.2.3	消防电梯的井底排水设施的规定	—
32	—	民电 4.9.2	配变电所的门应为防火门等规定	—
33	—	通风 6.3.9	（2）事故通风的规定	—

续表

序号	关键信息	出处	使用指引	附图
34	–	防排烟 3.1.5	（2、3）防烟楼梯间及其前室的机械加压送风系统的设置规定	–
35	1.0 m² 2.0 m²	防排烟 3.2.1	采用自然通风方式的封闭楼梯间、防烟楼梯间的开窗要求	–
36	2.0 m² 3.0 m²	防排烟 3.2.2	前室采用自然通风方式时，独立前室、消防电梯前室可开启外窗或开口面积的规定	–
37	–	防排烟 3.3.7	机械加压送风系统应采用管道送风，且不应采用土建风道	–
38	1.0 m²	防排烟 3.3.11	设置机械加压送风系统的封闭楼梯间、防烟楼梯间的顶部固定窗的设置规定	–
39	–	防排烟 4.4.1	当建筑的机械排烟系统沿水平方向布置时每个防火分区的机械排烟系统应独立设置	–
40	–	防排烟 4.4.7	机械排烟系统应采用管道排烟，且不应采用土建风道	–
41	–	防排烟 4.5.1	设置排烟系统的场所应设置补风系统	–
42	–	锅炉房 4.1.3	当锅炉房和其他建筑物相连或设置在其内部时的规定	–
43	–	锅炉房 4.3.7	锅炉房出入口的设置规定	–
44	1 m³	锅炉房 6.1.14	燃油锅炉房点火用的液化气罐，不应存放在锅炉间，应存放在专用房间内	–
45	–	锅炉房 15.1.1	锅炉房的火灾危险性分类和耐火等级的规定	–
46	10%	锅炉房 15.1.2	锅炉房的外墙、楼地面或屋面，应有相应的防爆措施	–
47	–	锅炉房 15.1.3	燃油、燃气锅炉房锅炉间与相邻的辅助间之间隔墙的规定	–

图3-20 | 柴油发电机房平面示意

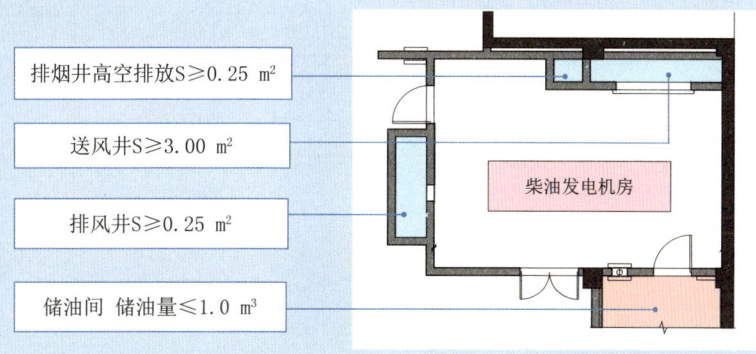

图3-21 | 柴油发电机房剖面示意

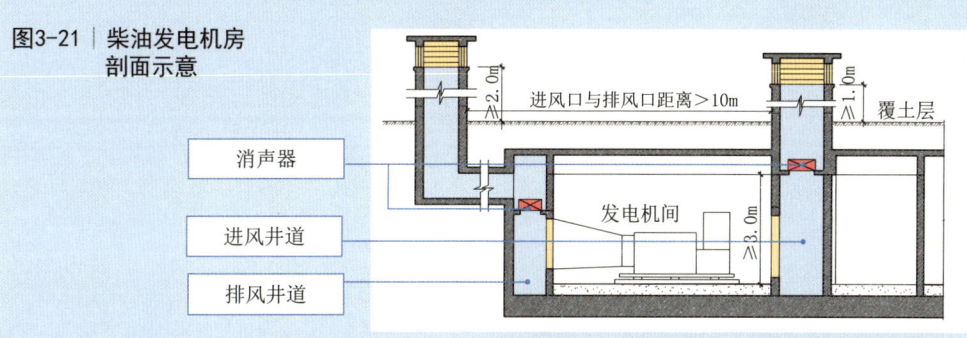

图3-22 | 设备用房的防火分隔要求示例

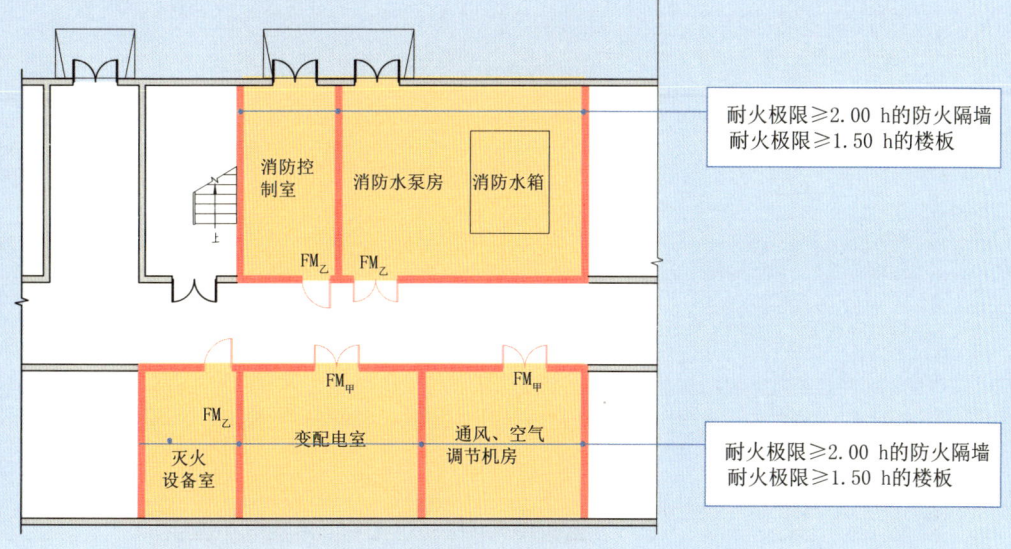

图3-23 | 消防水泵房案例实景

图3-24 | 防烟分区挡烟垂壁示意

规范原文摘录

1 防规 5.4.12

燃油或燃气锅炉、油浸变压器、充有可燃油的高压电容器和多油开关等，宜设置在建筑外的专用房间内；确需贴邻民用建筑布置时，应采用防火墙与所贴邻的建筑分隔，且不应贴邻人员密集场所，该专用房间的耐火等级不应低于二级；确需布置在民用建筑内时，不应布置在人员密集场所的上一层、下一层或贴邻，并应符合下列规定：

1 燃油或燃气锅炉房、变压器室应设置在首层或地下一层的靠外墙部位，但常（负）压燃油或燃气锅炉可设置在地下二层或屋顶上。设置在屋顶上的常（负）压燃气锅炉，距离通向屋面的安全出口不应小于6 m；采用相对密度（与空气密度的比值）不小于0.75的可燃气体为燃料的锅炉，不得设置在地下或半地下。

2 锅炉房、变压器室的疏散门均应直通室外或安全出口；

3 锅炉房、变压器室等与其他部位之间应采用耐火极限不低于2.00 h的防火隔墙和1.50 h的不燃性楼板分隔。在隔墙和楼板上不应开设洞口，确需在隔墙上设置门、窗时，应采用甲级防火门、窗；

4 锅炉房内设置储油间时，其总储存量不应大于1 m^3，且储油间应采用耐火极限不低于3.00 h的防火隔墙与锅炉间分隔；确需在防火隔墙上设置门时，应采用甲级防火门；

5 变压器室之间、变压器室与配电室之间，应设置耐火极限不低于2.00 h的防火隔墙；

6 油浸变压器、多油开关室、高压电容器室，应设置防止油品流散的设施。油浸变压器下面应设置能储存变压器全部油量的事故储油设施；

7 应设置火灾报警装置；

8 应设置与锅炉、变压器、电容器和多油开关等的容量及建筑规模相适应的灭火设施，当建筑内其他部位设置自动喷水灭火系统时，应设置自动喷水灭火系统；

9 锅炉的容量应符合现行国家标准《锅炉房设计规范》GB 50041的规定。油浸变压器的总容量不应大于1260 kV·A，单台容量不应大于630 kV·A；

10 燃气锅炉房应设置爆炸泄压设施。燃油或燃气锅炉房应设置独立的通风系统，并应符合本规范第9章的规定。

2 防规 5.4.13（节选）

布置在民用建筑内的柴油发电机房应符合下列规定：

2 不应布置在人员密集场所的上一层、下一层或贴邻；

3 应采用耐火极限不低于2.00 h的防火隔墙和1.50 h的不燃性楼板与其他部位分隔，门应采用甲级防火门；

4 机房内设置储油间时，其总储存量不应大于1 m^3，储油间应采用耐火极限不低于3.00 h的防火隔墙与发电机间分隔；确需在防火隔墙上开门时，应设置甲级防火门；

5 应设置火灾报警装置；

6 应设置与柴油发电机容量和建筑规模相适应的灭火设施，当建筑内其他部位设置自动喷水灭火系统时，机房内应设置自动喷水灭火系统。

3 防规 5.4.15（节选）

设置在建筑内的锅炉、柴油发电机，其燃料供给管道应符合下列规定：

  1 在进入建筑物前和设备间内的管道上均应设置自动和手动切断阀；
  2 储油间的油箱应密闭且应设置通向室外的通气管，通气管应设置带阻火器的呼吸阀，油箱的下部应设置防止油品流散的设施。

4 防规 6.2.7
附设在建筑内的消防控制室、灭火设备室、消防水泵房和通风空气调节机房、变配电室等，应采用耐火极限不低于 2.00 h 的防火隔墙和 1.50 h 的楼板与其他部位分隔。
设置在丁、戊类厂房内的通风机房，应采用耐火极限不低于 1.00 h 的防火隔墙和 0.50 h 的楼板与其他部位分隔。
通风、空气调节机房和变配电室开向建筑内的门应采用甲级防火门，消防控制室和其他设备房开向建筑内的门应采用乙级防火门。

5 防规 6.2.9（节选）
建筑内的电梯井等竖井应符合下列规定：
2 电缆井、管道井、排烟道、排气道、垃圾道等竖向井道，应分别独立设置。井壁的耐火极限不应低于 1.00 h，井壁上的检查门应采用丙级防火门；
3 建筑内的电缆井、管道井应在每层楼板处采用不低于楼板耐火极限的不燃材料或防火封堵材料封堵；
建筑内的电缆井、管道井与房间、走道等相连通的孔隙应采用防火封堵材料封堵。

6 防规 6.3.5
防烟、排烟、供暖、通风和空气调节系统中的管道及建筑内的其他管道，在穿越防火隔墙、楼板和防火墙处的孔隙应采用防火封堵材料封堵。
风管穿过防火隔墙、楼板和防火墙时，穿越处风管上的防火阀、排烟防火阀两侧各 2.0 m 范围内的风管应采用耐火风管或风管外壁应采取防火保护措施，且耐火极限不应低于该防火分隔体的耐火极限。

7 防规 7.3.6
消防电梯井、机房与相邻电梯井、机房之间应设置耐火极限不低于 2.00h 的防火隔墙，隔墙上的门应采用甲级防火门。

8 防规 8.1.6
消防水泵房的设置应符合下列规定：
  1 单独建造的消防水泵房，其耐火等级不应低于二级；
  2 附设在建筑内的消防水泵房，不应设置在地下三层及以下或室内地面与室外出入口地坪高差大于10 m 的地下楼层；
  3 疏散门应直通室外或安全出口。

9 防规 8.1.7（节选）
设置火灾自动报警系统和需要联动控制的消防设备的建筑（群）应设置消防控制室。消防控制室的设置应符合下列规定：
  1 单独建造的消防控制室，其耐火等级不应低于二级；
  3 不应设置在电磁场干扰较强及其他可能影响消防控制设备正常工作的房间附近；
  4 疏散门应直通室外或安全出口。

10 防规 8.1.8
消防水泵房和消防控制室应采取防水淹的技术措施。

11 防规 8.2.1（节选）
下列建筑或场所应设置室内消火栓系统：
  5 建筑高度大于15 m 或体积大于10000 m³ 的办公建筑、教学建筑和其他单、多层民用建筑。

12 防规 8.3.3（节选）
除本规范另有规定和不宜用水保护或灭火的场所外，下列高层民用建筑或场所应设置自动灭火系统，并宜采用自动喷水灭火系统：

1 一类高层公共建筑(除游泳池、溜冰场外)及其地下、半地下室；
　　2 二类高层公共建筑及其地下、半地下室的公共活动用房、走道、办公室和旅馆的客房、可燃物品库房、自动扶梯底部；

13 防规 8.5.1
建筑的下列场所或部位应设置防烟设施：
1 防烟楼梯间及其前室；
2 消防电梯间前室或合用前室；
3 避难走道的前室、避难层（间）。
建筑高度不大于 50 m 的公共建筑、厂房、仓库和建筑高度不大于 100 m 的住宅建筑，当其防烟楼梯间的前室或合用前室符合下列条件之一时，楼梯间可不设置防烟系统：
1 前室或合用前室采用敞开的阳台、凹廊；
2 前室或合用前室具有不同朝向的可开启外窗，且可开启外窗的面积满足自然排烟口的面积要求。

14 防规 8.5.3
民用建筑的下列场所或部位应设置排烟设施：
1 设置在一、二、三层且房间建筑面积大于 100 m^2 的歌舞娱乐放映游艺场所，设置在四层及以上楼层、地下或半地下的歌舞娱乐放映游艺场所；
2 中庭；
3 公共建筑内建筑面积大于 100 m^2 且经常有人停留的地上房间；
4 公共建筑内建筑面积大于 300 m^2 且可燃物较多的地上房间；
5 建筑内长度大于 20 m 的疏散走道。

15 防规 8.5.4
地下或半地下建筑（室）、地上建筑内的无窗房间，当总建筑面积大于 200 m^2 或一个房间建筑面积大于 50 m^2，且经常有人停留或可燃物较多时，应设置排烟设施。

16 防规 9.1.4
民用建筑内空气中含有容易起火或爆炸危险物质的房间，应设置自然通风或独立的机械通风设施，且其空气不应循环使用。

17 住建 5.4.2（节选）
住宅地下机动车库应符合下列规定：
4 库内直通住宅单元的楼（电）梯间应设门，严禁利用楼（电）梯间进行自然通风。

18 住建 8.2.9
地下室、半地下室中卫生器具和地漏的排水管，不应与上部排水管连接。

19 住建 8.4.5
住宅的地下室、半地下室内严禁设置液化石油气用气设备、管道和气瓶。十层及十层以上住宅内不得使用瓶装液化石油气。

20 住建 8.4.6
住宅的地下室、半地下室内设置人工煤气、天然气用气设备时，必须采取安全措施。

21 库防规 5.3.1
电梯井、管道井、电缆井和楼梯间应分别独立设置。管道井、电缆井的井壁应采用不燃材料，且耐火极限不应低于 1.00 h；电梯井的井壁应采用不燃材料，且耐火极限不应低于 2.00 h。

22 库防规 5.3.2
电缆井、管道井应在每层楼板处采用不燃材料或防火封堵材料进行分隔，且分隔后的耐火极限不应低于楼板的耐火极限，井壁上的检查门应采用丙级防火门。

23 库防规 7.2.1
除敞开式汽车库、屋面停车场外，下列汽车库、修车库应设置自动灭火系统：
1 Ⅰ、Ⅱ、Ⅲ类地上汽车库；
2 停车数大于10辆的地下、半地下汽车库；
3 机械式汽车库；
4 采用汽车专用升降机作汽车疏散出口的汽车库；
5 Ⅰ类修车库。

24 库防规 8.2.1
除敞开式汽车库、建筑面积小于1000 m² 的地下一层汽车库和修车库外，汽车库、修车库应设置排烟系统，并应划分防烟分区。

25 给排水 3.3.16
建筑物内的生活饮用水水池（箱）体，应采用独立结构形式，不得利用建筑物的本体结构作为水池（箱）的壁板、底板及顶盖。
生活饮用水水池（箱）与消防用水水池（箱）并列设置时，应有各自独立的池（箱）壁。

26 给排水 3.13.11
埋地式生活饮用水贮水池周围10 m内，不得有化粪池、污水处理构筑物、渗水井、垃圾堆放点等污染源。生活饮用水水池（箱）周围2m内不得有污水管和污染物。

27 给排水 4.10.13
化粪池与地下取水构筑物的净距不得小于30 m。

28 消火栓 4.1.5
严寒、寒冷等冬季结冰地区的消防水池、水塔和高位消防水池等应采取防冻措施。

29 消火栓 4.3.4
当消防水池采用两路消防供水且在火灾情况下连续补水能满足消防要求时，消防水池的有效容积应根据计算确定，但不应小于100 m³。当仅设有消火栓系统时不应小于50 m³。

30 消火栓 5.5.12
消防水泵房应符合下列规定：
1 独立建造的消防水泵房耐火等级不应低于二级；
2 附设在建筑物内的消防水泵房，不应设置在地下三层及以下，或室内地面与室外出入口地坪高差大于10 m的地下楼层；
3 附设在建筑物内的消防水泵房，应采用耐火极限不低于2.0 h的隔墙和1.50 h的楼板与其他部位隔开，其疏散门应直通安全出口，且开向疏散走道的门应采用甲级防火门。

31 消火栓 9.2.3
消防电梯的井底排水设施应符合下列规定：
1 排水泵集水井的有效容量不应小于2.00 m³；
2 排水泵的排水量不应小于10 L/s。

32 民电 4.9.2
配变电所的门应为防火门，并应符合下列规定：
1 配变电所位于高层主体建筑（或裙房）内时，通向其他相邻房间的门应为甲级防火门，通向过道的门应为乙级防火门；
2 配变电所位于多层建筑物的二层或更高层时，通向其他相邻房间的门应为甲级防火门，通向过道的门应为乙级防火门；
3 配变电所位于多层建筑物的一层时，通向相邻房间或过道的门应为乙级防火门；
4 配变电所位于地下层或下面有地下层时，通向相邻房间或过道的门应为甲级防火门；

5 配变电所附近堆有易燃物品或通向汽车库的门应为甲级防火门；
6 配变电所直接通向室外的门应为丙级防火门。

33 通风 6.3.9（节选）
事故通风应符合下列规定：
2 事故通风应根据放散物的种类，设置相应的检测报警及控制系统。事故通风的手动控制装置应在室内外便于操作的地点分别设置。

34 防排烟 3.1.5（节选）
防烟楼梯间及其前室的机械加压送风系统的设置应符合下列规定：
2 当采用合用前室时，楼梯间、合用前室应分别独立设置机械加压送风系统；
3 当采用剪刀楼梯时，其两个楼梯间及其前室的机械加压送风系统应分别独立设置。

35 防排烟 3.2.1
采用自然通风方式的封闭楼梯间、防烟楼梯间，应在最高部位设置面积不小于 1.0 ㎡ 的可开启外窗或开口；当建筑高度大于 10 m 时，尚应在楼梯间的外墙上每 5 层内设置总面积不小于 2.0 ㎡ 的可开启外窗或开口，且布置间隔不大于 3 层。

36 防排烟 3.2.2
前室采用自然通风方式时，独立前室、消防电梯前室可开启外窗或开口的面积不应小于 2.0 ㎡，共用前室、合用前室不应小于 3.0 ㎡。

37 防排烟 3.3.7
机械加压送风系统应采用管道送风，且不应采用土建风道。送风管道应采用不燃材料制作且内壁应光滑。当送风管道内壁为金属时，设计风速不应大于 20 m/s；当送风管道内壁为非金属时，设计风速不应大于 15 m/s；送风管道的厚度应符合现行国家标准《通风与空调工程施工质量验收规范》GB 50243 的规定。

38 防排烟 3.3.11
设置机械加压送风系统的封闭楼梯间、防烟楼梯间，尚应在其顶部设置不小于 1 ㎡ 的固定窗。靠外墙的防烟楼梯间，尚应在其外墙上每 5 层内设置总面积不小于 2 ㎡ 的固定窗。

39 防排烟 4.4.1
当建筑的机械排烟系统沿水平方向布置时，每个防火分区的机械排烟系统应独立设置。

40 防排烟 4.4.7
机械排烟系统应采用管道排烟，且不应采用土建风道。排烟管道应采用不燃材料制作且内壁应光滑。当排烟管道内壁为金属时，管道设计风速不应大于 20 m/s；当排烟管道内壁为非金属时，管道设计风速不应大于 15 m/s；排烟管道的厚度应按现行国家标准《通风与空调工程施工质量验收规范》GB 50243 的有关规定执行。

41 防排烟 4.5.1
除地上建筑的走道或建筑面积小于 500 ㎡ 的房间外，设置排烟系统的场所应设置补风系统。

42 锅炉房 4.1.3
当锅炉房和其他建筑物相连或设置在其内部时，严禁设置在人员密集场所和重要部门的上一层、下一层、贴邻位置以及主要通道、疏散口的两旁，并应设置在首层或地下室一层靠建筑物外墙部位。

43 锅炉房 4.3.7
锅炉房出入口的设置，必须符合下列规定：
1 出入口不应少于 2 个。但对独立锅炉房，当炉前走道总长度小于 12 m，且总建筑面积小于 200 ㎡ 时，其出入口可设 1 个；
2 非独立锅炉房，其人员出入口必须有 1 个直通室外；

3 锅炉房为多层布置时，其各层的人员出入口不应少于 2 个。楼层上的人员出入口，应有直接通向地面的安全楼梯。

44 锅炉房 6.1.14

燃油锅炉房点火用的液化气罐，不应存放在锅炉间，应存放在专用房间内。气罐的总容积应小于 1 m^3。

45 锅炉房 15.1.1

锅炉房的火灾危险性分类和耐火等级应符合下列要求：

1 锅炉间应属于丁类生产厂房，单台蒸汽锅炉额定蒸发量大于 4 t/h 或单台热水锅炉额定热功率大于 2.8 MW 时，锅炉间建筑不应低于二级耐火等级；单台蒸汽锅炉额定蒸发量小于等于 4 t/h 或单台热水锅炉额定热功率小于等于 2.8 MW 时，锅炉间建筑不应低于三级耐火等级；

设在其他建筑物内的锅炉房，锅炉间的耐火等级，均不应低于二级耐火等级；

2 重油油箱间、油泵间和油加热器及轻柴油的油箱间和油泵间应属于丙类生产厂房，其建筑均不应低于二级耐火等级，上述房间布置在锅炉房辅助间内时，应设置防火墙与其他房间隔开；

3 燃气调压间应属于甲类生产厂房，其建筑不应低于二级耐火等级，与锅炉房贴邻的调压间应设置防火墙与锅炉房隔开，其门窗应向外开启并不应直接通向锅炉房，地面应采用不产生火花地坪。

46 锅炉房 15.1.2

锅炉房的外墙、楼地面或屋面，应有相应的防爆措施，并应有相当于锅炉间占地面积 10% 的泄压面积，泄压方向不得朝向人员聚集的场所、房间和人行通道，泄压处也不得与这些地方相邻。地下锅炉房采用竖井泄爆方式时，竖井的净横断面积，应满足泄压面积的要求．

当泄压面积不能满足上述要求时，可采用在锅炉房的内墙和顶部（顶棚）敷设金属爆炸减压板作补充。

注：泄压面积可将玻璃窗、天窗、质量小于等于 120 kg/m^2 的轻质屋顶和薄弱墙等面积包括在内。

47 锅炉房 15.1.3

燃油、燃气锅炉房锅炉间与相邻的辅助间之间的隔墙，应为防火墙；隔墙上开设的门应为甲级防火门；朝锅炉操作面方向开设的玻璃大观察窗，应采用具有抗爆能力的固定窗。

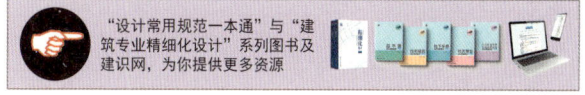

3.2 防空地下室

扫描进入建识网

表 3-12 防空地下室涉及的强条条款

序号	关键信息	出处	使用指引	附图
1	≥ 50 m ≥ 100 m	人防 3.1.3	防空地下室与易燃易爆物品和有害液体、重毒气体的建构筑物的防护距离规定	–
2	200 mm	人防 3.2.13	染毒区与清洁区之间钢筋混凝土密闭隔墙及其设置规定	–
3	甲类全埋 乙类按地下室要求	人防 3.2.15	顶板底面高出室外地平面的防空地下室时的规定	图 3-25
4	–	人防 3.3.1	（1）防空地下室战时使用的出入口的设置规定	–
5	–	人防 3.3.6	（1、2）防空地下室出入口人防门的设置应符合下列规定	图 3-26 图 3-28 图 3-30 图 3-31 图 3-33 图 3-34
6	–	人防 3.3.26	电梯必须设置在防空地下室的防护密闭区之外的规定	图 3-29
7	–	人防 3.6.6	（2、3）关于柴油电站贮油间的规定	图 3-32
8	–	人防 3.7.2	平战结合防空地下室工程一次施工安装完成的内容规定	–
9	0.75 60℃	人防消 3.1.2	人防工程内不得使用和储存的液体燃料	–
10	–	人防消 3.1.6	（1、2）地下商店的设置要求	图 3-27
11	甲级门窗	人防消 3.1.10	柴油发电机房和燃油或燃气锅炉房的设置规定	图 3-32
12	–	人防消 4.1.1	（5）工程内设置旅店、病房、员工宿舍的要求	–
13	–	人防消 4.1.6	人防工程与地下中庭相通时的要求	–
14	–	人防消 4.3.3	管道穿越要求	–

续表

序号	关键信息	出处	使用指引	附图
15	-	人防消 4.3.4	管道与管沟的处理要求	-
16	-	人防消 4.4.2	（除3）防火门的设置规定	-
17	10 m	人防消 5.2.1	人防工程楼梯的设置规定	-

图 3-25 顶板底面与室外区域覆土对比示意

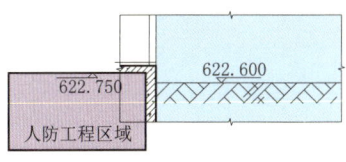

（1）错误做法示例

人防顶板底面高出室外地面不满足规范要求（甲类）

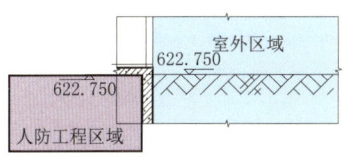

（2）正确做法示例

人防顶板底面与室外地面齐平或人防顶板底面低于室外地面

图 3-26 防护密闭门开向非人防区示意

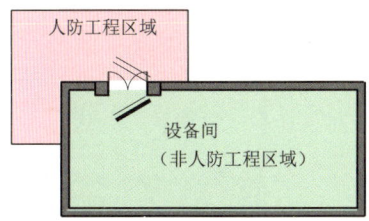

图 3-27 甲乙类房间设置示例

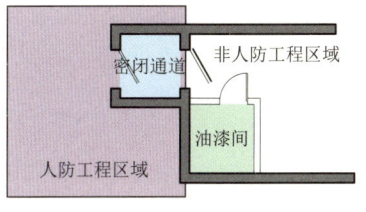

图 3-28 物资库主次出入口示例

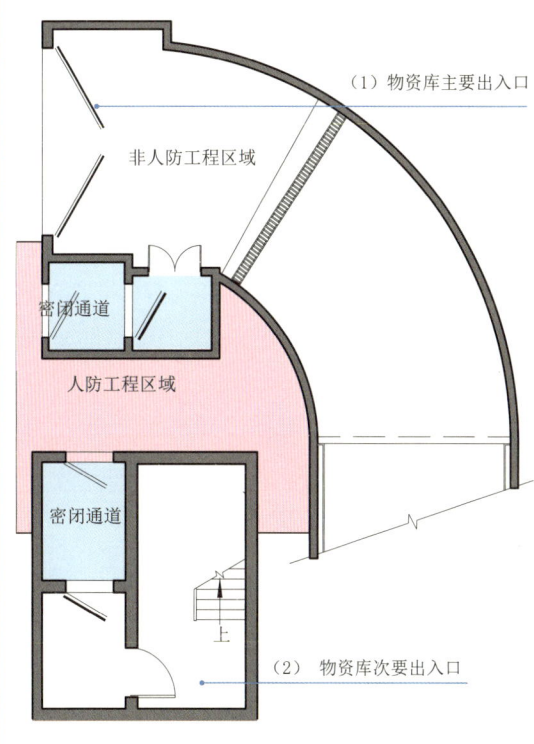

图 3-29 电梯设置示例

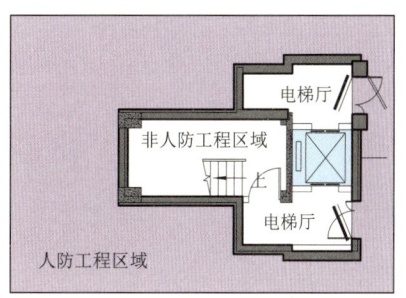

图 3-30　二等人员掩蔽所次要出入口

图 3-31　二等人员掩蔽所主要出入口

图 3-32　人防固定电站示例

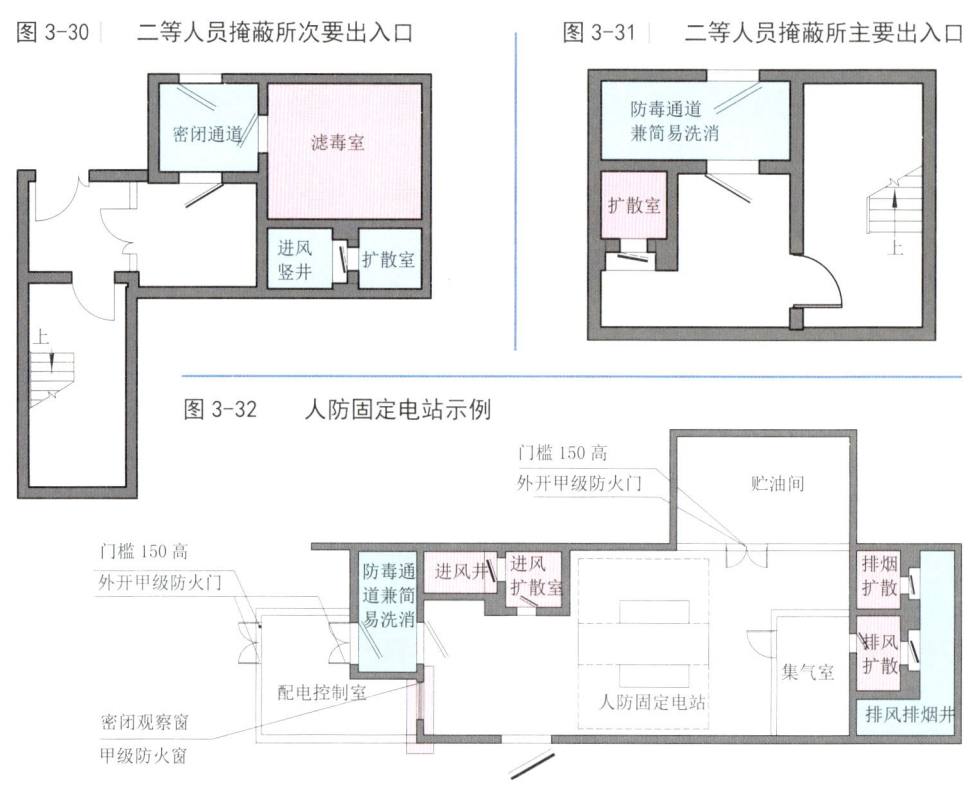

图 3-33　一等人员掩蔽所主要出入口与专业队队员掩蔽部主要出入口示例

图 3-34　一等人员掩蔽所次要出入口与专业队队员掩蔽部次要出入口示例

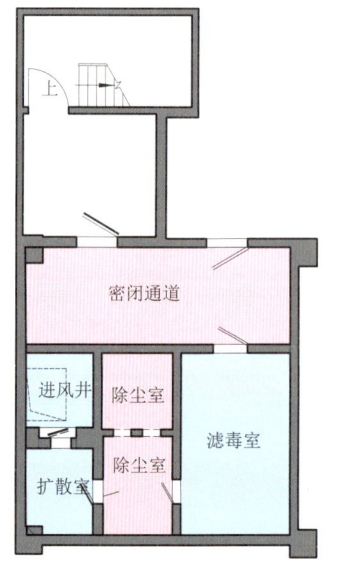

规范原文摘录

1 人防 3.1.3

防空地下室距生产、储存易燃易爆物品厂房、库房的距离不应小于 50 m；距有害液体、重毒气体的贮罐不应小于 100 m。

注："易燃易爆物品"系指国家标准《建筑设计防火规范》(GB J16)中"生产、储存的火灾危险性分类举例"中的甲乙类物品。

2 人防 3.2.13

在染毒区与清洁区之间应设置整体浇筑的钢筋混凝土密闭隔墙，其厚度不应小于 200 mm，并应在染毒区一侧墙面用水泥砂浆抹光。当密闭隔墙上有管道穿过时，应采取密闭措施。在密闭隔墙上开设门洞时，应设置密闭门。

3 人防 3.2.15

顶板底面高出室外地平面的防空地下室必须符合下列规定：

1 上部建筑为钢筋混凝土结构的甲类防空地下室，其顶板底面不得高出室外地平面；上部建筑为砌体结构的甲类防空地下室，其顶板底面可高出室外地平面，但必须符合下列规定：

　1）当地具有取土条件的核 5 级甲类防空地下室，其顶板底面高出室外地平面的高度不得大于 0.50 m，并应在临战时按下述要求在高出室外地平面的外墙外侧覆土，覆土的断面应为梯形。其上部水平段的宽度不得小于 1.0 m，高度不得低于防空地下室顶板的上表面，其水平段外侧为斜坡，其坡度不得大于 1∶3（高∶宽）；

　2）核 6 级、核 6B 级的甲类防空地下室，其顶板底面高出室外地平面的高度不得大于 1.00 m，且其高出室外地平面的外墙必须满足战时防常规武器爆炸、防核武器爆炸、密闭和墙体防护厚度等各项防护要求；

2 乙类防空地下室的顶板底面高出室外地平面的高度不得大于该地下室净高的 1/2，且其高出室外地平面的外墙必须满足战时防常规武器爆炸、密闭和墙体防护厚度等各项防护要求。

4 人防 3.3.1（节选）

防空地下室战时使用的出入口，其设置应符合下列规定：

1 防空地下室的每个防护单元不应少于两个出入口（不包括竖井式出入口、防护单元之间的连通口），其中至少有一个室外出入口（竖井式除外）。战时主要出入口应设在室外出入口（符合第 3.3.2 条规定的防空地下室除外）。

5 人防 3.3.6（节选）

防空地下室出入口人防门的设置应符合下列规定：

1 人防门的设置数量应符合表 3.3.6 的规定，并按由外到内的顺序，设置防护密闭门、密闭门；

表 3.3.6 出入口人防门设置数量

人防门	工程类别			
	医疗救护工程、专业队队员掩蔽部、一等人员掩蔽所、生产车间、食品站		二等人员掩蔽所、电站控制室、物资库、区域供水站	专业队装备掩蔽部、汽车库、电站发电机房
	主要口	次要口		
防护密闭门	1	1	1	1
密闭门	2	1	1	0

2 防护密闭门应向外开启。

注：人防门系防护密闭门和密闭门的统称。

6 人防 3.3.26

当电梯通至地下室时，电梯必须设置在防空地下室的防护密闭区以外。

7 人防 3.6.6（节选）

柴油电站的贮油间应符合下列规定：

2 贮油间应设置向外开启的防火门，其地面应低于与其相连接的房间（或走道）地面 150～200 mm 或设门槛；

3 严禁柴油机排烟管、通风管、电线、电缆等穿过贮油间。

8 人防 3.7.2
平战结合的防空地下室中,下列各项应在工程施工、安装时一次完成:
——现浇的钢筋混凝土和混凝土结构、构件;
——战时使用的及平战两用的出入口、连通口的防护密闭门、密闭门;
——战时使用的及平战两用的通风口防护设施;
——战时使用的给水引入管、排水出户管和防爆波地漏。

9 人防消 3.1.2
人防工程内不得使用和储存液化石油气、相对密度(与空气密度比值)大于或等于 0.75 的可燃气体和闪点小于 60℃的液体燃料。

10 人防消 3.1.6(节选)
地下商店应符合下列规定:
1 不应经营和储存火灾危险性为甲、乙类储存物品属性的商品;
2 营业厅不应设置在地下三层及三层以下。

11 人防消 3.1.10
柴油发电机房和燃油或燃气锅炉房的设置除应符合现行国家标准《建筑设计防火规范》GB 50016 的有关规定外,尚应符合下列规定:
1 防火分区的划分应符合本规范第 4.1.1 条第 3 款的规定;
2 柴油发电机房与电站控制室之间的密闭观察窗除应符合密闭要求外,还应达到甲级防火窗的性能;
3 柴油发电机房与电站控制室之间的连接通道处,应设置一道具有甲级防火门耐火性能的门,并应常闭;
4 储油间的设置应符合本规范第 4.2.4 条的规定。

12 人防消 4.1.1(节选)
人防工程内应采用防火墙划分防火分区,当采用防火墙确有困难时,可采用防火卷帘等防火分隔设施分隔,防火分区划分应符合下列要求:
5 工程内设置有旅店、病房、员工宿舍时,不得设置在地下二层及以下层,并应划分为独立的防火分区,且疏散楼梯不得与其他防火分区的疏散楼梯共用。

13 人防消 4.1.6
当人防工程地面建有建筑物,且与地下一、二层有中庭相通或地下一、二层有中庭相通时,防火分区面积应按上下多层相连通的面积叠加计算;当超过本规范规定的防火分区最大允许建筑面积时,应符合下列规定:
1 房间与中庭相通的开口部位应设置火灾时能自行关闭的甲级防火门窗;
2 与中庭相通的过厅、通道等处,应设置甲级防火门或耐火极限不低于 3 h 的防火卷帘;防火门或防火卷帘应能在火灾时自动关闭或降落;
3 中庭应按本规范第 6.3.1 条的规定设置排烟设施。

14 人防消 4.3.3
本规范允许使用的可燃气体和丙类液体管道,除可穿过柴油发电机房、燃油锅炉房的储油间与机房间的防火墙外,严禁穿过防火分区之间的防火墙;当其他管道需要穿过防火墙时,应采用防火封堵材料将管道周围的空隙紧密填塞,通风和空气调节系统的风管还应符合本规范第 6.7.6 条的规定。

15 人防消 4.3.4
通过防火墙或设置有防火门的隔墙处的管道和管线沟,应采用不燃材料将通过处的空隙紧密填塞。

16 人防消 4.4.2(节选)
防火门的设置应符合下列规定:
1 位于防火分区分隔处安全出口的门应为甲级防火门;当使用功能上确实需要采用防火卷帘分隔时,应在其旁设置与相邻防火分区的疏散走道相通的甲级防火门;
2 公共场所的疏散门应向疏散方向开启,并在关闭后能从任何一侧手动开启;

4 用防护门、防护密闭门、密闭门代替甲级防火门时,其耐火性能应符合甲级防火门的要求;且不得用于平战结合公共场所的安全出口处;

5 常开的防火门应具有信号反馈的功能。

17 人防消 5.2.1
设有下列公共活动场所的人防工程,当底层室内地面与室外出入口地坪高差大于 10 m 时,应设置防烟楼梯间;当地下为两层,且地下第二层的室内地面与室外出入口地坪高差不大于 10 m 时,应设置封闭楼梯间;

1 电影院、礼堂;

2 建筑面积大于 500 m^2 的医院、旅馆;

3 建筑面积大于 1000 m^2 的商场、餐厅、展览厅、公共娱乐场所、健身体育场所。

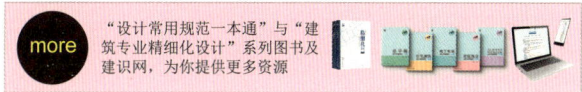

3.3 装修

扫描进入建识网

表 3-13 装修涉及的强条条款

序号	关键信息	出处	使用指引	备注
1	-	内防 4.0.1	建筑内部装修不应改动的部位	-
2	-	内防 4.0.2	建筑内部消火栓箱门的装修规定	-
3	-	内防 4.0.3	疏散走道和安全出口的顶棚、墙面的装修规定	-
4	-	内防 4.0.4	水平疏散走道和安全出口门厅的装修规定	-
5	-	内防 4.0.5	疏散楼梯间和前室装修材料的规定	-
6	-	内防 4.0.6	中庭、走马廊、开敞楼梯、自动扶梯连通部位的顶棚、墙面及其他部位装修材料的规定	-
7	一级	内防 4.0.8	（节选）无窗房间内部装修材料的规定	-
8	A 级	内防 4.0.9	各设备用房内部装修材料燃烧性能等级的规定	-
9	A 级、B1 级	内防 4.0.10	消防控制室等重要房间内部装修材料燃烧性能等级的规定	-
10	B1 级	内防 4.0.13	民用建筑内的库房或贮藏间装修材料的规定	-
11	-	内防 5.1.1	单层、多层民用建筑内部各部位装修材料的燃烧性能等级	图 3-35
12	-	内防 5.3.1	地下民用建筑内部各部位装修材料的燃烧性能等级	图 3-35
13	-	内环 4.3.1	民用建筑工程室内不得使用国家禁止使用、限制使用的建筑材料	-
14	-	内环 4.3.2	Ⅰ类民用建筑工程室内装修采用的无机非金属装修材料必须为 A 类	-
15	-	内环 4.3.4	Ⅰ类民用建筑工程的室内装修，采用的人造木板及饰面人造木板必须达到 E1 级要求	-

续表

序号	关键信息	出处	使用指引	备注
16	-	内环 4.3.9	室内装修中严禁采用沥青、煤焦油类防腐、防潮处理剂的规定	-
17	-	玻幕 4.4.4	人员流动密度大、青少年或幼儿活动的公共场所以及使用中容易受到撞击的部位,其玻璃幕墙应采用安全玻璃并有安全警示	-
18	0.76 mm	玻璃 8.2.2	屋面玻璃或雨篷玻璃必须使用夹层玻璃或夹层中空玻璃,其胶片厚度不应小于 0.76 mm	-
19	-	玻璃 9.1.2	地板玻璃采用夹层玻璃的规定	-
20	-	公建顶 4.1.7	吊杆、反支撑及钢结构转换层与主体钢结构的连接方式必须经主体钢结构设计单位审核批准后方可实施	-
21	-	公建顶 4.1.8	重型设备和有振动荷载的设备严禁安装在吊顶工程的龙骨上	-

图 3-35 吊顶装修防火材料示意(纸面石膏板与轻钢龙骨)

规范原文摘录

1 内防 4.0.1
建筑内部装修不应擅自减少、改动、拆除、遮挡消防设施、疏散指示标志、安全出口、疏散出口、疏散走道和防火分区、防烟分区等。

2 内防 4.0.2
建筑内部消火栓箱门不应被装饰物遮掩,消火栓箱门四周的装修材料颜色应与消火栓箱门的颜色有明显区别或在消火栓箱门表面设置发光标志。

3 内防 4.0.3
疏散走道和安全出口的顶棚、墙面不应采用影响人员安全疏散的镜面反光材料。

4 内防 4.0.4
地上建筑的水平疏散走道和安全出口的门厅,其顶棚应采用A级装修材料,其他部位应采用不低于B1级的装修材料;地下民用建筑的疏散走道和安全出口的门厅,其顶棚、墙面和地面均应采用A级装修材料。

5 内防 4.0.5
疏散楼梯间和前室的顶棚、墙面和地面均应采用A级装修材料。

6 内防 4.0.6
建筑物内设有上下层相连通的中庭、走马廊、开敞楼梯、自动扶梯时,其连通部位的顶棚、墙面应采用A级装修材料,其他部位应采用不低于B1级的装修材料。

7 内防 4.0.8(节选)
无窗房间内部装修材料的燃烧性能等级除A级外,应在表5.1.1、表5.3.1规定的基础上提高一级。

8 内防 4.0.9
消防水泵房、机械加压送风排烟机房、固定灭火系统钢瓶间、配电室、变压器室、发电机房、储油间、通风和空调机房等,其内部所有装修均应采用A级装修材料。

9 内防 4.0.10
消防控制室等重要房间,其顶棚和墙面应采用A级装修材料,地面及其他装修应采用不低于B1级的装修材料。

10 内防 4.0.13
民用建筑内的库房或贮藏间,其内部所有装修除应符合相应场所规定外,且应采用不低于B1级的装修材料。

11 内防 5.1.1
单层、多层民用建筑内部各部位装修材料的燃烧性能等级,不应低于本规范表5.1.1的规定。

表5.1.1 单层、多层民用建筑内部各部位装修材料的燃烧性能等级(节选)

序号	建筑物及场所	建筑规模、性质	装修材料燃烧性能等级							
			顶棚	墙面	地面	隔断	固定家具	装饰织物		其他装饰材料
								窗帘	帷幕	
15	办公场所	设置送回风道(管)的集中空气调节系统	A	B_1	B_1	B_1	B_2	B_2	—	B_2
		其他	B_1	B_1	B_2	B_2	B_2	—	—	—
16	其他公共场所	—	B_1	B_1	B_2	B_2	B_2	—	—	—

12 内防 5.3.1
地下民用建筑内部各部位装修材料的燃烧性能等级,不应低于本规范表5.3.1的规定。

表5.3.1 地下民用建筑内部各部位装修材料的燃烧性能等级

序号	建筑物及场所	装修材料燃烧性能等级						
		顶棚	墙面	地面	隔断	固定家具	装饰织物	其他装饰材料
1	观众厅、会议厅、多功能厅、等候厅等,商店的营业厅	A	A	A	B_1	B_1	B_1	B_2
2	宾馆、饭店的客房及公共活动用房等	A	B_1	B_1	B_1	B_1	B_1	B_2
3	医院的诊疗区、手术区	A	A	B_1	B_1	B_1	B_1	B_2
4	教学场所、教学实验场所	A	A	B_1	B_2	B_2	B_2	B_2

续表

序号	建筑物及场所	装修材料燃烧性能等级					
		顶棚	墙面	地面	隔断	固定家具	装饰织物	其他装修装饰材料
5	纪念馆、展览馆、博物馆、图书馆、档案馆、资料馆等的公众活动场所	A	A	B_1	B_1	B_1	B_1	B_1
6	存放文物、纪念展览物品、重要图书、档案、资料的场所	A	A	A	A	A	B_1	B_1
7	歌舞娱乐游艺场所	A	A	B_1	B_1	B_1	B_1	B_1
8	A、B级电子信息系统机房及装有重要机器、仪器的房间	A	A	B_1	B_1	B_1	B_1	B_1
9	餐饮场所	A	A	A	B_1	B_1	B_1	B_2
10	办公场所	A	B_1	B_1	B_1	B_1	B_2	B_2
11	其他公共场所	A	B_1	B_1	B_2	B_2	B_2	B_2
12	汽车库、修车库	A	A	B_1	A	—	—	

注：地下民用建筑系指单层、多层、高层民用建筑的地下部分，单独建造在地下的民用建筑以及平战结合的地下人防工程。

13 内环 4.3.1
民用建筑工程室内不得使用国家禁止使用、限制使用的建筑材料。

14 内环 4.3.2
Ⅰ类民用建筑工程室内装修采用的无机非金属装修材料必须为A类。

15 内环 4.3.4
Ⅰ类民用建筑工程的室内装修，采用的人造木板及饰面人造木板必须达到E1级要求。

16 内环 4.3.9
民用建筑工程室内装修中所使用的木地板及其他木质材料，严禁采用沥青、煤焦油类防腐、防潮处理剂。

17 玻幕 4.4.4
人员流动密度大、青少年或幼儿活动的公共场所以及使用中容易受到撞击的部位，其玻璃幕墙应采用安全玻璃；对使用中容易受到撞击的部位，尚应设置明显的警示标志。

18 玻璃 8.2.2
屋面玻璃或雨篷玻璃必须使用夹层玻璃或夹层中空玻璃，其胶片厚度不应小于0.76 mm。

19 玻璃 9.1.2
地板玻璃必须采用夹层玻璃，点支承地板玻璃必须采用钢化夹层玻璃。钢化玻璃必须进行均质处理。

20 公建顶 4.1.7
吊杆、反支撑及钢结构转换层与主体钢结构的连接方式必须经主体钢结构设计单位审核批准后方可实施。

21 公建顶 4.1.8
重型设备和有振动荷载的设备严禁安装在吊顶工程的龙骨上。

Chapter

4

住宅建筑

本章简介

  本章汇总了有关住宅建筑设计在国标行标等国家级的技术规范与标准中的强制性条款,并提供相关附图及其原文。
  本章同时汇总了与建筑专业密切相关的其他专业规范中的强制性条款方便建筑师查询。
  地方标准、企业标准等更多资源在建识网提供。

1 建筑单体

扫描进入建识网

表 4-1 住宅建筑单体涉及的强条条款

序号	关键信息	出处	使用指引	附图
1	红线	统标 4.3.1	建筑物及其附属设施不应突出道路红线或用地红线建造	—
2	—	防规 5.1.3	民用建筑耐火等级的确定	—
3	—	防规 5.2.2	民用建筑之间的防火间距	—
4	—	防规 5.2.6	建筑高度大于100 m的民用建筑与相邻建筑的防火间距	—
5	—	防规 5.3.1	（节选）不同耐火等级建筑的允许建筑高度或层数、防火分区等规定	—
6	—	防规 5.4.2	民用建筑内不应设置生产车间和其他库房	—
7	—	防规 5.4.12	锅炉房宜设置在建筑外的专用房间内	—
8	避难层	防规 5.5.31	建筑高度大于100 m的住宅建筑设置避难层的具体规定	—
9	套型	住建 3.1.4	住宅应按套型设计的规定	—
10	结构可靠性	住建 3.1.5	住宅结构的可靠性要求	—
11	防火安全	住建 3.1.6	住宅应具有防火安全性能	—
12	安全撤离	住建 3.1.7	住宅应具有紧急安全撤出功能	—
13	—	住建 3.1.8	住宅有通风日照采光隔声等要求	—
14	—	住建 3.1.9	住宅建设选材应避免环境污染	—
15	无障碍设计	住建 3.1.11	住宅应符合无障碍设计原则	—

续表

序号	关键信息	出处	使用指引	附图
16	防坠落	住建 3.1.12	住宅外墙与设施应采取防坠落措施	-
17	-	住建 3.2.1	住宅建设所用材料与设备必须质量合格并符合要求	-
18	-	住建 3.2.2	采用不符合工程建设强制性标准的技术、材料与工艺时,应按相关程序核准	-
19	-	住建 3.2.3	未经技术鉴定和设计认可,不得拆改结构构件和进行加层改造	-
20	-	住建 3.3.1	住宅达到使用年限与遭遇灾害后,需鉴定可行之后方可继续使用	-
21	-	住建 3.3.2	既有住宅进行改造、改建时,应综合考虑节能、防火、抗震的要求	-
22	日照	住建 4.1.1	关于住宅间距以日照为核心并兼顾其他标准的规定	-
23	-	住建 4.1.3	住宅建筑周边管线不得影响其安全	-
24	7层 16米	住建 5.2.5	住宅建筑设置电梯的要求	-
25	无障碍设计	住建 5.3.1	住宅建筑应进行无障碍设计的部位	-
26	不得	住建 5.4.1	布置住宅在地下室的规定	-
27	采暖设施	住建 8.1.2	严寒和寒冷地区住宅应设采暖设施	-
28	-	住建 8.2.10	住宅建筑设置中水设施与雨水设施的规定	-
29	-	住建 8.2.11	配套有中水系统的住宅建筑设置相关的安全设施	-
30	-	住建 9.1.3	住宅与其他功能空间同处同一建筑的防火与疏散要求	-
31	-	住建 9.1.4	住宅建筑应满足防火三点要求	-

续表

序号	关键信息	出处	使用指引	附图
32	—	住建 9.1.6	住宅防火与疏散确定因素的规定	—
33	层数与面积	住建 9.2.1	住宅建筑分为4个耐火等级	—
34	—	住建 9.2.2	不同耐火等级的住宅建筑层数限制	—
35	7层	住设 6.6.1	同本表第25项无障碍设置要求	—
36	—	住设 6.10.1	住宅建筑严禁设置的功能种类	—
37	一个居住空间	住设 7.1.1	每套住宅获得冬季日照的要求	—
38	—	住设 7.5.3	住宅室内污染物的规定	—
39	—	内环 4.3.1	民用建筑工程室内不得使用国家禁止使用、限制使用的建筑材料	—

图4-1 | 住宅建筑单体是多种因素的综合体

规范原文摘录

1 统标 4.3.1
除骑楼、建筑连接体、地铁相关设施及连接城市的管线、管沟、管廊等市政公共设施以外,建筑物及其附属的下列设施不应突出道路红线或用地红线建造:

1 地下设施，应包括支护桩、地下连续墙、地下室底板及其基础、化粪池、各类水池、处理池、沉淀池等构筑物及其他附属设施等；
2 地上设施，应包括门廊、连廊、阳台、室外楼梯、凸窗、空调机位、雨篷、挑檐、装饰构架、固定遮阳板、台阶、坡道、花池、围墙、平台、散水明沟、地下室进风及排风口、地下室出入口、集水井、采光井、烟囱等。

2 防规 5.1.3

民用建筑的耐火等级应根据其建筑高度、使用功能、重要性和火灾扑救难度等确定，并应符合下列规定：
1 地下或半地下建筑（室）和一类高层建筑的耐火等级不应低于一级；
2 单、多层重要公共建筑和二类高层建筑的耐火等级不应低于二级。

3 防规 5.2.2

民用建筑之间的防火间距不应小于表 5.2.2 的规定，与其他建筑的防火间距，除应符合本节规定外，尚应符合本规范其他章的有关规定。

表 5.2.2　民用建筑之间的防火间距（m）

建筑类别		高层民用建筑	裙房和其他民用建筑		
		一、二级	一、二级	三级	四级
高层民用建筑	一、二级	13	9	11	14
裙房和其他民用建筑	一、二级	9	6	7	9
	三级	11	7	8	10
	四级	14	9	10	12

注：1 相邻两座单、多层建筑，当相邻外墙为不燃性墙体且无外露的可燃性屋檐，每面外墙上无防火保护的门、窗、洞口不正对开设且该门、窗、洞口的面积之和不大于外墙面积的5%时，其防火间距可按本表的规定减少25%；
2 两座建筑相邻较高一面外墙为防火墙，或高出相邻较低一座一、二级耐火等级建筑的屋面 15 m 及以下范围内的外墙为防火墙时，其防火间距不限；
3 相邻两座高度相同的一、二级耐火等级建筑中相邻任一侧外墙为防火墙，屋顶的耐火极限不低于1.00 h 时，其防火间距不限；
4 相邻两座建筑中较低一座建筑的耐火等级不低于二级，相邻较高一面外墙为防火墙且屋顶无天窗，屋顶的耐火极限不低于 1.00 h 时，其防火间距不应小于 3.5 m；对于高层建筑，不应小于 4 m；
5 相邻两座建筑中较低一座建筑的耐火等级不低于二级且屋顶无天窗，相邻较高一面外墙高出较低一座建筑的屋面 15 m 及以下范围内的开口部位设置甲级防火门、窗，或设置符合现行国家标准《自动喷水灭火系统设计规范》GB 50084 规定的防火分隔水幕或本规范第 6.5.3 条规定的防火卷帘时，其防火间距不应小于 3.5 m；对于高层建筑，不应小于 4 m；
6 相邻建筑通过连廊、天桥或底部的建筑物等连接时，其间距不应小于本表的规定；
7 耐火等级低于四级的既有建筑，其耐火等级可按四级确定。

4 防规 5.2.6

建筑高度大于100 m 的民用建筑与相邻建筑的防火间距，当符合本防规第 3.4.5 条、第 3.5.3 条、第 4.2.1 条和第 5.2.2 条允许减小的条件时，仍不应减小。

5 防规 5.3.1（节选）

除本规范另有规定外，不同耐火等级建筑的允许建筑高度或层数、防火分区最大允许建筑面积应符合表 5.3.1 的规定。

表 5.3.1　不同耐火等级建筑的允许建筑高度或层数、防火分区最大允许建筑面积

名称	耐火等级	允许建筑高度或层数	防火分区的最大允许建筑面积（m²）	备注
高层民用建筑	一、二级	按本规范第 5.1.1 条确定	1500	对于体育馆、剧场的观众厅，防火分区的最大允许建筑面积可适当增加
单、多层民用建筑	一、二级	按本规范第 5.1.1 条确定	2500	
	三级	5层	1200	
	四级	2层	600	

注: 1 表中规定的防火分区最大允许建筑面积,当建筑内设置自动灭火系统时,可按本表的规定增加1.0倍;局部设置时,防火分区的增加面积可按该局部面积的1.0倍计算。
2 裙房与高层建筑主体之间设置防火墙时,裙房的防火分区可按单、多层建筑的要求确定。

6 防规 5.4.2
除为满足民用建筑使用功能所设置的附属库房外。民用建筑内不应设置生产车间和其他库房。经营、存放和使用甲、乙类火灾危险性物品的商店、作坊和储藏间,严禁附设在民用建筑内。

7 防规 5.4.12
燃油或燃气锅炉、油浸变压器、充有可燃油的高压电容器和多油开关等,宜设置在建筑外的专用房间内;确需贴邻民用建筑布置时,应采用防火墙与所贴邻的建筑分隔,且不应贴邻人员密集场所,该专用房间的耐火等级不应低于二级;确需布置在民用建筑内时,不应布置在人员密集场所的上一层、下一层或贴邻,并应符合下列规定:
1 燃油或燃气锅炉房、变压器室应设置在首层或地下一层的靠外墙部位,但常(负)压燃油或燃气锅炉可设置在地下二层或屋顶上。设置在屋顶上的常(负)压燃气锅炉,距离通向屋面的安全出口不应小于6 m。采用相对密度(与空气密度的比值)不小于0.75的可燃气体为燃料的锅炉,不得设置在地下或半地下;
2 锅炉房、变压器室的疏散门均应直通室外或安全出口;
3 锅炉房、变压器室等与其他部位之间应采用耐火极限不低于2.00 h的防火隔墙和1.50 h的不燃性楼板分隔。在隔墙和楼板上不应开设洞口,确需在隔墙上设置门、窗时,应采用甲级防火门、窗;
4 锅炉房内设置储油间时,其总储存量不应大于1 m³,且储油间应采用耐火极限不低于3.00 h的防火隔墙与锅炉间分隔;确需在防火隔墙上设置门时,应采用甲级防火门;
5 变压器室之间、变压器室与配电室之间,应设置耐火极限不低于2.00 h的防火隔墙;
6 油浸变压器、多油开关室、高压电容器室,应设置防止油品流散的设施。油浸变压器下面应设置能储存变压器全部油量的事故储油设施;
7 应设置火灾报警装置;
8 应设置与锅炉、变压器、电容器和多油开关等的容量及建筑规模相适应的灭火设施,当建筑内其他部位设置自动喷水灭火系统时,应设置自动喷水灭火系统;
9 锅炉的容量应符合现行国家标准《锅炉房设计规范》GB 50041的规定。油浸变压器的总容量不应大于1260 kV·A,单台容量不应大于630 kV·A;
10 燃气锅炉房应设置爆炸泄压设施。燃油或燃气锅炉房应设置独立的通风系统,并应符合本规范第9章的规定。

8 防规 5.5.31
建筑高度大于100 m的住宅建筑应设置避难层,避难层的设置应符合本规范第5.5.23条有关避难层的要求。

9 住建 3.1.4
住宅应按套型设计,套内空间和设施应能满足安全、舒适、卫生等生活起居的基本要求。

10 住建 3.1.5
住宅结构在规定的设计使用年限内必须具有足够的可靠性。

11 住建 3.1.6
住宅应具有防火安全性能。

12 住建 3.1.7
住宅应具备在紧急事态时人员从建筑中安全撤出的功能。

13 住建 3.1.8
住宅应满足人体健康所需的通风、日照、自然采光和隔声要求。

14 住建 3.1.9
住宅建设的选材应避免造成环境污染。

15 住建 3.1.11
住宅建设应符合无障碍设计原则。

16 住建 3.1.12
住宅应采取防止外窗玻璃、外墙装饰及其他附属设施等坠落或坠落伤人的措施。

17 住建 3.2.1
住宅建设必须采用质量合格并符合要求的材料与设备。

18 住建 3.2.2
当住宅建设采用不符合工程建设强制性标准的新技术、新工艺、新材料时,必须经相关程序核准。

19 住建 3.2.3
未经技术鉴定和设计认可,不得拆改结构构件和进行加层改造。

20 住建 3.3.1
既有住宅达到设计使用年限或遭遇重大灾害后,需要继续使用时,应委托具有相应资质的机构鉴定,并根据鉴定结论进行处理。

21 住建 3.3.2
既有住宅进行改造、改建时,应综合考虑节能、防火、抗震的要求。

22 住建 4.1.1
住宅间距,应以满足日照要求为基础,综合考虑采光、通风、消防、防灾、管线埋设、视觉卫生等要求确定。住宅日照标准应符合表 4.1.1 的规定;对于特定情况还应符合下列规定:
1 老年人住宅不应低于冬至日日照 2 h 的标准;
2 旧区改建的项目内新建住宅日照标准可酌情降低,但不应低于大寒日日照 1 h 的标准。

表 4.1.1 住宅建筑日照标准

建筑气候区划	Ⅰ、Ⅱ、Ⅲ、Ⅶ气候区		Ⅳ气候区		Ⅴ、Ⅵ气候区
	大城市	中小城市	大城市	中小城市	
日照标准日	大寒日				冬至日
日照时数(h)	≥2	≥3			≥1
有效日照时间带(h)(当地真太阳时)	8~16				9~15
日照时间计算起点	底层窗台面				

注:底层窗台面是指距室内地坪 0.9 m 高的外墙位置。

23 住建 4.1.3
住宅周边设置的各类管线不应影响住宅的安全,并应防止管线腐蚀、沉陷、振动及受重压。

24 住建 5.2.5
七层以及七层以上的住宅或住户入口层楼面距室外设计地面的高度超过 16 m 以上的住宅必须设置电梯。

25 住建 5.3.1
七层及七层以上的住宅,应对下列部位进行无障碍设计:
1 建筑入口;
2 入口平台;
3 候梯厅;
4 公共走道;
5 无障碍住房。

26 住建 5.4.1
住宅的卧室、起居室（厅）、厨房不应布置在地下室。当布置在半地下室时，必须采取采光、通风、日照、防潮、排水及安全防护措施。

27 住建 8.1.2
严寒地区和寒冷地区的住宅应设采暖设施。

28 住建 8.2.10
适合建设中水设施和雨水利用设施的住宅，应按照当地的有关规定配套建设中水设施和雨水利用设施。

29 住建 8.2.11
设有中水系统的住宅，必须采取确保使用、维修和防止误饮误用的安全措施。

30 住建 9.1.3
当住宅与其他功能空间处于同一建筑内时，住宅部分与非住宅部分之间应采取防火分隔措施，且住宅部分的安全出口和疏散楼梯应独立设置。
经营、存放和使用火灾危险性为甲、乙类物品的商店、作坊和储藏间，严禁附设在住宅建筑中。

31 住建 9.1.4
住宅建筑的耐火性能、疏散条件和消防设施的设置应满足防火安全要求。

32 住建 9.1.6
住宅建筑的防火与疏散要求应根据建筑层数、建筑面积等因素确定
注：1 当住宅与其他功能空间处于同一建筑内时，应将住宅部分的层数与其他功能空间的层数叠加计算建筑层数。
2 当建筑中有一层或若干层的层高超过 3 m 时，应对这些层按其高度总和除以 3 m 进行层数折算，余数不足 1.5 m 时，多出部分不计入建筑层数；余数大于或等于 1.5 m 时，多出部分按 1 层计算。

33 住建 9.2.1
住宅建筑的耐火等级应划分为一、二、三、四级，其构件的燃烧性能和耐火极限不应低于表 9.2.1 的规定。

表 9.2.1 住宅建筑构件的燃烧性能和耐火极限（h）

构件名称		耐火等级			
		一级	二级	三级	四级
墙	防火墙	不燃性 3.00	不燃性 3.00	不燃性 3.00	不燃性 3.00
	非承重外墙、疏散走道两侧的隔墙	不燃性 1.00	不燃性 1.00	不燃性 0.75	难燃性 0.75
	楼梯间的墙、电梯井的墙、住宅单元之前的墙、住宅分户墙、承重墙	不燃性 2.00	不燃性 2.00	不燃性 1.50	难燃性 1.00
	房间隔墙	不燃性 0.75	不燃性 0.50	难燃性 0.50	难燃性 0.25
柱		不燃性 3.00	不燃性 2.50	不燃性 2.00	难燃性 1.00
梁		不燃性 2.00	不燃性 1.50	不燃性 1.00	难燃性 1.00
楼板		不燃性 1.50	不燃性 1.00	不燃性 0.75	难燃性 0.50
屋顶承重构件		不燃性 1.50	不燃性 1.00	难燃性 0.50	难燃性 0.25
疏散楼梯		不燃性 1.50	不燃性 1.00	不燃性 0.75	难燃性 0.50

注：表中的外墙指除外保温层外的主题构件。

34 住建 9.2.2
四级耐火等级的住宅建筑最多允许建造层数为3层,三级耐火等级的住宅建筑最多允许建造层数为9层,二级耐火等级的住宅建筑最多允许建造层数为18层。

35 住设 6.6.1
七层及七层以上的住宅,应对下列部位进行无障碍设计:
1 建筑入口;
2 入口平台;
3 候梯厅;
4 公共走道。

36 住设 6.10.1
住宅建筑内严禁布置存放和使用甲、乙类火灾危险性物品的商店、车间和仓库,以及产生噪声、振动和污染环境卫生的商店、车间和娱乐设施。

37 住设 7.1.1
每套住宅应至少有一个居住空间能获得冬季日照。

38 住设 7.5.3
住宅室内空气污染物的活度和浓度应符合表7.5.3的规定。

表7.5.3 住宅室内空气污染物限值

污 染 物 名 称	活度、浓度限值
氡	≤200（Bq/m^3）
游离甲醛	≤0.08（mg/m^3）
苯	≤0.09（mg/m^3）
氨	≤0.2（mg/m^3）
TVOC	≤0.5（mg/m^3）

39 内环 4.3.1
民用建筑工程室内不得使用国家禁止使用、限制使用的建筑材料。

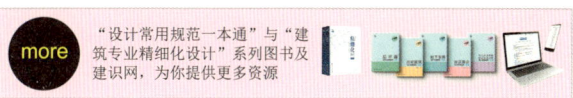

2 建筑空间
2.1 标准层
2.1.1 公共部分

扫描进入建识网

表 4-2 标准层公共部分涉及的强条条款

序号	关键信息	出处	使用指引	附图
1	0.11 m	统标 6.7.4	栏杆采取防攀爬构造的规定	–
2	2.0 m 2.2 m	统标 6.8.6	楼梯各部位净高的规定	图 4-2
3	0.2 m	统标 6.8.9	少年儿童场所的楼梯梯井规定	–
4	27 m 54 m	防规 5.5.25	住宅建筑安全出口设置的规定	–
5	屋面连通	防规 5.5.26	建筑高度大于 27 m 但不大于 54 m 的住宅建筑疏散楼梯要求	图 4-3
6	40 m 20 m	防规 5.5.29	住宅建筑安全疏散距离的规定	图 4-4
7	1.10 m	防规 5.5.30	疏散走道的净宽要求	–
8	–	防规 6.2.9	（1、2、3）电梯井及竖井的规定	–
9	–	防规 6.4.1	（除1）疏散楼梯间的规定	–
10	–	防规 6.4.2	封闭楼梯间的规定	图 4-5
11	–	防规 6.4.3	（除2）防烟楼梯间的规定	图 4-6
12	–	防规 6.4.4	疏散楼梯平面位置的规定	–
13	1.10 m 0.90 m 2 m	防规 6.4.5	室外疏散楼梯间的规定	图 4-7
14	甲级防火门	防规 6.4.10	疏散走道在防火分区处应设置常开甲级防火门	–
15	–	防规 6.4.11	建筑内疏散门的规定	–

续表

序号	关键信息	出处	使用指引	附图
16	10 m 3000 m²	防规 7.3.1	（1）消防电梯的设置条件	-
17	1台	防规 7.3.2	消防电梯应分别设置在不同防火分区内，且每个防火分区不应少于1台	-
18	6.0 m² 2.4 m	防规 7.3.5	（除1）消防电梯前室的规定	图 4-8
19	2.00 h	防规 7.3.6	电梯井、机房间分隔的规定	-
20	> 21 m	防规 8.2.1	（2）住宅应设置室内消火栓系统的条件	-
21	> 100 m	防规 8.3.3	住宅应设置自动灭火系统的条件	-
22	前室 合用前室	防规 8.5.1	需要设置防烟设施的部位的规定	-
23	> 20 m	防规 8.5.3	民用建筑中需要设置排烟设施的场所或部位	-
24	27 m	防规 10.3.1	（1~4）建筑内设置疏散照明规定	-
25	1.20 m	住建 5.2.1	走廊和公共部位通道的规定	图 4-10
26	1.05 m 1.10 m 0.11 m	住建 5.2.2	临空栏杆的规定	图 4-13
27	1.10 m 0.26 m 0.175 m 0.90 m	住建 5.2.3	楼梯各部位尺寸的规定	图 4-14
28	7层 16 m	住建 5.2.5	住宅设置电梯的规定	-
29	-	住建 5.3.1	七层及七层以上的住宅应进行无障碍设计的部位规定	-
30	1.20 m	住建 5.3.4	轮椅通道的净宽要求	-
31	40 dB 50 dB	住建 7.1.1	住宅应在平面与构造上采取防噪声措施	-

续表

序号	关键信息	出处	使用指引	附图
32	密封、隔声	住建 7.1.4	要求设备管线穿墙板的孔洞必须密封隔声	—
33	卧室 起居室	住建 7.1.5	电梯紧邻房间的规定	—
34	隔声 或减振	住建 7.1.6	设备与设备房（井）等需要隔声或减振措施	—
35	—	住建 7.2.3	住宅套型内外的照度要求	—
36	—	住建 8.1.2	严寒和寒冷地区住宅应设采暖设施	—
37	—	住建 8.1.4	公共设备管线应该布置在共用部位	—
38	—	住建 9.1.2	相邻套房之间应采取防火分隔措施	—
39	—	住建 9.1.3	住宅与其他功能空间同处同一建筑的防火与疏散要求	—
40	—	住建 9.4.1	上下相邻套房开口部位间防火设置要求	—
41	1.0 m	住建 9.4.2	楼梯间窗口与套房窗口最近边缘之间的水平间距不应小于 1.0 m	图 4-12
42	—	住建 9.4.3	（1、2）对电梯井的规定	—
43	—	住建 9.5.1	住宅建筑设置安全出口的规定	—
44	—	住建 9.5.2	对套房户门至最近安全出口的距离要求	—
45	—	住建 9.5.3	住宅建筑确定楼梯间形式的因素	—
46	—	住建 9.5.4	住宅建筑楼梯间应采用不燃性材料	—
47	≥12 层	住建 9.8.3	住宅设置消防电梯的条件	—
48	0.90 m	住设 6.1.1	共用部分外窗应设置防护设施	—
49	0.70 m 1.05 m	住设 6.1.2	入口台阶防护的规定	—

续表

序号	关键信息	出处	使用指引	附图
50	1.05 m 1.10 m 0.11 m	住设 6.1.3	临空栏杆的规定，可参照住建 5.2.2 执行	图 4-13
51	650 m²、15 m	住设 6.2.1	＜10F 的住宅建筑每层安全出口不应少于 2 个的条件	—
52	650 m²、10 m	住设 6.2.2	10F ≤层数≤ 18F 的住宅建筑每层安全出口不应少于 2 个的条件	—
53	2 个	住设 6.2.3	≥ 19F 的住宅建筑每层安全出口不应少于 2 个的条件	—
54	5 m	住设 6.2.4	两个安全出口距离的规定	图 4-15
55	—	住设 6.2.5	楼梯间及前室的门开启方向的规定	—
56	1.10 m 1.00 m	住设 6.3.1	梯段净宽的规定	—
57	0.26 m 0.175 m 0.90 m 0.11 m	住设 6.3.2	楼梯各部位尺寸的规定	—
58	0.11 m	住设 6.3.5	楼梯井设置防攀爬措施的要求	—
59	7 层、16 m	住设 6.4.1	住宅建筑设置电梯的条件	—
60	卧室	住设 6.4.7	电梯紧邻房间的规定	—
61	—	住设 6.6.1	无障碍设置部位	—
62	1.20 m	住设 6.6.4	轮椅通行的走道和通道净宽不应小于 1.20 m	—
63	乙级防火门	住设 6.9.6	直通住宅单元地下楼、电梯间入口处应设置乙级防火门的规定	—
64	—	住设 6.10.1	住宅建筑内严禁布置的功能和设施	—
65	—	住设 8.1.7	（1、2）应设置在公用空间内的设施的规定	—
66	—	消火栓 7.4.3	建筑内设置室内消火栓的规定	—

图 4-2 楼梯局部净尺寸要求示例

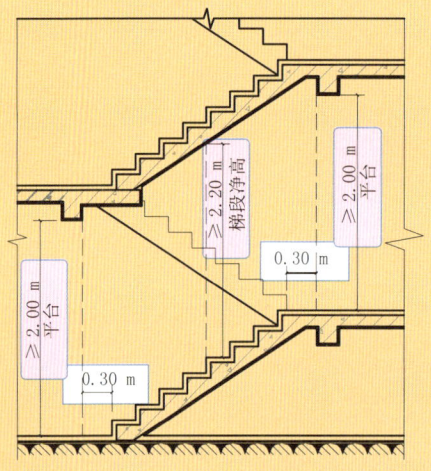
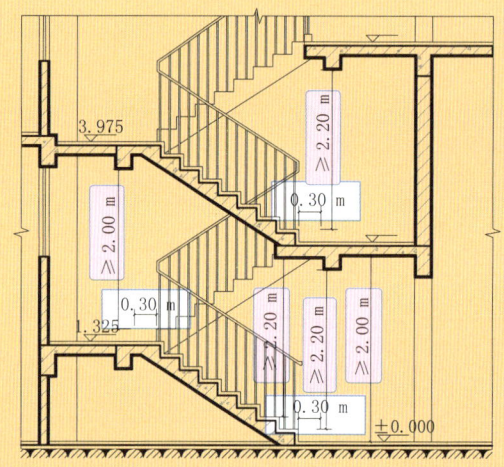

图 4-3 住宅建筑设一座疏散楼梯时的要求图示

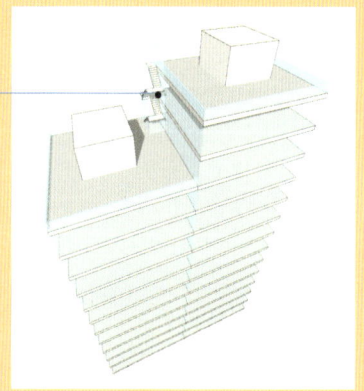

图 4-4 住宅建筑安全疏散距离的规定图示

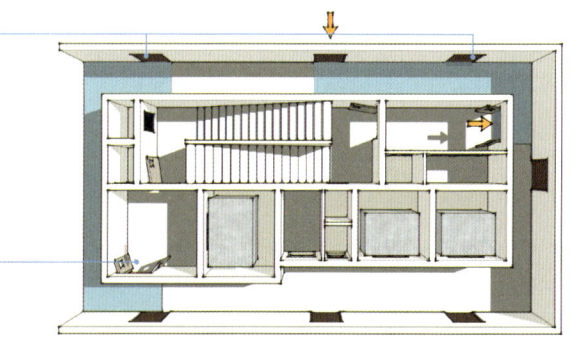

图 4-5 | 封闭楼梯间案例对比图示

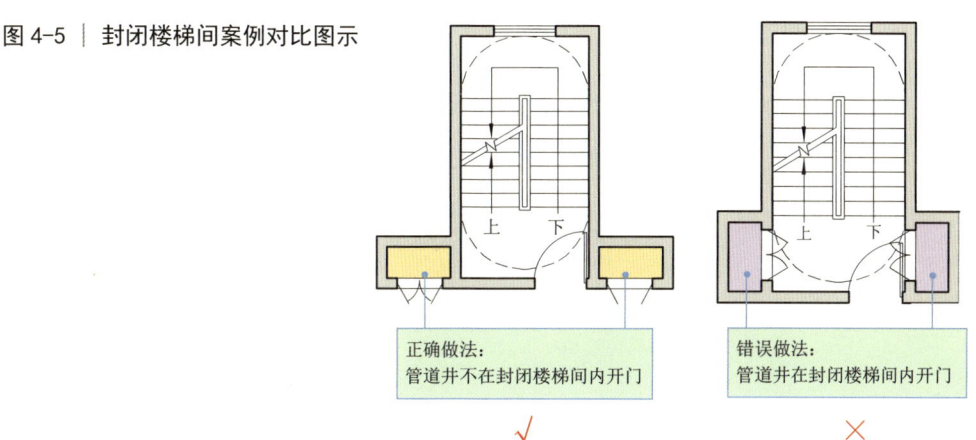

图 4-6 | 防烟楼梯间的规定图示

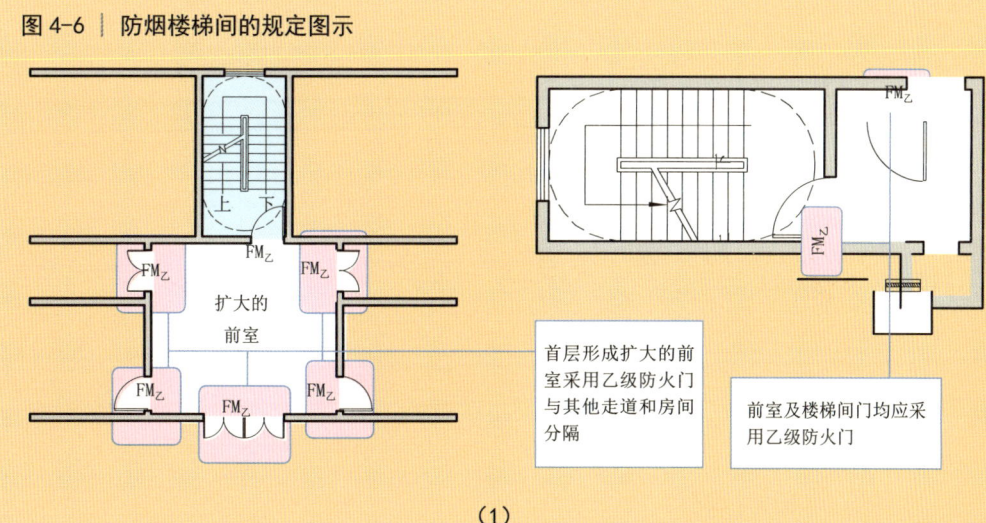

(1)

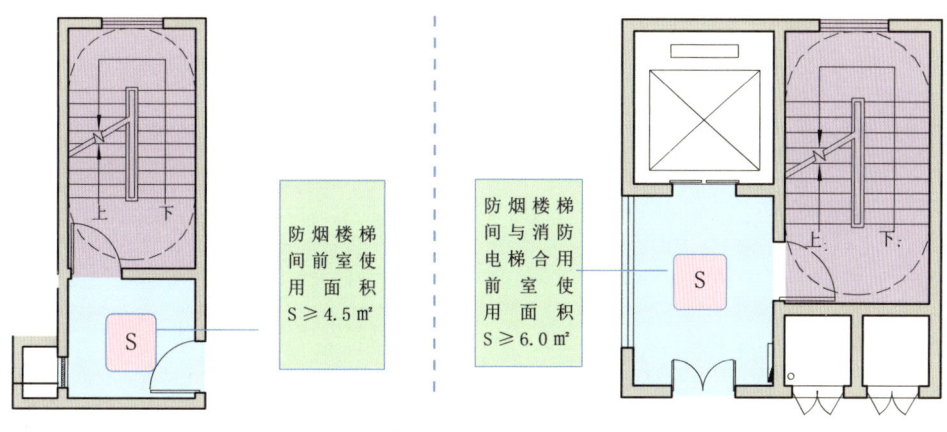

(2)

图 4-6 | 防烟楼梯间的规定图示（续）

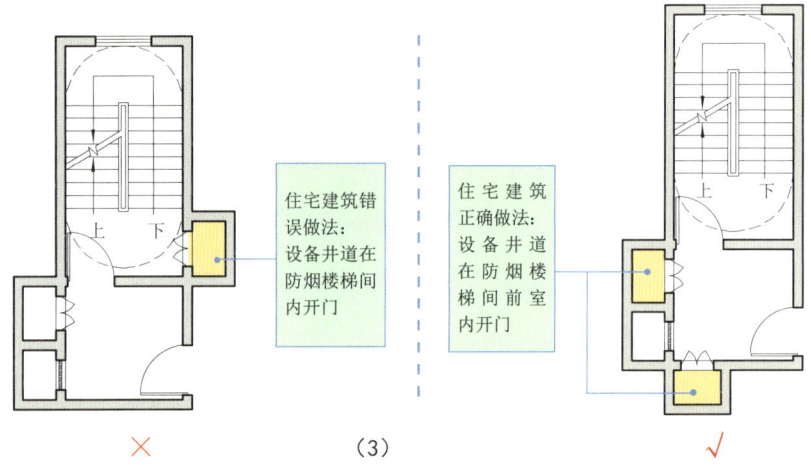

图 4-7 室外疏散楼梯的规定

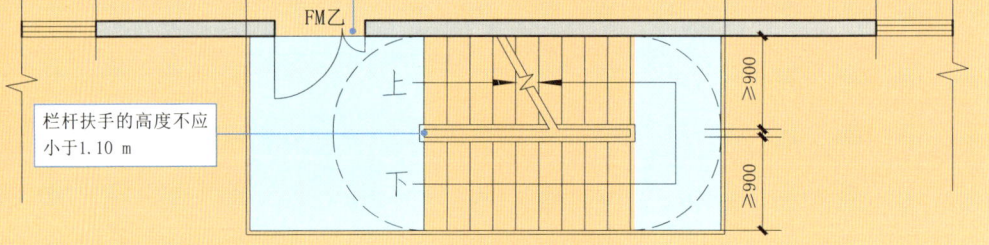

图 4-8 | 消防电梯前室的规定

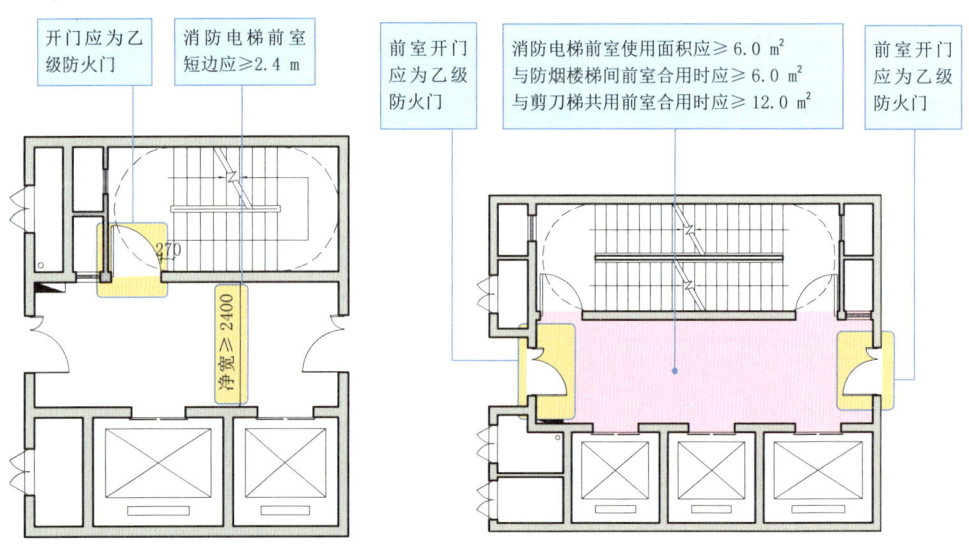

图 4-9 | 无障碍电梯标识示例

图 4-10 | 走廊和公共部位通道的规定

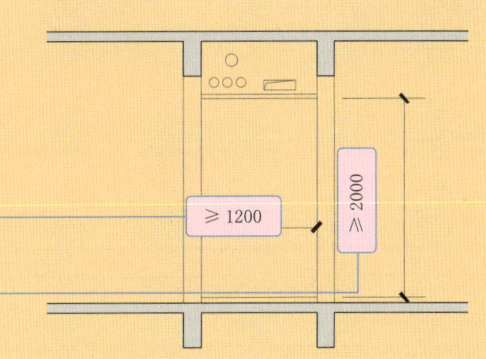

走廊和公共部位通道的净宽应≥1.20 m

走廊和公共部位通道的局部净高应≥2.00 m

图 4-11 | 共用部分外窗应设置防护设施

窗台距楼地面净高＜0.90 m 时，应设置防护设施

图 4-12 | 疏散楼梯间的规定

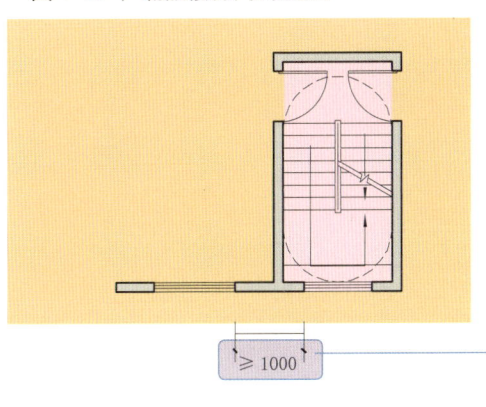

楼梯间、前室及合用前室外墙上的窗口与两侧门、窗、洞口最近边缘的水平距离应≥1.0 m

141

图 4-13 临空栏杆的规定

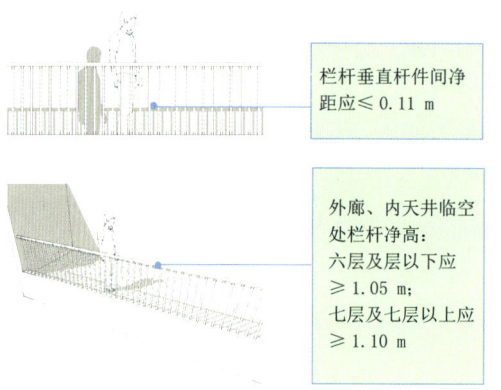

图 4-14 楼梯踏步／安全出口间距示例

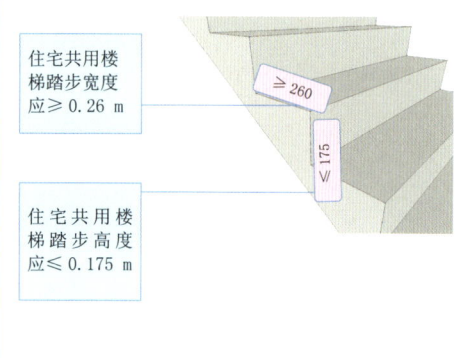

图 4-15 安全出口距离的规定

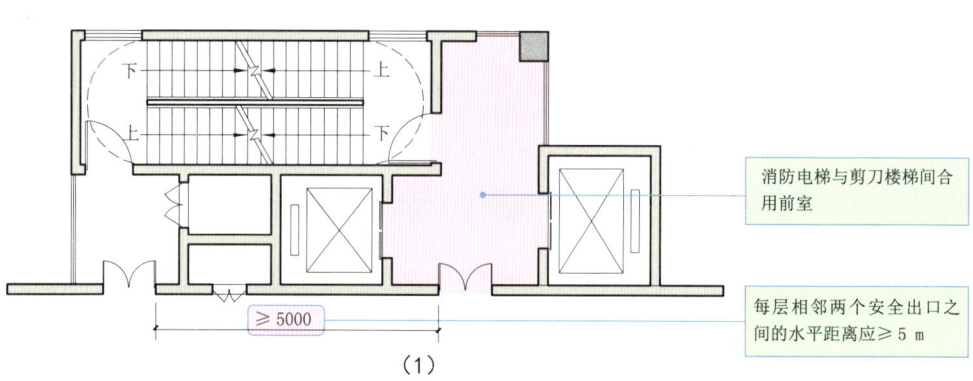

（1）

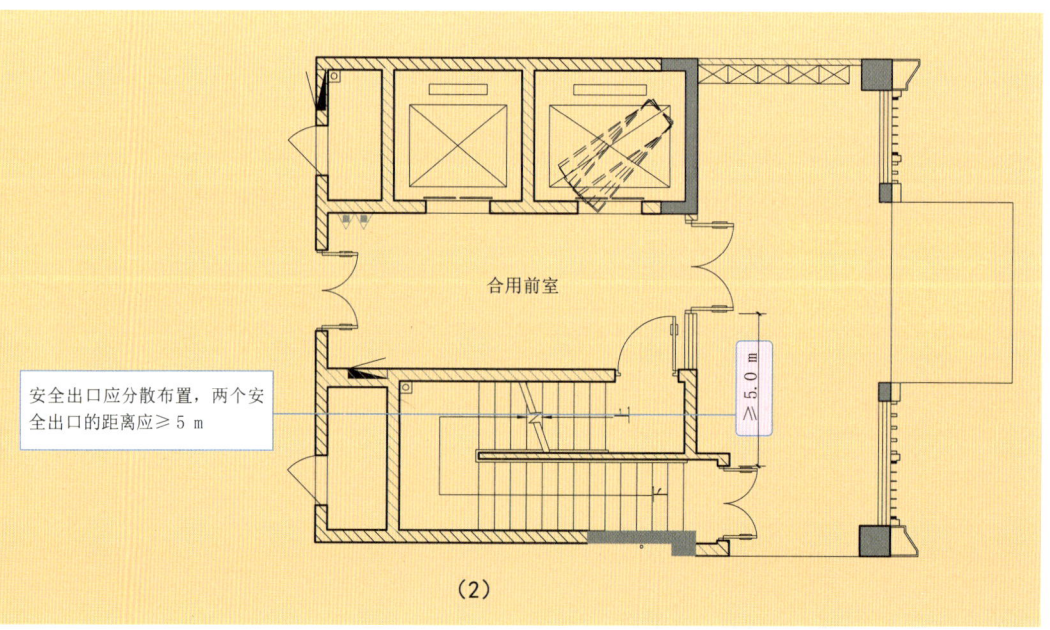

（2）

规范原文摘录

1 统标 6.7.4
住宅、托儿所、幼儿园、中小学及其他少年儿童专用活动场所的栏杆必须采取防止攀爬的构造。当采用垂直杆件做栏杆时，其杆件净间距不应大于 0.11 m。

2 统标 6.8.6
楼梯平台上部及下部过道处的净高不应小于 2.0 m，梯段净高不应小于 2.2 m。
注：梯段净高为自踏步前缘（包括每个梯段最低和最高一级踏步前缘线以外 0.3 m 范围内）量至上方突出物下缘间的垂直高度。

3 统标 6.8.9
托儿所、幼儿园、中小学校及其他少年儿童专用活动场所，当楼梯井净宽大于 0.2m 时，必须采取防止少年儿童坠落的措施。

4 防规 5.5.25
住宅建筑安全出口的设置应符合下列规定：
1 建筑高度不大于 27 m 的建筑，当每个单元任一层的建筑面积大于 650 m^2，或任一户门至最近安全出口的距离大于 15 m 时，每个单元每层的安全出口不应少于 2 个；
2 建筑高度大于 27 m、不大于 54 m 的建筑，当每个单元任一层的建筑面积大于 650 m^2，或任一户门至最近安全出口的距离大于 10 m 时，每个单元每层的安全出口不应少于 2 个；
3 建筑高度大于 54 m 的建筑，每个单元每层的安全出口不应少于 2 个。

5 防规 5.5.26
建筑高度大于 27 m，但不大于 54 m 的住宅建筑，每个单元设置一座疏散楼梯时，疏散楼梯应通至屋面，且单元之间的疏散楼梯应能通过屋面连通，户门应采用乙级防火门。当不能通至屋面或不能通过屋面连通时，应设置 2 个安全出口。

6 防规 5.5.29
住宅建筑的安全疏散距离应符合下列规定：
1 直通疏散走道的户门至最近安全出口的直线距离不应大于表 5.5.29 的规定；

表 5.5.29　住宅建筑直通疏散走道的户门至最近安全出口的直线距离（m）

住宅建筑类别	位于两个安全出口之间的户门			位于袋形走道两侧或尽端的户门		
	一、二级	三级	四级	一、二级	三级	四级
单、多层	40	35	25	22	20	15
高层	40	—	—	20	—	—

注：1 开向敞开式外廊的户门至最近安全出口的最大直线距离可按本表的规定增加 5 m；
　　2 直通疏散走道的户门至最近敞开楼梯间的直线距离，当户门位于两个楼梯间之间时，应按本表的规定减少 5 m；
　　　当户门位于袋形走道两侧或尽端时，应按本表的规定减少 2 m；
　　3 住宅建筑内全部设置自动喷水灭火系统时，其安全疏散距离可按本表的规定增加 25%；
　　4 跃廊式住宅的户门至最近安全出口的距离，应从户门算起，小楼梯的一段距离可按其水平投影长度的 1.50 倍计算。
2 楼梯间应在首层直通室外，或在首层采用扩大的封闭楼梯间或防烟楼梯间前室。层数不超过 4 层时，可将直通室外的门设置在离楼梯间不大于 15 m 处。
3 户内任一点至直通疏散走道的户门的直线距离不应大于表 5.5.29 规定的袋形走道两侧或尽端的疏散门至最近安全出口的最大直线距离。
注：跃层式住宅，户内楼梯的距离可按其梯段水平投影长度的 1.50 倍计算。

7 防规 5.5.30
住宅建筑的户门、安全出口、疏散走道和疏散楼梯的各自总净宽度应经计算确定，且户门和安全出口的净宽度不应小于 0.90 m，疏散走道、疏散楼梯和首层疏散外门的净宽度不应小于 1.10 m。建筑高度不大于 18 m 的住宅中一边设置栏杆的疏散楼梯，其净宽度不应小于 1.0 m。

8 防规 6.2.9（节选）

建筑内的电梯井等竖井应符合下列规定：

1 电梯井应独立设置，井内严禁敷设可燃气体和甲、乙、丙类液体管道，不应敷设与电梯无关的电缆、电线等。电梯井的井壁除设置电梯门、安全逃生门和通气孔洞外，不应设置其他开口；

2 电缆井、管道井、排烟道、排气道、垃圾道等竖向井道，应分别独立设置。井壁的耐火极限不应低于1.00h，井壁上的检查门应采用丙级防火门。

3 建筑内的电缆井、管道井应在每层楼板处采用不低于楼板耐火极限的不燃材料或防火封堵材料封堵。

建筑内的电缆井、管道井与房间、走道等相连通的孔隙应采用防火封堵材料封堵。

9 防规 6.4.1（节选）

疏散楼梯间应符合下列规定：

2 楼梯间内不应设置烧水间、可燃材料储藏室、垃圾道；

3 楼梯间内不应有影响疏散的凸出物或其他障碍物；

4 封闭楼梯间、防烟楼梯间及其前室，不应设置卷帘；

5 楼梯间内不应设置甲、乙、丙类液体管道；

6 封闭楼梯间、防烟楼梯间及其前室内禁止穿过或设置可燃气体管道。敞开楼梯间内不应设置可燃气体管道，当住宅建筑的敞开楼梯间内确需设置可燃气体管道和可燃气体计量表时，应采用金属管和设置切断气源的阀门。

10 防规 6.4.2

封闭楼梯间除应符合本规范第 6.4.1 条的规定外，尚应符合下列规定：

1 不能自然通风或自然通风不能满足要求时，应设置机械加压送风系统或采用防烟楼梯间；

2 除楼梯间的出入口和外窗外，楼梯间的墙上不应开设其他门、窗、洞口；

3 高层建筑、人员密集的公共建筑、人员密集的多层丙类厂房、甲、乙类厂房，其封闭楼梯间的门应采用乙级防火门，并向疏散方向开启；其他建筑，可采用双向弹簧门；

4 楼梯间的首层可将走道和门厅等包括在楼梯间内形成扩大的封闭楼梯间，但应采用乙级防火门等与其他走道和房间分隔。

11 防规 6.4.3

防烟楼梯间除应符合本规范第 6.4.1 条的规定外，尚应符合下列规定：

1 应设置防烟设施；

3 前室的使用面积：公共建筑、高层厂房（仓库），不应小于6.0 m²；住宅建筑，不应小于4.5 m²。与消防电梯间前室合用时，合用前室的使用面积：公共建筑、高层厂房（仓库），不应小于10.0 m²；住宅建筑，不应小于6.0 m²；

4 疏散走道通向前室以及前室通向楼梯间的门应采用乙级防火门；

5 除住宅建筑的楼梯前室外，防烟楼梯间和前室内的墙上不应开设除疏散门和送风口外的其他门、窗、洞口；

6 楼梯间的首层可将走道和门厅等包括在楼梯间前室内形成扩大的前室，但应采用乙级防火门等与其他走道和房间分隔。

12 防规 6.4.4

除通向避难层错位的疏散楼梯外，建筑内的疏散楼梯间在各层的平面位置不应改变。

除住宅建筑套内的自用楼梯外，地下或半地下建筑（室）的疏散楼梯间，应符合下列规定：

1 室内地面与室外出入口地坪高差大于 10 m 或 3 层及以上的地下、半地下建筑（室），其疏散楼梯应采用防烟楼梯间；其他地下或半地下建筑（室），其疏散楼梯应采用封闭楼梯间；

2 应在首层采用耐火极限不低于 2.00 h 的防火隔墙与其他部位分隔并应直通室外，确需在隔墙上开门时，应采用乙级防火门；

3 建筑的地下或半地下部分与地上部分不应共用楼梯间，确需共用楼梯间时，应在首层采用耐火极限不低于 2.00 h 的防火隔墙和乙级防火门将地下或半地下部分与地上部分的连通部位完全分隔，并应设置明显的标志。

13 防规 6.4.5

室外疏散楼梯应符合下列规定：

1 栏杆扶手的高度不应小于 1.10 m，楼梯的净宽度不应小于 0.90 m；

2 倾斜角度不应大于 45°；

3 梯段和平台均应采用不燃材料制作。平台的耐火极限不应低于1.00 h，梯段的耐火极限不应低于0.25 h；
4 通向室外楼梯的门应采用乙级防火门，并应向外开启；
5 除疏散门外，楼梯周围2 m内的墙面上不应设置门、窗、洞口。疏散门不应正对梯段。

14 防规 6.4.10
疏散走道在防火分区处应设置常开甲级防火门。

15 防规 6.4.11
建筑内的疏散门应符合下列规定：
1 民用建筑和厂房的疏散门，应采用向疏散方向开启的平开门，不应采用推拉门、卷帘门、吊门、转门和折叠门。除甲、乙类生产车间外，人数不超过60人且每樘门的平均疏散人数不超过30人的房间，其疏散门的开启方向不限；
2 仓库的疏散门应采用向疏散方向开启的平开门，但丙、丁、戊类仓库首层靠墙的外侧可采用推拉门或卷帘门；
3 开向疏散楼梯或疏散楼梯间的门，当其完全开启时，不应减少楼梯平台的有效宽度；
4 人员密集场所内平时需要控制人员随意出入的疏散门和设置门禁系统的住宅、宿舍、公寓建筑的外门，应保证火灾时不需使用钥匙等任何工具即能从内部易于打开，并应在显著位置设置具有使用提示的标识。

16 防规 7.3.1（节选）
下列建筑应设置消防电梯：
1 建筑高度大于33 m的住宅建筑。

17 防规 7.3.2
消防电梯应分别设置在不同防火分区内，且每个防火分区不应少于1台。

18 防规 7.3.5（节选）
除设置在仓库连廊、冷库穿堂或谷物筒仓工作塔内的消防电梯外，消防电梯应设置前室，并应符合下列规定：
2 前室的使用面积不应小于6.0 m²，前室的短边不应小于2.4 m；与防烟楼梯间合用的前室，其使用面积尚应符合本规范第5.5.28条和第6.4.3条的规定；
3 除前室的出入口、前室内设置的正压送风口和本规范5.5.27条规定的户门外，前室内不应开设其他门、窗、洞口；
4 前室或合用前室的门应采用乙级防火门，不应设置卷帘。

19 防规 7.3.6
消防电梯井、机房与相邻电梯井、机房之间应设置耐火极限不低于2.00 h的防火隔墙，隔墙上的门应采用甲级防火门。

20 防规 8.2.1（节选）
下列建筑或场所应设置室内消火栓系统：
2 高层公共建筑和建筑高度大于21 m的住宅建筑；
注：建筑高度不大于27 m的住宅建筑，设置室内消火栓系统确有困难时，可只设置干式消防竖管和不带消火栓箱的DN65的室内消火栓。

21 防规 8.3.3
除本规范另有规定和不宜用水保护或灭火的场所外，下列高层民用建筑或场所应设置自动灭火系统，并宜采用自动喷水灭火系统：
1 一类高层公共建筑（除游泳池、溜冰场外）及其地下、半地下室；
2 二类高层公共建筑及其地下、半地下室的公共活动用房、走道、办公室和旅馆的客房、可燃物品库房、自动扶梯底部；
3 高层民用建筑内的歌舞娱乐放映游艺场所；
4 建筑高度大于100 m的住宅建筑。

22 防规 8.5.1
建筑的下列场所或部位应设置防烟设施：
1 防烟楼梯间及其前室；
2 消防电梯间前室或合用前室；
3 避难走道的前室、避难层（间）。
建筑高度不大于 50 m 的公共建筑、厂房、仓库和建筑高度不大于 100 m 的住宅建筑，当其防烟楼梯间的前室或合用前室符合下列条件之一时，楼梯间可不设置防烟系统：
1 前室或合用前室采用敞开的阳台、凹廊；
2 前室或合用前室具有不同朝向的可开启外窗，且可开启外窗的面积满足自然排烟口的面积要求。

23 防规 8.5.3
民用建筑的下列场所或部位应设置排烟设施：
1 设置在一、二、三层且房间建筑面积大于 100 m² 的歌舞娱乐放映游艺场所，设置在四层及以上楼层、地下或半地下的歌舞娱乐放映游艺场所；
2 中庭；
3 公共建筑内建筑面积大于 100 m² 且经常有人停留的地上房间；
4 公共建筑内建筑面积大于 300 m² 且可燃物较多的地上房间；
5 建筑内长度大于 20 m 的疏散走道。

24 防规 10.3.1（节选）
除建筑高度小于 27 m 的住宅建筑外，民用建筑、厂房和丙类仓库的下列部位应设置疏散照明：
1 封闭楼梯间、防烟楼梯间及其前室、消防电梯间的前室或合用前室、避难走道、避难层（间）；
2 观众厅、展览厅、多功能厅和建筑面积大于 200 m² 的营业厅、餐厅、演播室等人员密集的场所；
3 建筑面积大于 100 m² 的地下或半地下公共活动场所；
4 公共建筑内的疏散走道。

25 住建 5.2.1
走廊和公共部位通道的净宽不应小于 1.20 m，局部净高不应低于 2.00 m。

26 住建 5.2.2
外廊、内天井及上人屋面等临空处栏杆净高，六层及六层以下不应低于 1.05 m；七层及七层以上不应低于 1.10 m。栏杆应防止攀登，垂直杆件间净距不应大于 0.11 m。

27 住建 5.2.3
楼梯梯段净宽不应小于 1.10 m。六层及六层以下住宅，一边设有栏杆的梯段净宽不应小于 1.00 m。楼梯踏步宽度不应小于 0.26 m，踏步高度不应大于 0.175 m。扶手高度不应小于 0.90 m。楼梯水平段栏杆长度大于 0.50 m 时，其扶手高度不应小于 1.05 m。楼梯栏杆垂直杆件间净距不应大于 0.11 m。楼梯井净宽大于 0.11 m 时，必须采取防止儿童攀滑的措施。

28 住建 5.2.5
七层以及七层以上的住宅或住户入口层楼面距室外设计地面的高度超过 16 m 以上的住宅必须设置电梯。

29 住建 5.3.1
七层及七层以上的住宅，应对下列部位进行无障碍设计：
1 建筑入口；
2 入口平台；
3 候梯厅；
4 公共走道；
5 无障碍住房。

30 住建 5.3.4
供轮椅通行的走道和通道净宽不应小于 1.20 m。

31 住建 7.1.1
住宅应在平面布置和建筑构造上采取防噪声措施。卧室、起居室在关窗状态下的白天允许噪声级为 50dB（A 声级），夜间允许噪声级为 40dB（A 声级）。

32	住建 7.1.4

水、暖、电、气管线穿过楼板和墙体时，孔洞周边应采取密封隔声措施。

33	住建 7.1.5

电梯不应与卧室、起居室紧邻布置。受条件限制需要紧邻布置时，必须采取有效的隔声和减振措施。

34	住建 7.1.6

管道井、水泵房、风机房应采取有效的隔声措施，水泵、风机应采取减振措施。

35	住建 7.2.3

套内空间应能提供与其使用功能相适应的照度水平。套外的门厅、电梯前厅、走廊、楼梯的地面照度应能满足使用功能要求。

36	住建 8.1.2

严寒地区和寒冷地区的住宅应设采暖设施。

37	住建 8.1.4

住宅的给水总立管、雨水立管、消防立管、采暖供回水总立管和电气、电信干线（管），不应布置在套内。公共功能的阀门、电气设备和用于总体调节和检修的部件，应设在共用部位。

38	住建 9.1.2

住宅建筑中相邻套房之间应采取防火分隔措施。

39	住建 9.1.3

当住宅与其他功能空间处于同一建筑内时，住宅部分与非住宅部分之间应采取防火分隔措施，且住宅部分的安全出口和疏散楼梯应独立设置。

经营、存放和使用火灾危险性为甲、乙类物品的商店、作坊和储藏间，严禁附设在住宅建筑中。

40	住建 9.4.1

住宅建筑上下相邻套房开口部位间应设置高度不低于 0.8 m 的窗槛墙或设置耐火极限不低于 1.00 h 的不燃性实体挑檐，其出挑宽度不应小于 0.5 m，长度不应小于开口宽度。

41	住建 9.4.2

楼梯间窗口与套房窗口最近边缘之间的水平间距不应小于 1.0 m。

42	住建 9.4.3（节选）

住宅建筑中竖井的设置应符合下列要求：

1 电梯井应独立设置，井内严禁敷设燃气管道，并不应敷设与电梯无关的电缆、电线等。电梯井井壁上除开设电梯门洞和通气孔洞外，不应开设其他洞口。

2 电缆井、管道井、排烟道、排气道等竖井应分别独立设置，其井壁应采用耐火极限不低于 1.00 h 的不燃性构件。

43	住建 9.5.1

住宅建筑应根据建筑的耐火等级、建筑层数、建筑面积、疏散距离等因素设置安全出口，并应符合下列要求：

1 10 层以下的住宅建筑，当住宅单元任一层的建筑面积大于 650 ㎡，或任一套房的户门至安全出口的距离大于 15 m 时，该住宅单元每层的安全出口不应少于 2 个；

2 10 层及 10 层以上但不超过 18 层的住宅建筑，当住宅单元任一层的建筑面积大于 650 ㎡，或任一套房的户门至安全出口的距离大于 10 m 时，该住宅单元每层的安全出口不应少于 2 个；

3 19 层及 19 层以上的住宅建筑，每个住宅单元每层的安全出口不应少于 2 个；

4 安全出口应分散布置，两个安全出口之间的距离不应小于 5 m；

5 楼梯间及前室的门应向疏散方向开启；安装有门禁系统的住宅，应保证住宅直通室外的门在任何时候能从内部徒手开启。

44	住建 9.5.2

每层有 2 个及 2 个以上安全出口的住宅单元，套房户门至最近安全出口的距离应根据建筑的耐火等级、楼梯间的形式和疏散方式确定。

45 住建 9.5.3
住宅建筑的楼梯间形式应根据建筑形式、建筑层数、建筑面积以及套房户门的耐火等级等因素确定。在楼梯间的首层应设置直接对外的出口，或将对外出口设置在距离楼梯间不超过 15 m 处。

46 住建 9.5.4
住宅建筑楼梯间顶棚、墙面和地面均应采用不燃性材料。

47 住建 9.8.3
12 层及 12 层以上的住宅应设置消防电梯。

48 住设 6.1.1
楼梯间、电梯厅等共用部分的外窗，窗外没有阳台或平台，且窗台距楼面、地面的净高小于 0.90 m 时，应设置防护设施。

49 住设 6.1.2
公共出入口台阶高度超过 0.70 m 并侧面临空时，应设置防护设施，防护设施净高不应低于 1.05 m。

50 住设 6.1.3
外廊、内天井及上人屋面等临空处的栏杆净高，六层及六层以下不应低于 1.05 m，七层及七层以上不应低于 1.10 m。防护栏杆必须采用防止儿童攀登的构造，栏杆的垂直杆件间净距不应大于 0.11 m。放置花盆处必须采取防坠落措施。

51 住设 6.2.1
十层以下的住宅建筑，当住宅单元任意一层的建筑面积大于 650 m^2，或任一套房的户门至安全出口的距离大于 15m 时，该住宅单元每层的安全出口不应少于 2 个。

52 住设 6.2.2
十层及十层以上且不超过十八层的住宅建筑，当住宅单元任一层的建筑面积大于 650 m^2，或任一套房的户门至安全出口的距离大于 10 m 时，该住宅单元每层的安全出口不应少于 2 个。

53 住设 6.2.3
十九层及十九层以上的住宅建筑，每层住宅单元的安全出口不应少于 2 个。

54 住设 6.2.4
安全出口应分散布置，两个安全出口的距离不应小于 5 m。

55 住设 6.2.5
楼梯间及前室的门应向疏散方向开启。

56 住设 6.3.1
楼梯梯段净宽不应小于 1.10 m，不超过六层的住宅，一边设有栏杆的梯段净宽不应小于 1.00 m。

57 住设 6.3.2
楼梯踏步宽度不应小于 0.26 m，踏步高度不应大于 0.175 m。扶手高度不应小于 0.90 m。楼梯水平段栏杆长度大于 0.50 m 时，其扶手高度不应小于 1.05 m。楼梯栏杆垂直杆件间净空不应大于 0.11 m。

58 住设 6.3.5
楼梯井净宽大于 0.11 m 时，必须采取防止儿童攀滑的措施。

59 住设 6.4.1
属下列情况之一时，必须设置电梯：
1 七层及七层以上住宅或住户入口层楼面距室外设计地面的高度超过 16 m 时；
2 底层作为商店或其他用房的六层及六层以下住宅，其住户入口层楼面距该建筑物的室外设计地面高度超过 16 m 时；
3 底层做架空层或贮存空间的六层及六层以下住宅，其住户入口层楼面距该建筑物的室外设计地面高度超过 16 m 时；
4 顶层为两层一套的跃层住宅时，跃层部分不计层数，其顶层住户入口层楼面距该建筑物室外设计地面的高度超过 16 m 时。

60 住设 6.4.7
电梯不应紧邻卧室布置。当受条件限制，电梯不得不紧邻兼起居的卧室布置时，应采取隔声、减震的构造措施。

61 住设 6.6.1
七层及七层以上的住宅，应对下列部位进行无障碍设计：
1 建筑入口；
2 入口平台；
3 候梯厅；
4 公共走道。

62 住设 6.6.4
供轮椅通行的走道和通道净宽不应小于 1.20 m。

63 住设 6.9.6
直通住宅单元的地下楼、电梯间入口处应设置乙级防火门，严禁利用楼、电梯间为地下车库进行自然通风。

64 住设 6.10.1
住宅建筑内严禁布置存放和使用甲、乙类火灾危险性物品的商店、车间和仓库，以及产生噪声、振动和污染环境卫生的商店、车间和娱乐设施。

65 住设 8.1.7（节选）
下列设施不应设置在住宅套内，应设置在共用空间内：
1 公共功能的管道，包括给水总立管、消防立管、雨水立管、采暖（空调）供回水总立管和配电和弱电干线（管）等，设置在开敞式阳台的雨水立管除外；
2 公共的管道阀门、电气设备和用于总体调节和检修的部件，户内排水立管检修口除外；3 采暖管沟和电缆沟的检查孔。

66 消火栓 7.4.3
设置室内消火栓的建筑，包括设备层在内的各层均应设置消火栓。

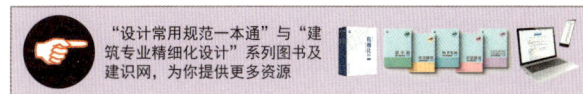

2.1.2 户内部分

表 4-3 住宅户内涉及的强条条款

序号	关键信息	出处	使用指引	附图
1	-	居标 4.0.9	住宅建筑间距以满足日照为原则的规定	-
2	0.11 m	统标 6.7.4	栏杆采取防攀爬构造的规定	-
3	2.0 m、2.2 m	统标 6.8.6	楼梯各部位净高的规定	-
4	0.2 m	统标 6.8.9	少年儿童场所的楼梯梯井规定	-
5	22 m 20 m	防规 5.5.29	（3）户内任一点至直通疏散走道的户门的直线距离	-
6	-	防规 6.2.5	建筑外墙开口部位防火的规定	图 4-16
7	-	防规 6.2.6	玻璃幕墙层间防火的规定	图 4-18
8	-	住建 4.1.1	同本表第 1 项居标 4.0.9	-
9	-	住建 5.1.1	每套住宅应具备的基本空间	图 4-17
10	-	住建 5.1.2	厨房应设置或预留位置的设施的规定	-
11	下层住户	住建 5.1.3	卫生间在空间布置中的规定	图 4-19
12	-	住建 5.1.4	每套住宅卫生间应配置的设备	-
13	1.05 m 1.10 m 0.11 m	住建 5.1.5	对阳台栏杆的具体规定	-
14	2.40 m 2.10 m	住建 5.1.6	卧室、起居室室内净高的规定	图 4-20
15	-	住建 5.1.7	阳台地面应有排水措施	-
16	1.20 m	住建 5.3.4	轮椅通道的净宽要求	-
17	半地下室	住建 5.4.1	住宅房间布置在地下室、半地下室的规定	-

续表

序号	关键信息	出处	使用指引	附图
18	50 dB 40 dB	住建 7.1.1	卧室、起居室允许的噪声级	–
19	–	住建 7.1.5	电梯与住宅房间紧邻的规定	–
20	一个 居住空间	住建 7.2.1	住宅日照条件的规定	–
21	1/7	住建 7.2.2	室内设置外窗的规定	–
22	5%	住建 7.2.4	每套住宅自然通风的规定	–
23	–	住建 7.4.1	住宅室内空气污染物的规定	–
24	–	住建 8.2.7	厨房排水立管的规定	–
25	50 mm	住建 8.2.8	卫生间相应设备排水的规定	–
26	排风机	住建 8.3.6	厨房设置通风设施的规定	–
27	–	住建 8.4.4	套内燃气设备的设置规定	–
28	–	住建 8.4.9	厨房油烟排烟道的规定	–
29	防火分隔	住建 9.1.2	相邻套房应采取防火分隔的规定	–
30	–	住设 5.1.1	套型设计基本功能空间	–
31	–	住设 5.3.3	厨房应为相应设施预留位置	–
32	–	住设 5.4.4	卫生间不可布置在下层住户的特定空间上	–
33	–	住设 5.5.2	对卧室与起居室的净高要求	–
34	1/2、2.10 m	住设 5.5.3	坡屋顶作为卧室起居室的净高要求	图 4-20
35	0.11 m	住设 5.6.2	阳台栏杆设置的规定	–

续表

序号	关键信息	出处	使用指引	附图
36	1.05 m 1.10 m	住设 5.6.3	阳台栏杆或栏板净高的规定	—
37	0.90 m	住设 5.8.1	窗设置防护措施的规定	—
38	—	住设 6.6.4	轮椅通行的走道和通道净宽不应小于1.20 m	—
39	—	住设 6.9.1	同本表第 17 项住建 5.4.1	—
40	—	住设 7.1.1	同本表第 20 项住建 7.2.1	—
41	—	住设 7.1.3	卧室、起居室（厅）应有直接天然采光的规定	—
42	1/7	住设 7.1.5	关于卧室、起居室（厅）采光洞口面积的规定	—
43	—	住设 7.2.1	卧室、起居室（厅）自然通风的规定	—
44	5%	住设 7.2.3	自然通风开口面积的规定	—
45	45 dB 37 dB	住设 7.3.1	卧室、起居室内噪声级的规定	—
46	—	住设 7.5.3	同本表第 23 项住建 7.4.1	—
47	—	住设 8.2.6	卫生间排水立管的规定	—
48	—	住设 8.4.3	燃气设备设置的规定	—
49	—	住设 8.5.3	暗卫生间设置通风设施的规定	—
50	—	隔声 4.1.1	卧室、起居室（厅）内的噪声要求	—
51	—	隔声 4.2.1	分户墙、分户楼板及分隔住宅和非居住用途空间楼板的空气声隔声性能要求	—
52	—	隔声 4.2.2	相邻两户房间之间及住宅和非居住用途空间分隔楼板上下的房间之间的空气声隔声性能要求	—
53	—	隔声 4.2.5	外窗（包括未封闭阳台的门）的空气声隔声性能要求	—

续表

序号	关键信息	出处	使用指引	附图
54	—	采光 4.0.1	住宅建筑的卧室、起居室（厅）、厨房应有直接采光的要求	—
55	—	采光 4.0.2	卧室、起居室（厅）的采光标准	—

图 4-16 ｜ 建筑外墙开口部位防火的规定图示

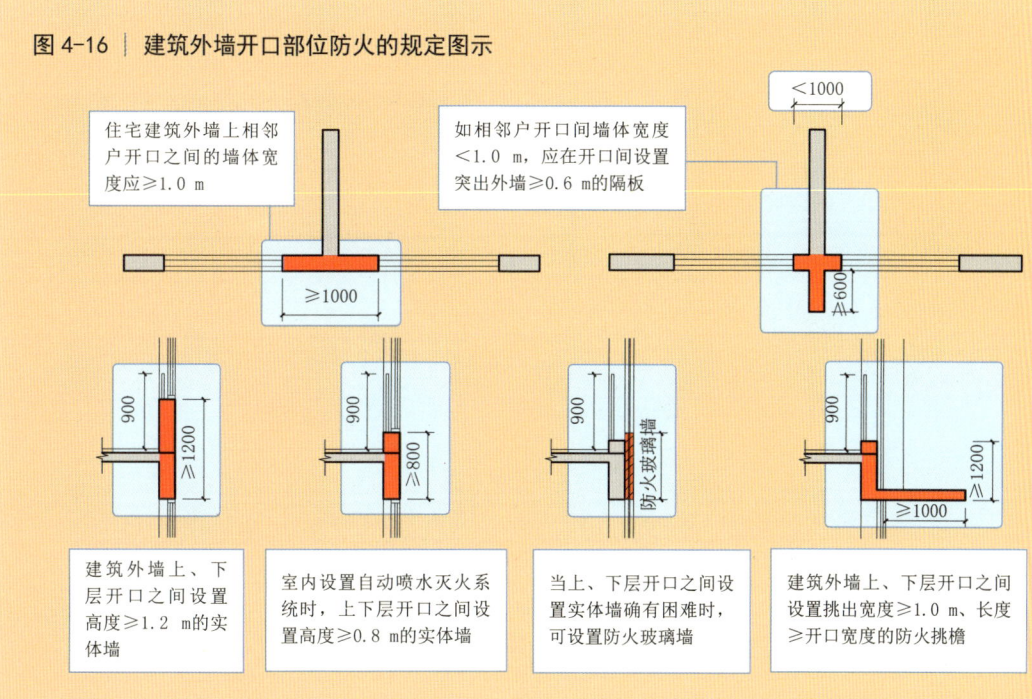

图 4-17 ｜ 每套住宅应具备的基本空间

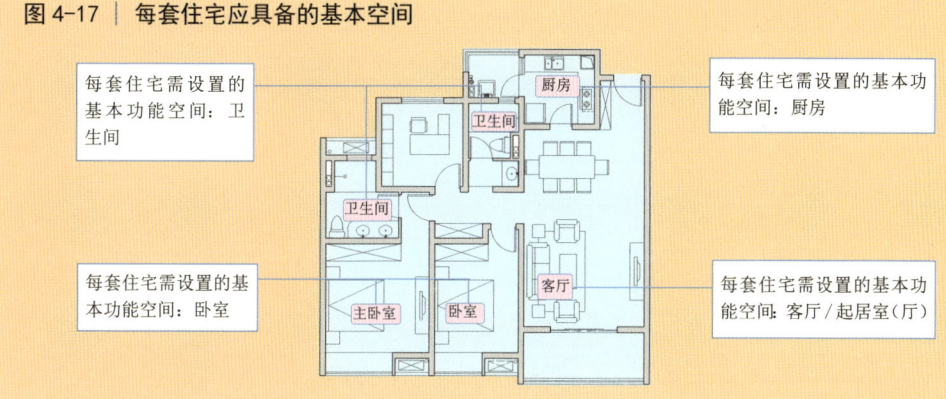

图 4-18 | 玻璃幕墙层间防火的规定

图 4-19 | 卫生间不应设置的位置

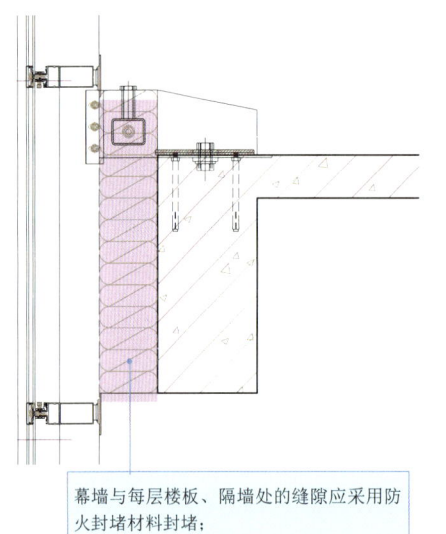

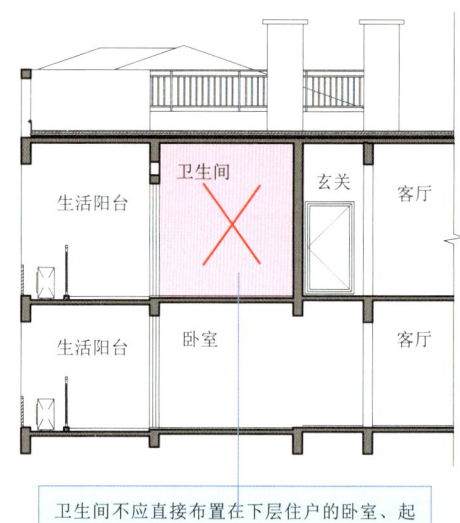

幕墙与每层楼板、隔墙处的缝隙应采用防火封堵材料封堵；
其余要求应符合防规6.2.5条的规定

卫生间不应直接布置在下层住户的卧室、起居室（厅）、厨房、餐厅的上层。卫生间地面和局部墙面应有防水构造。

图 4-20 | 卧室、起居室室内净高的规定

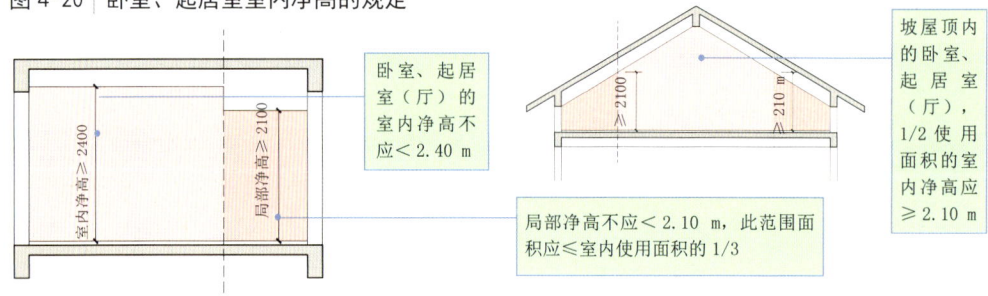

卧室、起居室（厅）的室内净高不应 < 2.40 m

局部净高不应 < 2.10 m，此范围面积应 ≤ 室内使用面积的1/3

坡屋顶内的卧室、起居室（厅），1/2使用面积的室内净高应 ≥ 2.10 m

规范原文摘录

1 居标 4.0.9

住宅建筑的间距应符合表4.0.9的规定；对特定情况，还应符合下列规定：

1 老年人居住建筑日照标准不应低于冬至日日照时数2 h；

2 在原设计建筑外增加任何设施不应使相邻住宅原有日照标准降低，既有住宅建筑进行无障碍改造加装电梯除外；

3 旧区改建项目内新建住宅建筑日照标准不应低于大寒日日照时数1 h。

表4.0.9 住宅建筑日照标准

建筑气候区划	I、II、III、VII 气候区		IV 气候区		V、VI 气候区
城市常住人口（万人）	≥ 50	< 50	≥ 50	< 50	无限定
日照标准日	大寒日				冬至日
日照时数（h）	≥ 2		≥ 3		≥ 1
有效日照时间带（h）（当地真太阳时）	8时～16时				9时～15时
计算起点	底层窗台面				

注：底层窗台面是指距室内地坪0.9 m高的外墙位置。

2 统标 6.7.4

住宅、托儿所、幼儿园、中小学及其他少年儿童专用活动场所的栏杆必须采取防止攀爬的构造。当采用垂直杆件做栏杆时，其杆件净间距不应大于 0.11 m。

3 统标 6.8.6

楼梯平台上部及下部过道处的净高不应小于 2.0 m，梯段净高不应小于 2.2 m。

注：梯段净高为自踏步前缘（包括每个梯段最低和最高一级踏步前缘线以外 0.3 m 范围内）量至上方突出物下缘间的垂直高度。

4 统标 6.8.9

托儿所、幼儿园、中小学校及其他少年儿童专用活动场所，当楼梯井净宽大于 0.2 m 时，必须采取防止少年儿童坠落的措施。

5 防规 5.5.29（节选）

住宅建筑的安全疏散距离应符合下列规定：

　　3　户内任一点至直通疏散走道的户门的直线距离不应大于表 5.5.29 规定的袋形走道两侧或尽端的疏散门至最近安全出口的最大直线距离。

注：跃层式住宅，户内楼梯的距离可按其梯段水平投影长度的 1.50 倍计算。

表 5.5.29　住宅建筑直通疏散走道的户门至最近安全出口的直线距离（m）

住宅建筑类别	位于两个安全出口之间的户门			位于袋形走道两侧或尽端的户门		
	一、二级	三级	四级	一、二级	三级	四级
单、多层	40	35	25	22	20	15
高层	40	—	—	20	—	—

注：1 开向敞开式外廊的户门至最近安全出口的最大直线距离可按本表的规定增加 5m。
　　2 直通疏散走道的户门至最近敞开楼梯间的直线距离，当户门位于两个楼梯间之间时，应按本表的规定减少 5 m；当户门位于袋形走道两侧或尽端时，应按本表的规定减少 2 m。
　　3 住宅建筑内全部设置自动喷水灭火系统时，其安全疏散距离可按本表的规定增加 25%。
　　4 跃廊式住宅的户门至最近安全出口的距离，应从户门算起，小楼梯的一段距离可按其水平投影长度的 1.50 倍计算。

6 防规 6.2.5

除本规范另有规定外，建筑外墙上、下层开口之间应设置高度不小于 1.2 m 的实体墙或挑出宽度不小于 1.0 m、长度不小于开口宽度的防火挑檐；当室内设置自动喷水灭火系统时，上、下层开口之间的实体墙高度不应小于 0.8 m。当上、下层开口之间设置实体墙确有困难时，可设置防火玻璃墙，但高层建筑的防火玻璃墙的耐火完整性不应低于 1.00 h，多层建筑的防火玻璃墙的耐火完整性不应低于 0.50 h。外窗的耐火完整性不应低于防火玻璃墙的耐火完整性要求。

　　住宅建筑外墙上相邻户开口之间的墙体宽度不应小于 1.0 m；小于 1.0 m 时，应在开口之间设置突出外墙不小于 0.6 m 的隔板。

　　实体墙、防火挑檐和隔板的耐火极限和燃烧性能，均不应低于相应耐火等级建筑外墙的要求。

7 防规 6.2.6

建筑幕墙应在每层楼板外沿处采取符合本规范第 6.2.5 条规定的防火措施，幕墙与每层楼板、隔墙处的缝隙应采用防火封堵材料封堵。

8 住建 4.1.1

住宅间距，应以满足日照要求为基础，综合考虑采光、通风、消防、防灾、管线埋设、视觉卫生等要求确定。住宅日照标准应符合表 4.1.1 的规定；对于特定情况还应符合下列规定：
　　1 老年人住宅不应低于冬至日日照 2 h 的标准；
　　2 旧区改建的项目内新建住宅日照标准可酌情降低，但不应低于大寒日日照 1 h 的标准。

表 4.1.1 住宅建筑日照标准

建筑气候区划	I、II、III、VII 气候区		IV 气候区		V、VI 气候区
	大城市	中小城市	大城市	中小城市	
日照标准日	大寒日				冬至日
日照时数（h）	≥2		≥3		≥1
有效日照时间带（h）（当地真太阳时）	8～16				9～15
日照时间计算起点	底层窗台面				

注：底层窗台面是指距室内地坪 0.9 m 高的外墙位置。

9 住建 5.1.1
每套住宅应设卧室、起居室（厅）、厨房和卫生间等基本空间。

10 住建 5.1.2
厨房应设置炉灶、洗涤池、案台、排油烟机等设施或预留位置。

11 住建 5.1.3
卫生间不应直接布置在下层住户的卧室、起居室（厅）、厨房、餐厅的上层。卫生间地面和局部墙面应有防水构造。

12 住建 5.1.4
卫生间应设置便器、洗浴器、洗面器等设施或预留位置；布置便器的卫生间的门不应直接开在厨房内。

13 住建 5.1.5
外窗窗台距楼面、地面的净高低于 0.90 m 时，应有防护设施。六层及六层以下住宅的阳台栏杆净高不应低于 1.05 m，七层及七层以上住宅的阳台栏杆净高不应低于 1.10 m。阳台栏杆应有防护措施。防护栏杆的垂直杆件间净距不应大于 0.11 m。

14 住建 5.1.6
卧室、起居室（厅）的室内净高不应低于 2.40 m，局部净高不应低于 2.10 m，局部净高的面积不应大于室内使用面积的 1/3。利用坡屋顶内空间作卧室、起居室(厅)时，其 1/2 使用面积的室内净高不应低于 2.10 m。

15 住建 5.1.7
阳台地面构造应有排水措施。

16 住建 5.3.4
供轮椅通行的走道和通道净宽不应小于 1.20 m。

17 住建 5.4.1
住宅的卧室、起居室（厅）、厨房不应布置在地下室。当布置在半地下室时，必须采取采光、通风、日照、防潮、排水及安全防护措施。

18 住建 7.1.1
住宅应在平面布置和建筑构造上采取防噪声措施。卧室、起居室在关窗状态下的白天允许噪声级为 50 dB（A 声级），夜间允许噪声级为 40 dB（A 声级）。

19 住建 7.1.5
水、暖、电、气管线穿过楼板和墙体时，孔洞周边应采取密封隔声措施。

20 住建 7.2.1
住宅应充分利用外部环境提供的日照条件，每套住宅至少应有一个居住空间能获得冬季日照。

21 住建 7.2.2
卧室、起居室（厅）、厨房应设置外窗，窗地面积比不应小于 1/7。

22 住建 7.2.4
住宅应能自然通风，每套住宅的通风开口面积不应小于地面面积的 5%。

23 住建 7.4.1
住宅室内空气污染物的活度和浓度应符合表 7.4.1 的规定。

表 7.4.1　住宅室内空气污染物限值

污染物名称	活度、浓度限值
氡	≤ 200 Bq/m³
游离甲醛	≤ 0.08 mg/m³
苯	≤ 0.09 mg/m³
氨	≤ 0.2 mg/m³
总挥发性有机化合物（TVOC）	≤ 0.5 mg/m³

24 住建 8.2.7
住宅厨房和卫生间的排水立管应分别设置。排水管道不得穿越卧室。

25 住建 8.2.8
设有淋浴器和洗衣机的部位应设置地漏，其水封深度不得小于 50 mm。构造内无存水弯的卫生器具与生活排水管道连接时，在排水口以下应设存水弯，其水封深度不得小于 50 mm。

26 住建 8.3.6
厨房和无外窗的卫生间应有通风措施，且应预留安装排风机的位置和条件。

27 住建 8.4.4
套内的燃气设备应设置在厨房或与厨房相连的阳台内。

28 住建 8.4.9
住宅内各类用气设备排出的烟气必须排至室外。多台设备合用一个烟道时不得相互干扰。厨房燃具排气罩排出的油烟不得与热水器或采暖炉排烟合用一个烟道。

29 住建 9.1.2
住宅建筑中相邻套房之间应采取防火分隔措施。

30 住设 5.1.1
住宅应按套型设计，每套住宅应设卧室、起居室（厅）、厨房和卫生间等基本功能空间。

31 住设 5.3.3
厨房应设置洗涤池、案台、炉灶及排油烟机、热水器等设施或为其预留位置。

32 住设 5.4.4
卫生间不应直接布置在下层住户的卧室、起居室（厅）、厨房和餐厅的上层。

33 住设 5.5.2
卧室、起居室（厅）的室内净高不应低于 2.40 m，局部净高不应低于 2.10 m，且局部净高的室内面积不应大于室内使用面积的 1/3。

34 住设 5.5.3
利用坡屋顶内空间作卧室、起居室（厅）时，至少有 1/2 的使用面积的室内净高不应低于 2.10 m。

| 35 | 住设 5.6.2
阳台栏杆设计必须采用防止儿童攀登的构造,栏杆的垂直杆件间净距不应大于 0.11 m,放置花盆处必须采取防坠落措施。

| 36 | 住设 5.6.3
阳台栏板或栏杆净高,六层及六层以下不应低于 1.05 m;七层及七层以上不应低于 1.10 m。

| 37 | 住设 5.8.1
窗外没有阳台或平台的外窗,窗台距楼面、地面的净高低于 0.90 m 时,应设置防护设施。

| 38 | 住设 6.6.4
供轮椅通行的走道和通道净宽不应小于 1.20 m。

| 39 | 住设 6.9.1
卧室、起居室(厅)、厨房不应布置在地下室;当布置在半地下室时,必须对采光、通风、日照、防潮、排水及安全防护采取措施,并不得降低各项指标要求。

| 40 | 住设 7.1.1
每套住宅应至少有一个居住空间能获得冬季日照。

| 41 | 住设 7.1.3
卧室、起居室(厅)、厨房应有直接天然采光。

| 42 | 住设 7.1.5
卧室、起居室(厅)、厨房的采光窗洞口的窗地面积比不应低于 1/7。

| 43 | 住设 7.2.1
卧室、起居室(厅)、厨房应有自然通风。

| 44 | 住设 7.2.3
每套住宅的自然通风开口面积不应小于地面面积的 5%。

| 45 | 住设 7.3.1
卧室、起居室(厅)内噪声级,应符合下列规定:
1 昼间卧室内的等效连续 A 声级不应大于 45 dB;
2 夜间卧室内的等效连续 A 声级不应大于 37 dB;
3 起居室(厅)的等效连续 A 声级不应大于 45 dB。

| 46 | 住设 7.5.3
住宅室内空气污染物的活度和浓度应符合表 7.5.3 的规定。

表 7.5.3　住宅室内空气污染物限值

污 染 物 名 称	活度、浓度限值
氡	≤200（Bq/m^3）
游离甲醛	≤0.08（mg/m^3）
苯	≤0.09（mg/m^3）
氨	≤0.2（mg/m^3）
TVOC	≤0.5（mg/m^3）

| 47 | 住设 8.2.6
厨房和卫生间的排水立管应分别设置。排水管道不得穿越卧室。

48 住设 8.4.3
燃气设备的设置应符合下列规定：
1 燃气设备严禁设置在卧室内；
2 严禁在浴室内安装直接排气式、半密闭式燃气热水器等在使用空间内积聚有害气体的加热设备；
3 户内燃气灶应安装在通风良好的厨房、阳台内；
4 燃气热水器等燃气设备应安装在通风良好的厨房、阳台内或其他非居住房间。

49 住设 8.5.3
无外窗的暗卫生间，应设置防止回流的机械通风设施或预留机械通风设置条件。

50 隔声 4.1.1
卧室、起居室（厅）内的噪声级，应符合表 4.1.1 的规定。

表 4.1.1 卧室、起居室（厅）内的允许噪声级

房间名称	允许噪声级（A 声级，dB）	
	昼间	夜间
卧室	≤ 45	≤ 37
起居室（厅）	≤ 45	

51 隔声 4.2.1
分户墙、分户楼板及分隔住宅和非居住用途空间楼板的空气声隔声性能，应符合表 4.2.1 的规定。

表 4.2.1 分户构件空气声隔声标准

构件名称	空气声隔声单值评价量 + 频谱修正量（dB）	
分户墙、分户楼板	计权隔声量 + 粉红噪声频谱修正量 R_W+C	> 45
分隔住宅和非居住用途空间的楼板	计权隔声量 + 交通噪声频谱修正量 R_W+C_{tr}	> 51

52 隔声 4.2.2
相邻两户房间之间及住宅和非居住用途空间分隔楼板上下的房间之间的空气声隔声性能，应符合表 4.2.2 的规定。

表 4.2.2 房间之间空气声隔声标准

房间名称	空气声隔声单值评价量 + 频谱修正量（dB）	
卧室、起居室（厅）与邻户房间之间	计权标准化声压级差 + 粉红噪声频谱修正量 $D_{nt,w}+C$	≥ 45
住宅和非居住用途空间分隔楼板上下的房间之间	计权标准化声压级差 + 交通噪声频谱修正量 $D_{nt,w}+C_{tr}$	≥ 51

53 隔声 4.2.5
外窗（包括未封闭阳台的门）的空气声隔声性能，应符合表 4.2.5 的规定。

表 4.2.5 外窗（包括未封闭阳台的门）的空气声隔声标准

构件名称	空气声隔声单值评价量 + 频谱修正量（dB）	
交通干线两侧卧室、起居室（厅）的窗	计权隔声量 + 交通噪声频谱修正量 R_W+C_{tr}	≥ 30
其他窗	计权隔声量 + 交通噪声频谱修正量 R_W+C_{tr}	≥ 25

54 采光 4.0.1
住宅建筑的卧室、起居室（厅）、厨房应有直接采光。

55 采光 4.0.2
住宅建筑的卧室、起居室（厅）的采光不应低于采光等级Ⅳ级的采光标准值，侧面采光的采光系数不应低于 2.0%，室内天然光照度不应低于 300lx。

2.2 首层
2.2.1 公共部分

扫描进入建识网

表4-4 首层公共部分涉及的强条条款

序号	关键信息	出处	使用指引	附图
1	—	防规 5.4.10	（2）住宅部分与非住宅部分的安全出口分别设置	—
2	—	防规 5.5.29	（2）楼梯间在首层设置的规定	图4-21
3	—	防规 6.4.2	（4）封闭楼梯间在首层设置的规定	—
4	—	防规 6.4.3	（6）防烟楼梯间在首层设置的规定	—
5	登高场地	防规 7.2.3	直通室外的楼梯或直通楼梯间的入口的规定	—
6	—	无障碍 3.7.3	（3、5）升降平台的规定	—
7	1部	无障碍 8.1.4	建筑内设有电梯时，至少应设置1部无障碍电梯	—
8	1.5 m	住建 4.3.3	通行轮椅车的坡道宽度的规定	—
9	—	住建 5.2.1	走廊与公共通道的净高要求	—
10	—	住建 5.2.4	住宅出入口设置的规定	图4-21
11	卫生间	住建 5.2.6	住宅建筑管理人员室的要求	图4-22
12	—	住建 5.3.1	七层及七层以上的住宅应进行无障碍设计的部位	—
13	0.80 m 0.50 m	住建 5.3.2	建筑入口及入口平台的无障碍设计的规定	—

续表

序号	关键信息	出处	使用指引	附图
14	2.00 m	住建 5.3.3	七层及七层以上住宅入口平台宽度的规定	-
15	1.20 m	住建 5.3.4	轮椅通道的净宽要求	-
16	-	住建 9.1.3	住宅与其他功能的安全出口和疏散楼梯应独立设置	-
17	-	住建 9.4.4	住宅建筑楼梯、电梯应采取防火分隔措施的规定	-
18	-	住建 9.5.1	（4）住宅建筑设置安全出口规定	-
19	15 m	住建 9.5.3	楼梯间首层对外出口的规定	-
20	-	住建 9.5.4	住宅建筑楼梯间应采用不燃性材料	-
21	0.90 m	住设 6.1.1	共用部分外窗应设置防护设施	-
22	0.70 m 1.05 m	住设 6.1.2	入口台阶防护的规定	图4-23
23	1.05 m 1.10 m 0.11 m	住设 6.1.3	临空栏杆的规定，可参照住建 5.2.2 执行	-
24	2 个	住设 6.2.1	＜10F 的住宅建筑每层安全出口不应少于 2 个的条件	-
25	7 层	住设 6.4.1	住宅建筑设置电梯的条件	-
26	卧室	住设 6.4.7	电梯紧邻房间的规定	-
27	防坠落措施	住设 6.5.2	公共出入口防坠落措施	-
28	-	住设 6.6.1	同本表第12项住建5.3.1	-
29	0.80 m 0.50 m	住设 6.6.2	同本表第13项住建5.3.2	-

续表

序号	关键信息	出处	使用指引	附图
30	2.00 m 1.50 m	住设6.6.3	住宅入口平台宽度的规定	—
31	1.20 m	住设6.6.4	供供轮椅通行的走道和通道净宽不应小于1.20 m	—
32	信报箱	住设6.7.1	新建住宅应每套配套设置信报箱	—
33	乙级防火门	住设6.9.6	直通住宅单元地下楼、电梯间入口处应设置乙级防火门的规定	—
34	—	住设6.10.4	住宅公共出入口的设置	—

图 4-21 | 前室出入口设置的规定图示

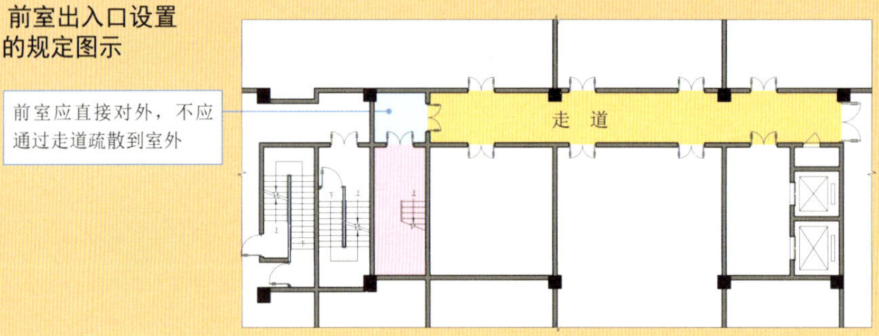

前室应直接对外，不应通过走道疏散到室外

走道

图 4-22 | 住宅建筑管理人员室的要求

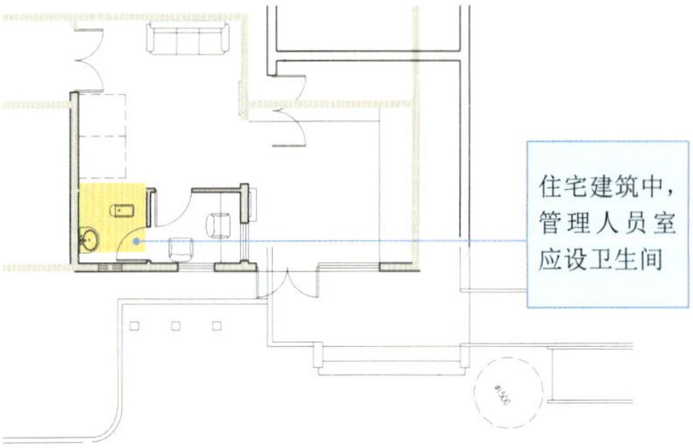

住宅建筑中，管理人员室应设卫生间

图 4-23 | 入口台阶防护的规定

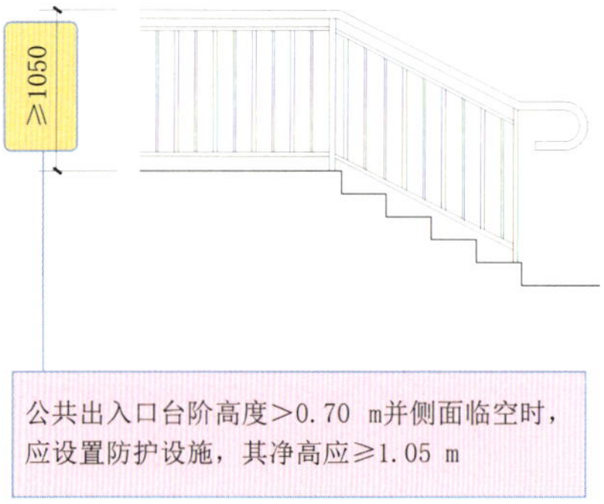

≥1050

公共出入口台阶高度＞0.70 m并侧面临空时，应设置防护设施，其净高应≥1.05 m

规范原文摘录

1 防规 5.4.10（节选）

除商业服务网点外，住宅建筑与其他使用功能的建筑合建时，应符合下列规定：

2 住宅部分与非住宅部分的安全出口和疏散楼梯应分别独立设置；为住宅部分服务的地上车库应设置独立的疏散楼梯或安全出口，地下车库的疏散楼梯应按本规范第6.4.4条的规定进行分隔。

| 2 | 防规 5.5.29（节选） |

住宅建筑的安全疏散距离应符合下列规定：
2 楼梯间应在首层直通室外，或在首层采用扩大的封闭楼梯间或防烟楼梯间前室。层数不超过四层时，可将直通室外的门设置在离楼梯间不大于 15 m 处。

| 3 | 防规 6.4.2（节选） |

封闭楼梯间除应符合本规范第 6.4.1 条的规定外，尚应符合下列规定：
4 楼梯间的首层可将走道和门厅等包括在楼梯间内形成扩大的封闭楼梯间，但应采用乙级防火门等与其他走道和房间分隔。

| 4 | 防规 6.4.3（节选） |

防烟楼梯间除应符合本规范第 6.4.1 条的规定外，尚应符合下列规定：
6 楼梯间的首层可将走道和门厅等包括在楼梯间前室内形成扩大的前室，但应采用乙级防火门等与其他走道和房间分隔。

| 5 | 防规 7.2.3 |

建筑物与消防车登高操作场地相对应的范围内，应设置直通室外的楼梯或直通楼梯间的入口。

| 6 | 无障碍 3.7.3（节选） |

升降平台应符合下列规定：
3 垂直升降平台的基坑应采用防止误入的安全防护措施；
5 垂直升降平台的传送装置应有可靠的安全防护装置。

| 7 | 无障碍 8.1.4 |

建筑内设有电梯时，至少应设置 1 部无障碍电梯。

| 8 | 住建 4.3.3 |

无障碍通路应贯通，并应符合下列规定：
1 坡道的坡度应符合表 4.3.3 的规定。

表 4.3.3 坡道的坡度

高度（m）	1.50	1.00	0.75
坡度	≤1:20	≤1:16	≤1:12

2 人行道在交叉路口、街坊路口、广场入口处应设缘石坡道，其坡面应平整，且不应光滑。坡度应小于1:20，坡宽应大于 1.2 m。
3 通行轮椅车的坡道宽度不应小于 1.5 m。

| 9 | 住建 5.2.1 |

走廊和公共部位通道的净宽不应小于 1.20 m，局部净高不应低于 2.00 m。

| 10 | 住建 5.2.4 |

住宅与附建公共用房的出入口应分开布置。住宅的公共出入口位于阳台、外廊及开敞楼梯平台的下部时，应采取防止物体坠落伤人的安全措施。

| 11 | 住建 5.2.6 |

住宅建筑中设有管理人员室时，应设管理人员使用的卫生间。

| 12 | 住建 5.3.1 |

七层及七层以上的住宅，应对下列部位进行无障碍设计：
1 建筑入口；
2 入口平台；
3 候梯厅；
4 公共走道；
5 无障碍住房。

| 13 | 住建 5.3.2 |

建筑入口及入口平台的无障碍设计应符合下列规定：
1 建筑入口设台阶时，应设轮椅坡道和扶手；
2 坡道的坡度应符合表5.3.2的规定；

表5.3.2　　坡道的坡度

高度（m）	1.00	0.75	0.60	0.35
坡　道	≤1:16	≤1:12	≤1:10	≤1:8

　　3 供轮椅通行的门净宽不应小于0.80 m；
　　4 供轮椅通行的推拉门和平开门，在门把手一侧的墙面，应留有不小于0.50 m的墙面宽度；
　　5 供轮椅通行的门扇，应安装视线观察玻璃、横执把手和关门拉手，在门扇的下方应安装高0.35m的护门板；
　　6 门槛高度及门内外地面高差不应大于15 mm，并应以斜坡过渡。

14 住建 5.3.3
　　七层及七层以上住宅建筑入口平台宽度不应小于2.00 m。

15 住建 5.3.4
　　供轮椅通行的走道和通道净宽不应小于1.20 m。

16 住建 9.1.3
　　当住宅与其他功能空间处于同一建筑内时，住宅部分与非住宅部分之间应采取防火分隔措施，且住宅部分的安全出口和疏散楼梯应独立设置。
　　经营、存放和使用火灾危险性为甲、乙类物品的商店、作坊和储藏间，严禁附设在住宅建筑中。

17 住建 9.4.4
　　当住宅建筑中的楼梯、电梯直通住宅楼层下部的汽车库时，楼梯、电梯在汽车库出入口部位应采取防火分隔措施。

18 住建 9.5.1（节选）
　　住宅建筑应根据建筑的耐火等级、建筑层数、建筑面积、疏散距离等因素设置安全出口，并应符合下列要求：
　　4 安全出口应分散布置，两个安全出口之间的距离不应小于 5 m；

19 住建 9.5.3
　　住宅建筑的楼梯间形式应根据建筑形式、建筑层数、建筑面积以及套房户门的耐火等级等因素确定。在楼梯间的首层应设置直接对外的出口，或将对外出口设置在距离楼梯间不超过15 m处。

20 住建 9.5.4
　　住宅建筑楼梯间顶棚、墙面和地面均应采用不燃性材料。

21 住设 6.1.1
　　楼梯间、电梯厅等共用部分的外窗，窗外没有阳台或平台，且窗台距楼面、地面的净高小于0.90 m时，应设置防护设施。

22 住设 6.1.2
　　公共出入口台阶高度超过0.70 m并侧面临空时，应设置防护设施，防护设施净高不应低于1.05 m。

23 住设 6.1.3
　　外廊、内天井及上人屋面等临空处的栏杆净高，六层及六层以下不应低于1.05 m，七层及七层以上不应低于1.10 m。防护栏杆必须采用防止儿童攀登的构造，栏杆的垂直杆件间净距不应大于0.11 m。放置花盆处必须采取防坠落措施。

24 住设 6.2.1
　　十层以下的住宅建筑，当住宅单元任意一层的建筑面积大于 650 m^2，或任一套房的户门至安全出口的距离大于 15 m 时，该住宅单元每层的安全出口不应少于 2 个。

25 住设 6.4.1
　　属下列情况之一时，必须设置电梯：
　　1 七层及七层以上住宅或住户入口层楼面距室外设计地面的高度超过 16 m 时；
　　2 底层作为商店或其他用房的六层及六层以下住宅，其住户入口层楼面距该建筑物的室外设计地面高度超过 16 m 时；

    3 底层做架空层或贮存空间的六层及六层以下住宅,其住户入口层楼面距该建筑物的室外设计地面高度超过16 m时。
    4 顶层为两层一套的跃层住宅时,跃层部分不计层数,其顶层住户入口层楼面距该建筑物室外设计地面的高度超过16m时。

26 住设 6.4.7
电梯不应紧邻卧室布置。当受条件限制,电梯不得不紧邻兼起居的卧室布置时,应采取隔声、减震的构造措施。

27 住设 6.5.2
位于阳台、外廊及开敞楼梯平台下部的公共出入口,应采取防止物体坠落伤人的安全措施。

28 住设 6.6.1
七层及七层以上的住宅,应对下列部位进行无障碍设计:
1 建筑入口;
2 入口平台;
3 候梯厅;
4 公共走道。

29 住设 6.6.2
住宅入口及入口平台的无障碍设计应符合下列规定:
1 建筑入口设台阶时,应同时设置轮椅坡道和扶手;
2 坡道的坡度应符合表6.6.2的规定;

表6.6.2 坡道的坡度

坡 度	1:20	1:16	1:12	1:10	1:8
最大高度(m)	1.50	1.00	0.75	0.60	0.35

3 供轮椅通行的门净宽不应小于0.8 m;
4 供轮椅通行的推拉门和平开门,在门把手一侧的墙面,应留有不小于0.5 m的墙面宽度;
5 供轮椅通行的门扇,应安装视线观察玻璃、横执把手和关门拉手,在门扇的下方应安装高0.35m的护门板;
6 门槛高度及门内外地面高差不应大于0.015 m,并应以斜坡过渡。

30 住设 6.6.3
七层及七层以上住宅建筑入口平台宽度不应小于2.00 m,七层以下住宅建筑入口平台宽度不应小于1.50 m。

31 住设 6.6.4
供轮椅通行的走道和通道净宽不应小于1.20 m。

32 住设 6.7.1
新建住宅应每套配套设置信报箱。

33 住设 6.9.6
直通住宅单元的地下楼、电梯间入口处应设置乙级防火门,严禁利用楼、电梯间为地下车库进行自然通风。

34 住设 6.10.4
住户的公共出入口与附建公共用房的出入口应分开布置。

2.2.2 户内部分

首层平面涉及的户内部分,详见本节"2.1.2 户内部分"相关内容。

2.3 屋顶层

表4-5 屋顶层平面涉及的强条条款

序号	关键信息	出处	使用指引	附图
1	0.11 m	统标 6.7.4	栏杆杆件净间距尺寸的规定	图4-24
2	-	防规 5.1.4	建筑高度大于100 m的民用建筑楼板的耐火极限规定	图4-25
3	-	防规 5.5.26	建筑高度大于27 m，但不大于54 m的住宅疏散楼梯的要求	
4	-	防规 7.3.6	消防电梯井、机房与相邻电梯井、机房之间设置墙、门的要求	图4-26

图 4-24 │ 上人屋面栏杆高度的规定

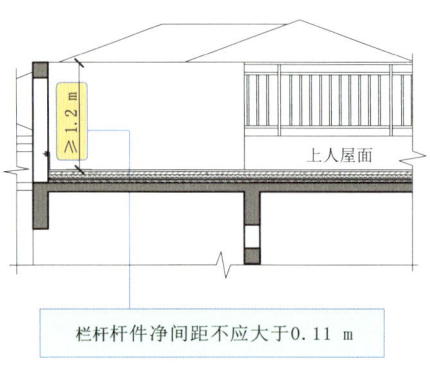

栏杆杆件净间距不应大于0.11 m

图 4-25 │ 建筑高度大于100 m的要求

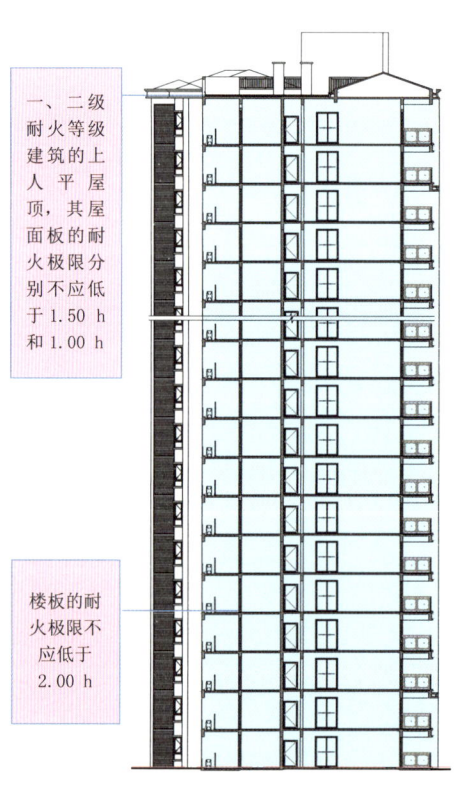

一、二级耐火等级建筑的上人平屋顶，其屋面板的耐火极限分别不应低于1.50 h和1.00 h

楼板的耐火极限不应低于2.00 h

图 4-26 │ 消防电梯井的规定

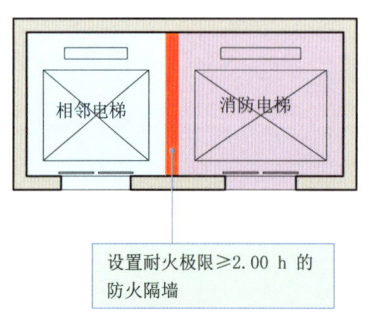

设置耐火极限≥2.00 h的防火隔墙

规范原文摘录

1 统标 6.7.4
住宅、托儿所、幼儿园、中小学及其他少年儿童专用活动场所的栏杆必须采取防止攀爬的构造。当采用垂直杆件做栏杆时，其杆件净间距不应大于 0.11 m。

2 防规 5.1.4
建筑高度大于 100 m 的民用建筑，其楼板的耐火极限不应低于 2.00 h。
一、二级耐火等级建筑的上人平屋顶，其屋面板的耐火极限分别不应低于 1.50 h 和 1.00 h。

3 防规 5.5.26
建筑高度大于 27 m，但不大于 54 m 的住宅建筑，每个单元设置一座疏散楼梯时，疏散楼梯应通至屋面，且单元之间的疏散楼梯应能通过屋面连通，户门应采用乙级防火门。当不能通至屋面或不能通过屋面连通时，应设置 2 个安全出口。

4 防规 7.3.6
消防电梯井、机房与相邻电梯井、机房之间应设置耐火极限不低于 2.00 h 的防火隔墙，隔墙上的门应采用甲级防火门。

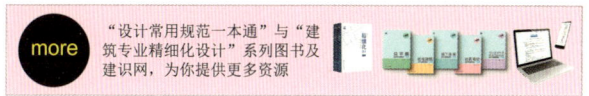

2.4 避难层

表4-6需要与本章表4-2**结合起来**一同使用。

表4-6 避难层平面涉及的强条条款

序号	关键信息	出处	使用指引	附图
1	50 m 甲级防火门 乙级防火窗	防规 5.5.23	避难层（间）的规定	图4-27
2	>100 m	防规 5.5.31	住宅建筑设置避难层的要求	—
3	—	防规 8.5.1	（3）避难层（间）应设置防烟设施的规定	
4	2% 2.0 m²	防排烟 3.2.3	采用自然通风方式的避难层（间）外窗设置的规定	

图 4-27 │ 避难层（间）的规定

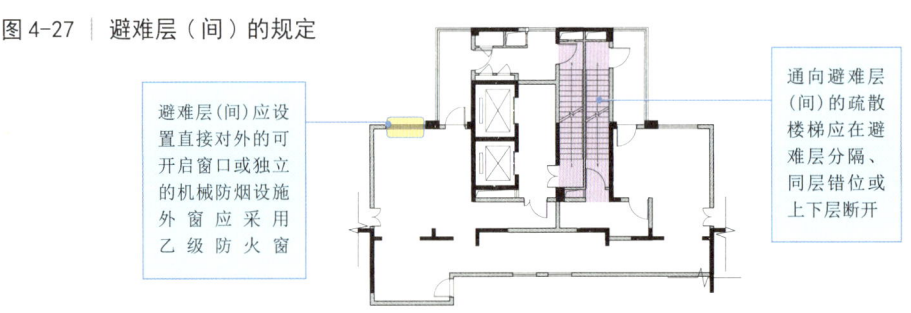

规范原文摘录

1 防规 5.5.23

建筑高度大于100 m的公共建筑，应设置避难层（间）。避难层（间）应符合下列规定：

1 第一个避难层(间)的楼地面至灭火救援场地地面的高度不应大于50 m，两个避难层(间)之间的高度不宜大于50 m。
2 通向避难层(间)的疏散楼梯应在避难层分隔、同层错位或上下层断开。
3 避难层(间)的净面积能满足设计避难人数避难的要求，并宜按5.0人／m²计算。
4 避难层可兼作设备层。设备管道宜集中布置，其中的易燃、可燃液体或气体管道应集中布置，设备管道区应采用耐火极限不低于3.00 h的防火隔墙与避难区分隔。管道井和设备间应采用耐火极限不低于2.00 h的防火隔墙与避难区分隔，管道井和设备间的门不应直接开向避难区；确需直接开向避难区时，与避难区出入口的距离不应小于5 m，且应采用甲级防火门。
避难间内不应设置易燃、可燃液体或气体管道，不应开设除外窗、疏散门之外的其他开口。
5 避难层应设置消防电梯出口。
6 应设置消火栓和消防软管卷盘。
7 应设置消防专线电话和应急广播。
8 在避难层(间)进入楼梯间的入口处和疏散楼梯通向避难层(间)的出口处，应设置明显的指示标志；
9 应设置直接对外的可开启窗口或独立的机械防烟设施，外窗应采用乙级防火窗。

2 防规 5.5.31
建筑高度大于100 m的住宅建筑应设置避难层，避难层的设置应符合本规范第5.5.23条有关避难层的要求。

3 防规 8.5.1（节选）
建筑的下列场所或部位应设置防烟设施：
  3 避难走道的前室、避难层（间）。

4 防排烟 3.2.3
采用自然通风方式的避难层（间）应设有不同朝向的可开启外窗，其有效面积不应小于该避难层（间）地面面积的2%，且每个朝向的面积不应小于 2.0 m^2。

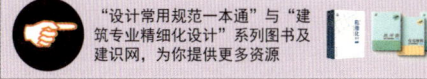

3 建筑构造
3.1 通用规定

本节各表需要与表 4-7 **结合起来**一同使用。

扫描进入建识网

表 4-7 建筑构造通用规定涉及的强条条款

序号	关键信息	出处	使用指引	附图
1	–	防规 5.4.10	（1）住宅建筑与其他使用功能的建筑合建的规定	–
2	–	防规 5.4.11	住宅建筑设置商业服务网点时的规定	图4-28
3	–	防规 6.2.6	玻璃幕墙层间防火的规定	–
4	–	防规 6.2.7	附设在建筑内的各设备房间防火分隔的规定	–
5	–	防规 6.2.9	（1~3）对电梯与设备井道的构造规定	–
6	–	防规 11.0.9	管道、电气线路敷设在墙体内或穿过楼板、墙体时填塞密实规定	–
7	–	住建 3.1.12	防止外墙玻璃与装饰及设施坠落措施的规定	–
8	–	住建 7.3.1	防止雨水与冰雪侵入室内的规定	–
9	–	住建 7.3.2	对屋面与外墙内表面不得结露的规定	–
10	防火分隔	住建 9.1.2	相邻套房应采取防火分隔的规定	–
11	0.8 m 0.5 m	住建 9.4.1	对住宅建筑上下相邻套房开口部位的要求	–
12	–	住建 9.5.4	住宅建筑楼梯间应采用不燃性材料	–
13	45 dB	住设 7.3.1	卧室、起居室（厅）内噪声级的规定	–
14	–	住设 7.4.1	住宅地面应有防止雨雪水浸入室内的措施	–
15	不应结露	住设 7.4.2	住宅的屋面和外墙的内表面在设计的室内温度、湿度时不应出现结露	–
16	–	住内防水 4.1.2	住宅室内防水工程不得使用溶剂型防水涂料	–

续表

序号	关键信息	出处	使用指引	附图
17	—	住内防水 5.2.1	卫生间、浴室墙面应设防水层的规定	—
18	—	住内防水 5.2.4	排水立管与厨房地漏不应穿越下层住户的居室的规定	—

图 4-28 | 住宅商业服务网点的规定图示

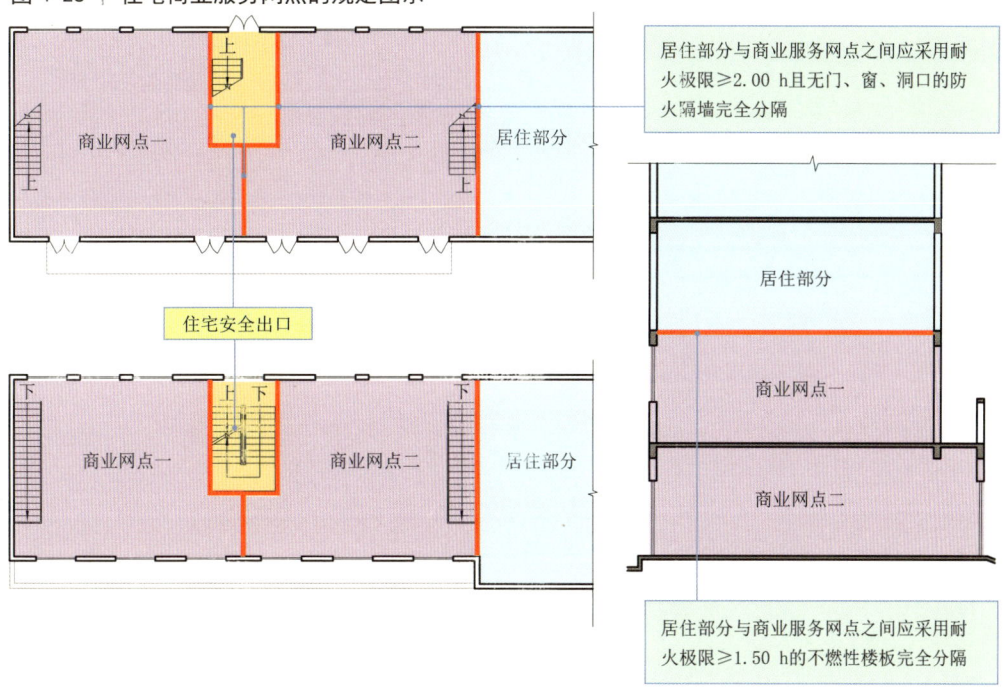

规范原文摘录

1 防规 5.4.10（节选）

除商业服务网点外，住宅建筑与其他使用功能的建筑合建时，应符合下列规定：

1 住宅部分与非住宅部分之间，应采用耐火极限不低于 2.00 h 且无门、窗、洞口的防火隔墙和 1.50 h 的不燃性楼板完全分隔；当为高层建筑时，应采用无门、窗、洞口的防火墙和耐火极限不低于 2.00 h 的不燃性楼板完全分隔。建筑外墙上、下层开口之间的防火措施应符合本规范第 6.2.5 条的规定；

2 防规 5.4.11

设置商业服务网点的住宅建筑，其居住部分与商业服务网点之间应采用耐火极限不低于 2.00 h 且无门、窗、洞口的防火隔墙和 1.50 h 的不燃性楼板完全分隔，住宅部分和商业服务网点部分的安全出口和疏散楼梯应分别独立设置。

商业服务网点中每个分隔单元之间应采用耐火极限不低于 2.00 h 且无门、窗、洞口的防火隔墙相互分隔，当每个分隔单元任一层建筑面积大于 200 m² 时，该层应设置 2 个安全出口或疏散门。每个分隔单元内的任一点至最近直通室外的出口的直线距离不应大于本规范表 5.5.17 中有关多层其他建筑位于袋形走道两侧或尽端的疏散门至最近安全出口的最大直线距离。

注：室内楼梯的距离可按其水平投影长度的 1.50 倍计算。

3 防规 6.2.6
建筑幕墙应在每层楼板外沿处采取符合本规范第6.2.5条规定的防火措施，幕墙与每层楼板、隔墙处的缝隙应采用防火封堵材料封堵。

4 防规 6.2.7
附设在建筑内的消防控制室、灭火设备室、消防水泵房和通风空气调节机房、变配电室等，应采用耐火极限不低于2.00 h的防火隔墙和1.50 h的楼板与其他部位分隔。

设置在丁、戊类厂房内的通风机房，应采用耐火极限不低于1.00 h的防火隔墙和0.50 h的楼板与其他部位分隔。

通风、空气调节机房和变配电室开向建筑内的门应采用甲级防火门，消防控制室和其他设备房开向建筑内的门应采用乙级防火门。

5 防规 6.2.9（节选）
建筑内的电梯井等竖井应符合下列规定：

1 电梯井应独立设置，井内严禁敷设可燃气体和甲、乙、丙类液体管道，不应敷设与电梯无关的电缆、电线等。电梯井的井壁除设置电梯门、安全逃生门和通气孔洞外，不应设置其他开口。

2 电缆井、管道井、排烟道、排气道、垃圾道等竖向井道，应分别独立设置。井壁的耐火极限不应低于1.00 h，井壁上的检查门应采用丙级防火门。

3 建筑内的电缆井、管道井应在每层楼板处采用不低于楼板耐火极限的不燃材料或防火封堵材料封堵。

建筑内的电缆井、管道井与房间、走道等相连通的孔隙应采用防火封堵材料封堵。

6 防规 11.0.9
管道、电气线路敷设在墙体内或穿过楼板、墙体时，应采取防火保护措施，与墙体、楼板之间的缝隙应采用防火封堵材料填塞密实。

住宅建筑内厨房的明火或高温部位及排油烟管道等，应采用防火隔热措施。

7 住建 3.1.12
住宅应采取防止外窗玻璃、外墙装饰及其他附属设施等坠落或坠落伤人的措施。

8 住建 7.3.1
住宅的屋面、外墙、外窗应能防止雨水和冰雪融化水侵入室内。

9 住建 7.3.2
住宅屋面和外墙的内表面在室内温、湿度设计条件下不应出现结露。

10 住建 9.1.2
住宅建筑中相邻套房之间应采取防火分隔措施。

11 住建 9.4.1
住宅建筑上下相邻套房开口部位间应设置高度不低于0.8 m的窗槛墙或设置耐火极限不低于1.00 h的不燃性实体挑檐，其出挑宽度不应小于0.5 m，长度不应小于开口宽度。

12 住建 9.5.4
住宅建筑楼梯间顶棚、墙面和地面均应采用不燃性材料。

13 住设 7.3.1
卧室、起居室（厅）内噪声级，应符合下列规定：

1 昼间卧室内的等效连续A声级不应大于45 dB；
2 夜间卧室内的等效连续A声级不应大于37 dB；
3 起居室（厅）的等效连续A声级不应大于45 dB。

14 住设 7.4.1
住宅的屋面、地面、外墙、外窗应采取防止雨水和冰雪融化水侵入室内的措施。

15 住设 7.4.2
住宅的屋面和外墙的内表面在设计的室内温度、湿度条件下不应出现结露。

16 住内防水 4.1.2
住宅室内防水工程不得使用溶剂型防水涂料。

17 住内防水 5.2.1
卫生间、浴室的楼、地面应设置防水层,墙面、顶棚应设置防潮层,门口应有阻止积水外溢的措施。

18 住内防水 5.2.4
排水立管不应穿越下层住户的居室;当厨房设有地漏时,地漏的排水支管不应穿过楼板进入下层住户的居室。

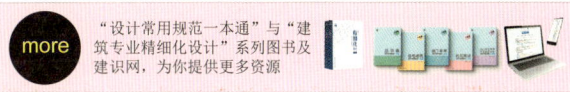

3.2 墙体

表 4-8 墙体涉及的强条条款

序号	关键信息	出处	使用指引	附图
1	—	防规 6.1.1	防火墙的设置要求	—
2	4.0 m	防规 6.1.2	防火墙与天窗的距离	—
3	甲级防火门窗	防规 6.1.5	防火墙上门窗洞口开设及穿管条件	—
4	—	防规 6.1.7	防火墙的构造要求	—
5	—	防规 6.2.4	防火隔墙的设置要求	图4-31
6	1.0 m 0.6 m	防规 6.2.5	住宅建筑外墙上下层、相邻户实体防火要求	图4-29
7	—	防规 6.2.6	建筑幕墙的防火措施的规定	—
8	—	防规 6.2.9	（1、2、3）对电梯与设备井道的构造规定	—
9	—	住建 6.2.5	砌块及砌筑砂浆强度等级要求	—
10	45 dB	住建 7.1.3	空气声计权隔声量的标准	—
11	1.0 m	住建 9.4.2	楼梯间窗口与套房窗口最近边缘水平间距的要求	图4-30
12	45 dB	住设 7.3.2	（1）分户墙空气声隔声标准	—
13	—	住设 7.4.1	住宅地面应有防止雨雪水浸入室内的措施	—
14	不应结露	住设 7.4.2	住宅的屋面和外墙的内表面在设计的室内温度、湿度时不应出现结露	—
15	—	墙体 3.1.4	墙体不应采用非蒸压硅酸盐砖（砌块）及非蒸压加气混凝土制品	—
16	—	墙体 3.1.5	应用氯氧镁墙材制品时的规定	—
17	—	墙体 3.2.1	（1）非烧结含孔块材的孔洞率、壁及肋厚度的要求	—

续表

序号	关键信息	出处	使用指引	附图
18	-	墙体 3.2.2	（1、2）块体材料的最低强度等级	-
19	-	墙体 3.4.1	抗冻性要求的墙体时，砂浆应进行冻融试验，其抗冻性能应与墙体块材相同	-
20	-	墙体 4.1.8	不得采用含有石棉纤维、未经防腐和防虫蛀处理的植物纤维墙体材料	-
21	-	墙体 6.1.9	外保温复合墙的饰面层选用非薄抹灰的规定	-
22	防裂	墙体 6.1.10	内保温复合墙与梁、柱相接触部位，应采取防裂措施	-
23	-	防带 3.0.4	防火隔离带与基层墙体的安装要求	-
24	A级	防带 3.0.6	建筑外墙外保温防火隔离带保温材料的燃烧性能等级应为A级	-
25	耐候密封胶	外墙砖 4.0.4	外墙饰面砖伸缩缝采取耐候密封胶的规定	-
26	防水与排水	外墙砖 4.0.8	窗台檐口装饰线等凹凸部位采用防水与排水的构造	-
27	20 m 1.0 m²	金石幕 5.5.2	钢销式石材幕墙高度不宜大于20 m，石板面积不宜大于1.0 m²	-

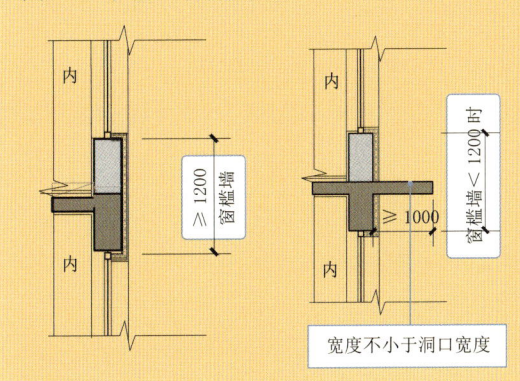

图 4-29 防火墙设置要求

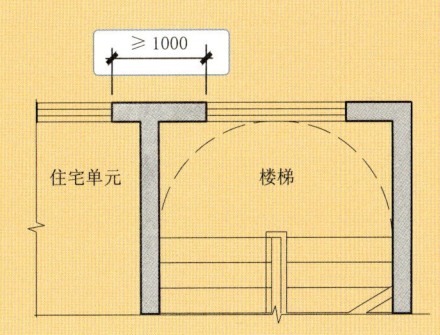

图 4-30 楼梯间窗口与套房窗口最近边缘间距示意

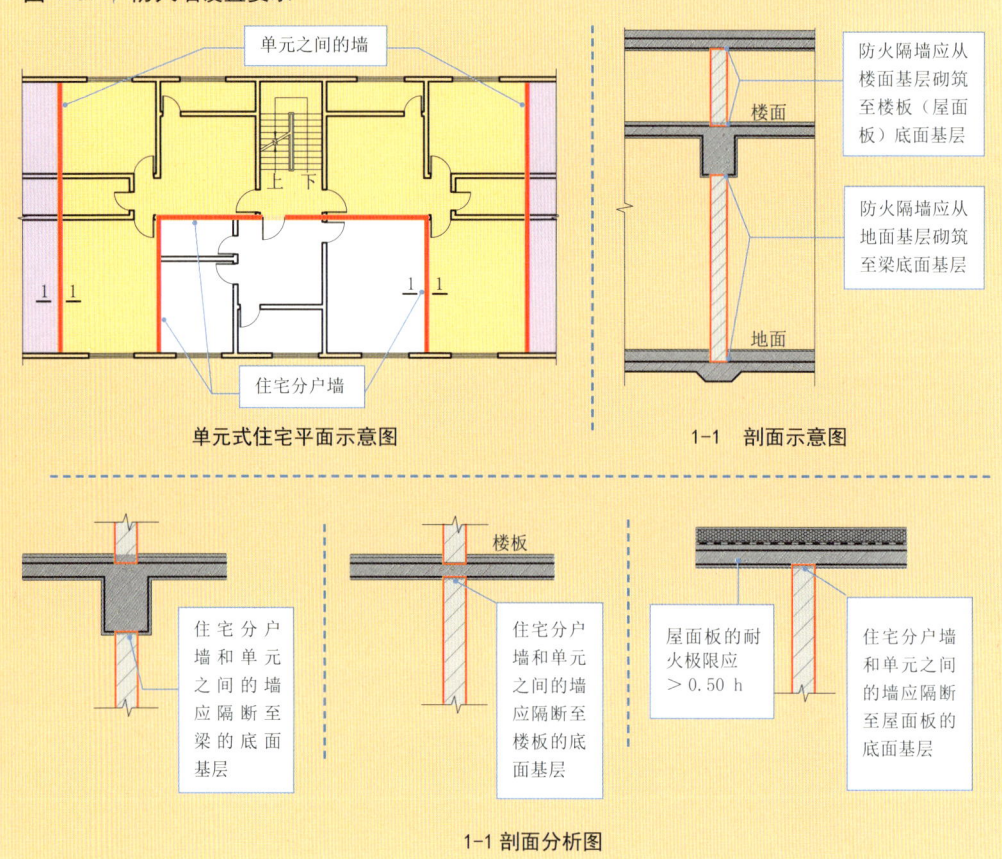

图 4-31 防火墙设置要求

规范原文摘录

1 防规 6.1.1

防火墙应直接设置在建筑的基础或框架、梁等承重结构上，框架、梁等承重结构的耐火极限不应低于防火墙的耐火极限。

防火墙应从楼地面基层隔断至梁、楼板或屋面板的底面基层。当高层厂房（仓库）屋顶承重结构和屋面板的耐火极限低于 1.00 h，其他建筑屋顶承重结构和屋面板的耐火极限低于 0.50 h 时，防火墙应高出屋面 0.5 m 以上。

2 防规 6.1.2

防火墙横截面中心线水平距离天窗端面小于 4.0 m，且天窗端面为可燃性墙体时，应采取防止火势蔓延的措施。

3 防规 6.1.5

防火墙上不应开设门、窗、洞口，确需开设时，应设置不可开启或火灾时能自动关闭的甲级防火门、窗。可燃气体和甲、乙、丙类液体的管道严禁穿过防火墙。防火墙内不应设置排气道。

4 防规 6.1.7

防火墙的构造应能在防火墙任意一侧的屋架、梁、楼板等受到火灾的影响而破坏时，不会导致防火墙倒塌。

5 防规 6.2.4

建筑内的防火隔墙应从楼地面基层隔断至梁、楼板或屋面板的底面基层。住宅分户墙和单元之间的墙应隔断至梁、楼板或屋面板的底面基层，屋面板的耐火极限不应低于 0.50 h。

6 防规 6.2.5

除本规范另有规定外，建筑外墙上、下层开口之间应设置高度不小于 1.2 m 的实体墙或挑出宽度不小于 1.0 m、长度不小于开口宽度的防火挑檐；当室内设置自动喷水灭火系统时，上、下层开口之间的实体墙高度不应小于 0.8 m。当上、下层开口之间设置实体墙确有困难时，可设置防火玻璃墙，但高层建筑的防火玻璃墙的耐火完整性不应低于 1.00 h，多层建筑的防火玻璃墙的耐火完整性不应低于 0.50 h。外窗的耐火完整性不应低于防火玻璃墙的耐火完整性要求。

住宅建筑外墙上相邻户开口之间的墙体宽度不应小于 1.0 m；小于 1.0 m 时，应在开口之间设置突出外墙不小于 0.6 m 的隔板。

实体墙、防火挑檐和隔板的耐火极限和燃烧性能，均不应低于相应耐火等级建筑外墙的要求。

7 防规 6.2.6

建筑幕墙应在每层楼板外沿处采取符合本规范第 6.2.5 条规定的防火措施，幕墙与每层楼板、隔墙处的缝隙应采用防火封堵材料封堵。

8 防规 6.2.9（节选）

建筑内的电梯井等竖井应符合下列规定：

1 电梯井应独立设置，井内严禁敷设可燃气体和甲、乙、丙类液体管道，不应敷设与电梯无关的电缆、电线等。电梯井的井壁除设置电梯门、安全逃生门和通气孔洞外，不应设置其他开口。

2 电缆井、管道井、排烟道、排气道、垃圾道等竖向井道，应分别独立设置。井壁的耐火极限不应低于 1.00 h，井壁上的检查门应采用丙级防火门。

3 建筑内的电缆井、管道井应在每层楼板处采用不低于楼板耐火极限的不燃材料或防火封堵材料封堵。

建筑内的电缆井、管道井与房间、走道等相连通的孔隙应采用防火封堵材料封堵。

9 住建 6.2.5

住宅结构中承重砌体材料的强度应符合下列规定：

1 烧结普通砖、烧结多孔砖、蒸压灰砂砖、蒸压粉煤灰砖的强度等级不应低于 MU10；

2 混凝土砌块的强度等级不应低于 MU7.5；

3 砖砌体的砂浆强度等级，抗震设计时不应低于 M5；非抗震设计时，对低于五层的住宅不应低于 M2.5，对不低于五层的住宅不应低于 M5；

4 砌块砌体的砂浆强度等级，抗震设计时不应低于 Mb7.5；非抗震设计时不应低于 Mb5。

10 住建 7.1.3

空气声计权隔声量，楼板不应小于 40 dB（分隔住宅和非居住用途空间的楼板不应小于 55 dB），分户墙不应小于 40 dB，外窗不应小于 30 dB，户门不应小于 25 dB。

应采取构造措施提高楼板、分户墙、外窗、户门的空气声隔声性能。

11 住建 9.4.2

楼梯间窗口与套房窗口最近边缘之间的水平间距不应小于 1.0 m。

12 住设 7.3.2（节选）

分户墙和分户楼板的空气声隔声性能应符合下列规定：

1 分隔卧室、起居室（厅）的分户墙和分户楼板，空气声隔声评价量（R_w+C）应大于 45 dB。

13 住设 7.4.1

住宅的屋面、地面、外墙、外窗应采取防止雨水和冰雪融化水侵入室内的措施。

14 住设 7.4.2
住宅的屋面和外墙的内表面在设计的室内温度、湿度条件下不应出现结露。

15 墙体 3.1.4
墙体不应采用非蒸压硅酸盐砖（砌块）及非蒸压加气混凝土制品。

16 墙体 3.1.5
应用氯氧镁墙材制品时应进行吸潮返卤、翘曲变形及耐水性试验，并应在其试验指标满足使用要求后用于工程。

17 墙体 3.2.1（节选）
块体材料的外形尺寸除应符合建筑模数要求外，尚应符合下列规定：
1 非烧结含孔块材的孔洞率、壁及肋厚度等应符合表 3.2.1 的要求。

表 3.2.1　非烧结含孔块材的孔洞率、壁及肋厚度要求

块体材料类型及用途		孔洞率（%）	最小外壁（mm）	最小肋厚（mm）	其他要求
含孔砖	用于承重墙	≤35	15	15	孔的长度与宽度比应小于2
	用于自承重墙	—	10	10	—
砌块	用于承重墙	≤47	30	25	孔的圆角半径不应小于20 mm
	用于自承重墙	—	15	15	—

注：1 承重墙体的混凝土多孔砖的孔洞应垂直于铺浆面。当孔的长度与宽度比不小于2时，外壁的厚度不应小于18mm；当孔的长度与宽度比小于2时，壁的厚度不应小于15mm。
　　2 承重含孔块材，其长度方向的中部不得设孔，中肋厚度不宜小于20mm。

18 墙体 3.2.2（节选）
块体材料强度等级应符合下列规定：
1 产品标准除应给出抗压强度等级外，尚应给出其变异系数的限值；
2 承重砖的折压比不应小于表 3.2.2-1 的要求。

表 3.2.2-1　承重砖的折压比

砖种类	高度（mm）	砖强度等级				
		MU30	MU25	MU20	MU15	MU10
		折压比				
蒸压普通砖	53	0.16	0.18	0.20	0.25	—
多孔砖	90	0.21	0.23	0.24	0.27	0.32

注：1 蒸压普通砖包括蒸压灰砂实心砖和蒸压粉煤灰实心砖；
　　2 多孔砖包括烧结多孔砖和混凝土多孔砖。

19 墙体 3.4.1
设计有抗冻性要求的墙体时，砂浆应进行冻融试验，其抗冻性能应与墙体块材相同。

20　墙体 4.1.8
建筑设计不得采用含有石棉纤维、未经防腐和防虫蛀处理的植物纤维墙体材料。

21　墙体 6.1.9
外保温复合墙的饰面层选用非薄抹灰时，应对由饰面层自重累积作用所产生的变形影响采取构造措施。

22　墙体 4.1.10
内保温复合墙与梁、柱相接触部位，应采取防裂措施。

23　防带 3.0.6
建筑外墙外保温防火隔离带保温材料的燃烧性能等级应为 A 级。

24　外墙砖 4.0.4
外墙砖面饰伸缩缝应才用耐候密封胶嵌缝。

25　外墙砖 4.0.8
窗台、檐口、装饰线等墙面凹凸部位应采用防水和排水构造。

26　金石幕 5.5.2
钢销式石材幕墙可在非抗震设计或 6 度、7 度抗震设计幕墙中应用，幕墙高度不宜大于 20 m，石板面积不宜大于 1.0 m²。钢销和连接板应采用不锈钢。连接板截面尺寸不宜小于 40 mm×4 mm。钢销与孔的要求应符合本规范第 6.3.2 条的规定。

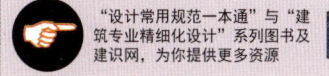

3.3 楼地面

表 4-9 楼地面涉及的强条条款

序号	关键信息	出处	使用指引	附图
1	-	防规 5.1.4	建筑高度大于100 m的民用建筑楼板的耐火极限规定	-
2	75 dB	住建 7.1.2	楼板计权标准化撞击声压级的规定	-
3	40 dB	住建 7.1.3	空气声计权隔声量的标准	-
4	-	住设 7.3.2	分户楼板空气声隔声性能的规定	图4-32
5	-	住设 7.4.1	住宅地面应有防止雨雪水浸入室内措施	-
6	防滑、耐磨、不易起尘	地面 3.2.1	公共建筑中,经常有大量人员走动或残疾人、老年人、儿童活动及轮椅、小型推车行驶的地面,其地面面层的规定	-
7	-	地面 3.2.2	公共场所应采用防滑面层的部位	图4-33
8		住内防水 5.2.4	排水立管与厨房地漏不应穿越下层住户的居室的规定	
9		隔声 4.1.1	卧室、起居室(厅)内的噪声级的规定	
10		隔声 4.2.1	分户墙、分户楼板及分隔住宅和非居住用途空间楼板的空气声隔声性能规定	图4-34
11		隔声 4.2.2	相邻两户房间之间及住宅和非居住用途空间分隔楼板上下的房间之间的空气声隔声性能	

图 4-32 | 楼地面隔声保温板示例

图 4-33 | 楼地面防滑材料示例

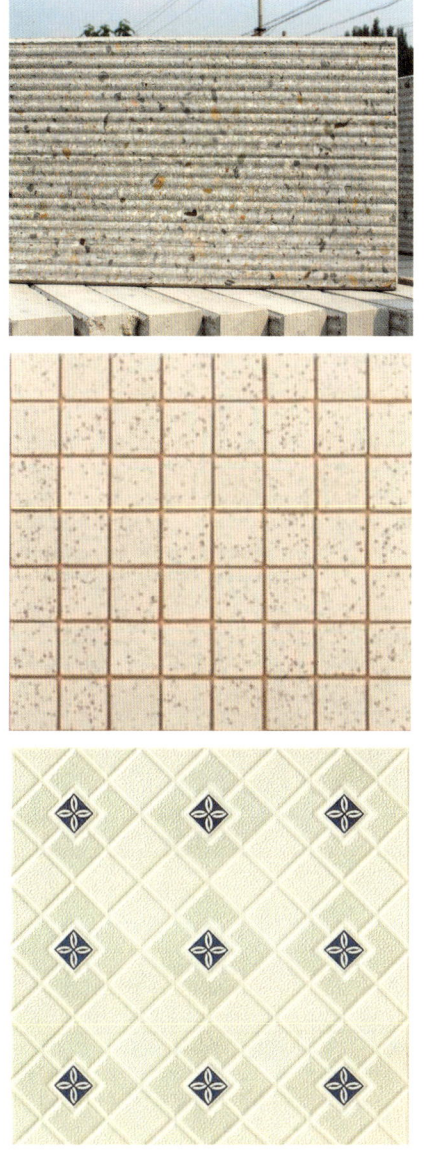

图 4-34 | 隔声材料示例

规范原文摘录

1 防规 5.1.4
建筑高度大于 100 m 的民用建筑,其楼板的耐火极限不应低于 2.00 h。
一、二级耐火等级建筑的上人平屋顶,其屋面板的耐火极限分别不应低于 1.50 h 和 1.00 h。

2 住建 7.1.2
楼板的计权标准化撞击声压级不应大于 75 dB。应采取构造措施提高楼板的撞击声隔声性能。

3 住建 7.1.3
空气声计权隔声量,楼板不应小于 40 dB(分隔住宅和非居住用途空间的楼板不应小于 55 dB),分户墙不应小于 40 dB，外窗不应小于 30 dB，户门不应小于 25 dB。
应采取构造措施提高楼板、分户墙、外窗、户门的空气声隔声性能。

4 住设 7.3.2
分户墙和分户楼板的空气声隔声性能应符合下列规定：
1 分隔卧室、起居室（厅）的分户墙和分户楼板，空气声隔声评价量（$R_w + C$）应大于 45 dB；
2 分隔住宅和非居住用途空间的楼板，空气声隔声评价量（$R_w + C_{tr}$）应大于 51 dB。

5 住设 7.4.1
住宅的屋面、地面、外墙、外窗应采取防止雨水和冰雪融化水侵入室内的措施。

6 地面 3.2.1
公共建筑中，经常有大量人员走动或残疾人、老年人、儿童活动及轮椅、小型推车行驶的地面，其地面面层应采用防滑、耐磨、不易起尘的块材面层或水泥类整体面层。

7 地面 3.2.2
公共场所的门厅、走道、室外坡道及经常用水冲洗或潮湿、结露等容易受影响的地面，应采用防滑面层。

8 住内防水 5.2.4
排水立管不应穿越下层住户的居室；当厨房设有地漏时，地漏的排水支管不应穿过楼板进入下层住户的居室。

9 隔声 4.1.1
卧室、起居室（厅）内的噪声级，应符合表 4.1.1 的规定。

表 4.1.1　卧室、起居室（厅）内的允许噪声级

房间名称	空气声隔声单值评价量	
	昼间	夜间
卧室	≤ 45	≤ 37
起居室（厅）	≤ 45	

10 隔声 4.2.1
分户墙、分户楼板及分隔住宅和非居住用途空间楼板的空气声隔声性能，应符合表 4.2.1 的规定。

表 4.2.1　分户构件空气声隔声标准

构件名称	空气声隔声单值评价量 + 频谱修正量（dB）	
分户墙、分户楼板	计权隔声量 + 粉红噪声频谱修正量 R_w+C	> 45
分隔住宅和非居住用途空间的楼板	计权隔声量 + 交通噪声频谱修正量 R_w+C_{tr}	> 51

11 隔声 4.2.2
相邻两户房间之间及住宅和非居住用途空间分隔楼板上下的房间之间的空气声隔声性能，应符合表 4.2.2 的规定。

表 4.2.2　房间之间空气声隔声标准

房　间　名　称	空气声隔声单值评价量 + 频谱修正量（dB）	
卧室、起居室（厅）与邻户房间之间	计权标准化声压级差 + 粉红噪声频谱修正量 $D_{nt,w}+C$	≥ 45
住宅和非居住用途空间分隔楼板上下的房间之间	计权标准化声压级差 + 交通噪声频谱修正量 $D_{nt,w}+C_{tr}$	≥ 51

3.4 屋面

表4-10 屋面涉及的强条条款

序号	关键信息	出处	使用指引	附图
1	1.50 h 1.0 h	防规 5.1.4	屋面板耐火极限的规定	—
2	—	防规 6.2.4	防火隔墙的设置要求	—
3	—	住设 7.4.1	住宅屋面应有防止雨雪水浸入室内的措施	图4-36
4	不应结露	住设 7.4.2	住宅的屋面和外墙的内表面在设计的室内温度、湿度不应出现结露	—
5	—	屋面 3.0.5	屋面防水等级和设防要求	—
6	Ⅰ级 Ⅱ级	屋面 4.5.1	卷材、涂膜屋面防水等级和防水做法	—
7	—	屋面 4.5.5	每道卷材防水层最小厚度	—
8	—	屋面 4.5.6	每道涂膜防水层最小厚度	—
9	—	屋面 4.5.7	复合防水层最小厚度	—
10	—	屋面 4.8.1	瓦屋面的防水等级及防水做法	—
11	—	屋面 4.9.1	金属板屋面防水等级和防水做法	—
12	100% 7度	坡屋 3.2.10	坡屋面瓦材应防滑的规定	图4-35
13	—	坡屋 3.2.17	严寒及寒冷地区屋面檐口应采取防冰雪融坠措施的规定	—
14	—	坡屋 10.2.1	单层防水卷材的厚度和搭接宽度规定	—
15	Ⅰ级 20年	倒屋 3.0.1	倒置式屋面工程的防水等级应为Ⅰ级、防水层合理使用年限不得少于20年	—
16	—	倒屋 4.3.1	保温材料的性能规定	—

扫描进入建识网

续表

序号	关键信息	出处	使用指引	附图
17	25% 25 mm	倒屋 5.2.5	倒置式屋面保温层的设计厚度应按计算厚度增加25%取值,且最小厚度不得小于25 mm	–
18	–	倒屋 7.2.1	既有建筑倒置式屋面改造工程设计单位与评估规定	–
19	–	种植屋面 3.2.3	结构设计时应计算种植荷载。既有建筑屋面改造为种植屋面前,应对原结构进行鉴定	–
20	–	种植屋面 5.1.7	防水层应满足一级防水等级设防要求,且必须至少设置一道具有耐根穿刺性能的防水材料	–
21	–	采光顶 3.1.6	隔热与保温材料应采用不燃性或难燃性材料	–
22	水深	屋水 3.1.2	对建筑屋面雨水积水深度的规定	–
23	独立设置	屋水 3.1.9	建筑屋面雨水排水系统应独立设置	–
24	密闭系统	屋水 3.4.5	雨水内排水应采用密闭系统,不得在建筑内或阳台上开口,且不得在室内设非密闭检查	–

图 4-35 | 多彩的坡屋面材料案例图示

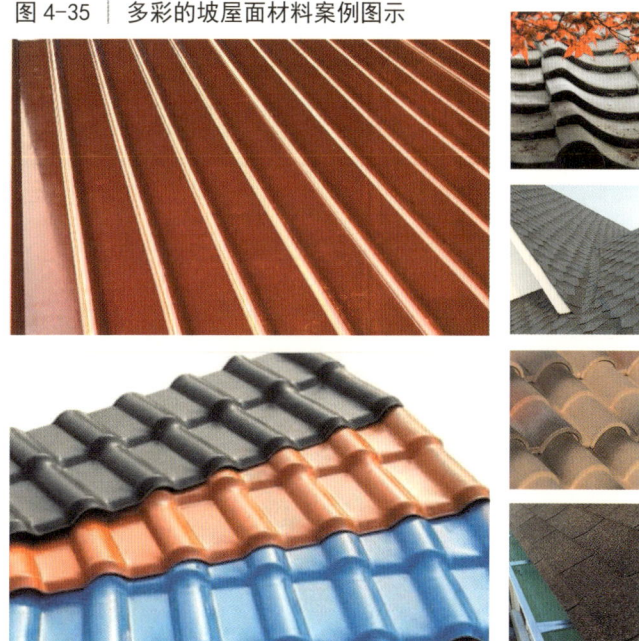

图 4-36 ｜ 屋面构造做法示例

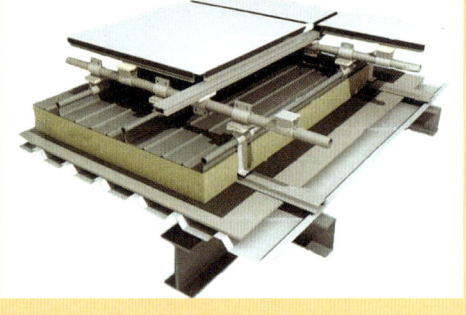

架空屋面安装实物场景　　　　　　　　　金属屋面局部构造

规范原文摘录

1 防规 5.1.4
建筑高度大于 100 m 的民用建筑,其楼板的耐火极限不应低于 2.00 h。
一、二级耐火等级建筑的上人平屋顶,其屋面板的耐火极限分别不应低于 1.50 h 和 1.00 h。

2 防规 6.2.4
建筑内的防火隔墙应从楼地面基层隔断至梁、楼板或屋面板的底面基层。住宅分户墙和单元之间的墙应隔断至梁、楼板或屋面板的底面基层,屋面板的耐火极限不应低于 0.50 h。

3 住设 7.4.1
住宅的屋面、地面、外墙、外窗应采取防止雨水和冰雪融化水侵入室内的措施。

4 住设 7.4.2
住宅的屋面和外墙的内表面在设计的室内温度、湿度条件下不应出现结露。

5 屋面 3.0.5
屋面防水工程应根据建筑物的类别、重要程度、使用功能要求确定防水等级,并应按相应等级进行防水设防;对防水有特殊要求的建筑屋面,应进行专项防水设计。屋面防水等级和设防要求应符合表 3.0.5 的规定。

表 3.0.5　屋面防水等级和设防要求

防水等级	建筑类别	设防要求
Ⅰ级	重要建筑和高层建筑	两道防水设防
Ⅱ级	一般建筑	一道防水设防

6 屋面 4.5.1
卷材、涂膜屋面防水等级和防水做法应符合表 4.5.1 的规定。

表 4.5.1　卷材、涂膜屋面防水等级和防水做法

防水等级	防水做法
Ⅰ级	卷材防水层和卷材防水层、卷材防水层和涂膜防水层、复合防水层
Ⅱ级	卷材防水层、涂膜防水层、复合防水层

注:在Ⅰ级屋面防水做法中,防水层仅作单层卷材时,应符合有关单层防水卷材屋面技术的规定。

7 屋面 4.5.5
每道卷材防水层最小厚度应符合表 4.5.5 的规定。

表4.5.5 每道卷材防水层最小厚度（mm）

防水等级	合成高分子防水卷材	高聚物改性沥青防水卷材		
		聚酯胎、玻纤胎、聚乙烯胎	自粘聚酯胎	自粘无胎
Ⅰ级	1.2	3.0	2.0	1.5
Ⅱ级	1.5	4.0	3.0	2.0

8 屋面 4.5.6

每道涂膜防水层最小厚度应符合表4.5.6的规定。

表4.5.6 每道涂膜防水层最小厚度（mm）

防水等级	合成高分子防水涂膜	聚合物水泥防水涂膜	高聚物改性沥青防水涂膜
Ⅰ级	1.5	1.5	2.0
Ⅱ级	2.0	2.0	3.0

9 屋面 4.5.7

复合防水层最小厚度应符合表4.5.7的规定。

表4.5.7 复合防水层最小厚度（mm）

防水等级	合成高分子防水卷材＋合成高分子防水涂膜	自粘聚合物改性沥青防水卷材（无胎）＋合成高分子防水涂膜	高聚物改性沥青防水卷材＋高聚物改性沥青防水涂膜	聚乙烯丙纶卷材＋聚合物水泥防水胶结材料
Ⅰ级	1.2＋1.5	1.5＋1.5	3.0＋2.0	（0.7＋1.3）×2
Ⅱ级	1.0＋1.0	1.2＋1.0	3.0＋1.2	0.7＋1.3

10 屋面 4.8.1

瓦屋面防水等级和防水做法应符合表4.8.1的规定。

表4.8.1 瓦屋面防水等级和防水做法

防水等级	防水做法
Ⅰ	瓦＋防水层
Ⅱ	瓦＋防水垫层

11 屋面 4.9.1

金属板屋面防水等级和防水做法应符合表4.9.1的规定。

表4.9.1 金属板屋面防水等级和防水做法

防水等级	防水做法
Ⅰ级	压型金属板＋防水垫层
Ⅱ级	压型金属板、金属面绝热夹芯板

注：1 当防水等级为Ⅰ级时，压型铝合金板基板厚度不应小于0.9mm；压型钢板基板厚度不应小于0.6mm；
　　2 当防水等级为Ⅰ级时，压型金属板应采用360°咬口锁边连接方式；
　　3 在Ⅰ级屋面防水做法中，仅作压型金属板时，应符合《金属压型板应用技术规范》等相关技术的规定。

12 坡屋 3.2.10

屋面坡度大于100%以及大风和抗震设防烈度为7度以上的地区，应采取加强瓦材固定等防止瓦材下滑的措施。

13	坡屋 3.2.17

严寒和寒冷地区的坡屋面檐口部位应采取防冰雪融坠的安全措施。

14	坡屋 10.2.1

单层防水卷材的厚度和搭接宽度应符合表10.2.1-1和表10.2.1-2的规定：

表10.2.1-1　单层防水卷材厚度（mm）

防水卷材名称	一级防水厚度	二级防水厚度
高分子防水卷材	≥1.5	≥1.2
弹性体、塑性体改性沥青防水卷材	≥5	

表10.2.1-2　层防水卷材搭接宽度（mm）

防水卷材名称	满粘法	长边、短边搭接方式			
		机械固定法			
		热风焊接		搭接胶带	
		无覆盖机械固定垫片	有覆盖机械固定垫片	无覆盖机械固定垫片	有覆盖机械固定垫片
高分子防水卷材	≥80	≥80 且有效焊缝宽度 ≥25	≥120 且有效焊缝宽度 ≥25	≥120 且有效粘结宽度 ≥75	≥200 且有效粘结宽度 ≥150
弹性体、塑性体改性沥青防水卷材	≥100	≥80 且有效焊缝宽度 ≥40	≥120 且有效焊缝宽度 ≥40	—	

15	倒屋 3.0.1

倒置式屋面工程的防水等级应为Ⅰ级，防水层合理使用年限不得少于20年。

16	倒屋 4.3.1

保温材料的性能应符合下列规定：
1　导热系数不应大于0.080 W/(m·K)；
2　使用寿命应满足设计要求；
3　压缩强度或抗压强度不应小于150 kPa；
4　体积吸水率不应大于3%；
5　对于屋顶基层采用耐火极限不小于1.00 h的不燃烧体的建筑，其屋顶保温材料的燃烧性能不应低于B2级；其他情况，保温材料的燃烧性能不应低于B1级。

17	倒屋 5.2.5

倒置式屋面保温层的设计厚度应按计算厚度增加25%取值，且最小厚度不得小于25 mm。

18	倒屋 7.2.1

既有建筑倒置式屋面改造工程设计，应由原设计单位或具备相应资质的设计单位承担。当增加屋面荷载或改变使用功能时，应先做设计方案或评估报告。

19	种植屋面 3.2.3

种植屋面工程结构设计时应计算种植荷载。既有建筑屋面改造为种植屋面前，应对原结构进行鉴定。

20	种植屋面 5.1.7

种植屋面防水层应满足一级防水等级设防要求，且必须至少设置一道具有耐根穿刺性能的防水材料。

| 21 | 采光顶 3.1.6
采光顶与金属屋面工程的隔热、保温材料,应采用不燃性或难燃性材料。

| 22 | 屋水 3.1.2
建筑屋面雨水积水深度应控制在允许的负荷水深之内,50年设计重现期降雨时屋面积水不得超过允许的负荷水深。

| 23 | 屋水 3.1.9
建筑屋面雨水排水系统应独立设置。

| 24 | 屋水 3.4.5
民用建筑雨水内排水应采用密闭系统,不得在建筑内或阳台上开口,且不得在室内设非密闭检查井。

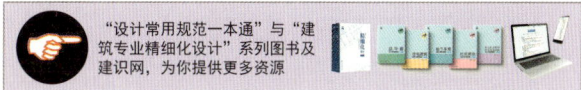

3.5 栏杆

表4-11 栏杆涉及的强条条款

序号	关键信息	出处	使用指引	附图
1	0.11 m	统标 6.7.4	关于栏杆采取防攀爬构造的规定	—
2	1.05 m 1.10 m	住建 5.1.5	阳台栏杆净高的规定	图4-37
3	1.05 m 1.10 m	住建 5.2.2	外廊、内天井及上人屋面等临空处栏杆净高要求	—
4	1.05 m 0.11 m	住建 5.2.3	楼梯栏杆的设置规定	图4-37

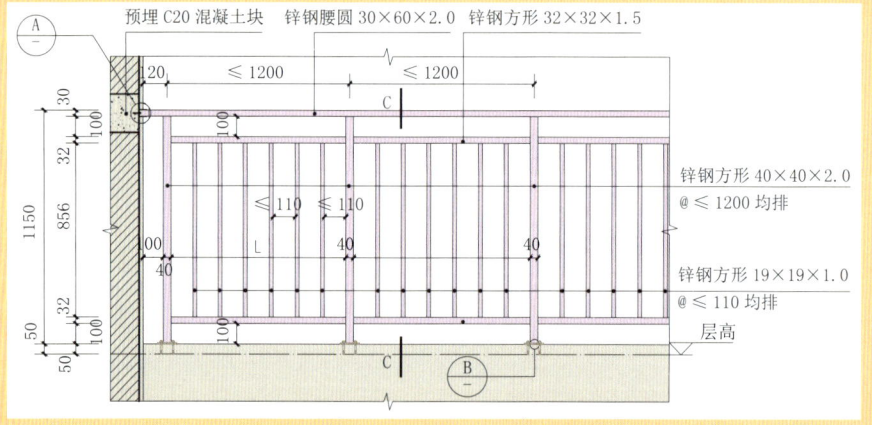

图 4-37 阳台栏杆立面图

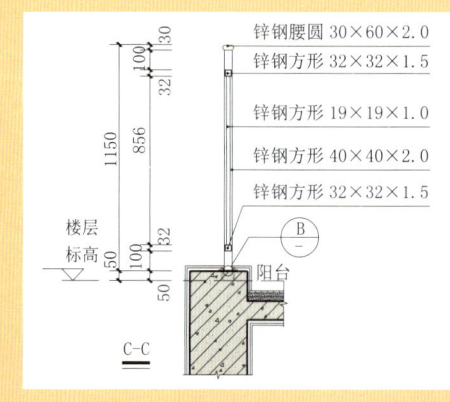

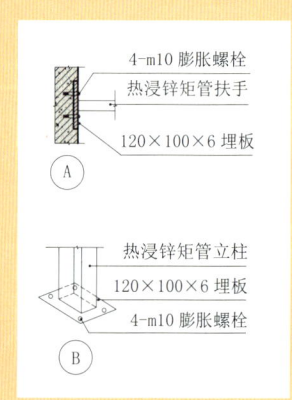

规范原文摘录

1 统标 6.7.4
住宅、托儿所、幼儿园、中小学及其他少年儿童专用活动场所的栏杆必须采取防止攀爬的构造。当采用垂直杆件做栏杆时，其杆件净间距不应大于 0.11 m。

2 住建 5.1.5
外窗窗台距楼面、地面的净高低于 0.90 m 时，应有防护设施。六层及六层以下住宅的阳台栏杆净高不应低于 1.05 m，七层及七层以上住宅的阳台栏杆净高不应低于 1.10 m。阳台栏杆应有防护措施。防护栏杆的垂直杆件间净距不应大于 0.11 m。

3 住建 5.2.2
外廊、内天井及上人屋面等临空处栏杆净高，六层及六层以下不应低于 1.05 m；七层及七层以上不应低于 1.10 m。栏杆应防止攀登，垂直杆件间净距不应大于 0.11 m。

4 住建 5.2.3
楼梯梯段净宽不应小于 1.10 m。六层及六层以下住宅，一边设有栏杆的梯段净宽不应小于 1.00 m。楼梯踏步宽度不应小于 0.26 m，踏步高度不应大于 0.175 m。扶手高度不应小于 0.90 m。楼梯水平段栏杆长度大于 0.50 m 时，其扶手高度不应小于 1.05 m。楼梯栏杆垂直杆件间净距不应大于 0.11 m。楼梯井净宽大于 0.11 m 时，必须采取防止儿童攀滑的措施。

3.6 门窗与玻璃

表4-12 门窗与玻璃涉及的强条条款

序号	关键信息	出处	使用指引	附图
1	2.0 mm 1.4 mm	铝门窗 3.1.2	铝合金门窗主型材的壁厚	图 4-38
2	-	铝门窗 4.12.1	人员可能接触多的铝合金门窗应采用安全玻璃	-
3	1.5 m² 500 mm	铝门窗 4.12.2	铝合金门窗使用安全玻璃的部位	-
4	-	铝门窗 4.12.4	铝合金推拉门窗的规定	-
5	-	塑门窗 3.1.2	门窗工程使用安全玻璃的部位	-
6	防脱落	塑门窗 6.2.19	推拉门窗扇必须有防脱落装置	-
7	0.76 mm	玻璃 8.2.2	屋面玻璃或雨篷玻璃必须使用夹层玻璃或夹层中空玻璃的规定	图 4-39
8	-	玻璃 9.1.2	地板玻璃采用夹层玻璃的规定	-
9	-	玻幕 4.4.4	人员可能接触多的玻璃幕墙应采用安全玻璃与警示标志	-
10	-	隔声 4.2.5	外窗（包括未封闭阳台的门）的空气声隔声性能规定	-

图 4-38 铝合金型材示例 　　图 4-39 建筑玻璃示例

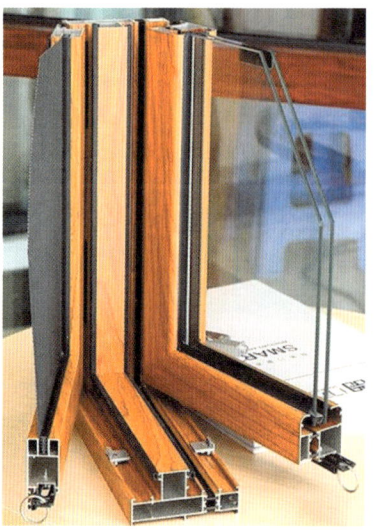

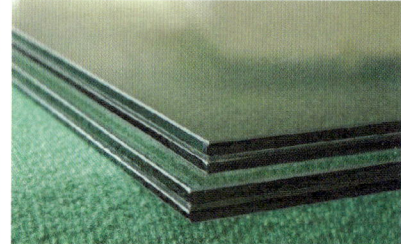

规范原文摘录

1 铝门窗 3.1.2
铝合金门窗主型材的壁厚应经计算或试验确定,除压条、扣板等需要弹性装配的型材外,门用主型材主要受力部位基材截面最小实测壁厚不应小于 2.0 mm,窗用主型材主要受力部位基材截面最小实测壁厚不应小于 1.4 mm。

2 铝门窗 4.12.1
人员流动性大的公共场所,易于受到人员和物体碰撞的铝合金门窗应采用安全玻璃。

3 铝门窗 4.12.2
建筑物中下列部位的铝合金门窗应使用安全玻璃:
1 七层及七层以上建筑物体外开窗;
2 面积大于 1.5 m² 的窗玻璃或玻璃底边离最终装修面小于 500 mm 的落地窗;
3 倾斜安装的铝合金门窗。

4 铝门窗 4.12.4
铝合金推拉门、推拉窗的扇应有防止从室外侧拆卸的装置。推拉窗用于外墙时,应设置防止窗扇向室外脱落的装置。

5 塑门窗 3.1.2
门窗工程有下列情况之一时,必须使用安全玻璃:
1 面积大于 1.5 m² 的窗玻璃;
2 距离可踏面高度 900 mm 以下的窗玻璃;
3 与水平面夹角不大于 75° 的倾斜窗,包括天窗、采光顶等在内的顶棚;
4 7层及7层以上建筑外开窗。

6 塑门窗 6.2.19
推拉门窗扇必须有防脱落装置。

7 玻璃 8.2.2
屋面玻璃或雨篷玻璃必须使用夹层玻璃或夹层中空玻璃,其胶片厚度不应小于 0.76 mm。

8 玻璃 9.1.2
地板玻璃必须采用夹层玻璃,点支承地板玻璃必须采用钢化夹层玻璃。钢化玻璃必须进行均质处理。

9 玻幕 4.4.4
人员流动密度大、青少年或幼儿活动的公共场所以及使用中容易受到撞击的部位,其玻璃幕墙应采用安全玻璃;对使用中容易受到撞击的部位,尚应设置明显的警示标志。

10 隔声 4.2.5
外窗(包括未封闭阳台的门)的空气声隔声性能,应符合表4.2.5的规定。

表4.2.5 外窗(包括未封闭阳台的门)的空气隔声标准

构 件 名 称	空气声隔声单值评价量 + 频谱修正量(dB)	
交通干线两侧卧室、起居室(厅)的窗	计权隔声量 + 交通噪声频谱修正量 Rw+Ctr	≥ 30
其 他 窗	计权隔声量 + 交通噪声频谱修正量 Rw+Ctr	≥ 25

"设计常用规范一本通"与"建筑专业精细化设计"系列图书及建识网,为你提供更多资源

3.7 保温

扫描进入建识网

表4-13　保温规定涉及的强条条款

序号	关键信息	出处	使用指引	附图
1	—	防规 6.7.2	（2、3）外墙内保温的规定	—
2	A、B1	防规 6.7.5	（1）无空腔的建筑外墙外保温系统，其保温材料应符合的规定	—
3	>24 m-A ≤24 m-B_1	防规 6.7.6	有空腔的建筑外墙外保温系统，其保温材料应符合的规定	—
4	—	住建 10.1.1	通过体形朝向窗墙面积比及设备等降低能耗	—
5	不应结露	住设 7.4.2	屋面与外墙内侧不应出现结露	—
6	25%、25 mm	倒置屋面 5.2.5	倒置式屋面保温层厚度的规定	—
7	—	墙体 6.1.10	内保温复合墙与梁、柱相接触的部位应采取防裂措施	—
8	—	外保温 4.0.2	外保温系统耐候性试验与拉伸粘结强度规定	—
9	—	外保温 4.0.3	胶粘剂拉伸粘结强度规定	—
10	—	外保温 4.0.7	抹面胶浆拉伸粘结强度	—
11	—	外保温 4.0.9	玻纤网的主要性能规定	—

规范原文摘录

1 防规 6.7.2（节选）
建筑外墙采用内保温系统时，保温系统应符合下列规定：
2 对于其他场所，应采用低烟、低毒且燃烧性能不低于 B_1 级的保温材料；
3 保温系统应采用不燃材料做防护层。采用燃烧性能为 B_1 级的保温材料时，防护层的厚度不应小于 10 mm。

2 防规 6.7.5（节选）
与基层墙体、装饰层之间无空腔的建筑外墙外保温系统，其保温材料应符合下列规定：
1 住宅建筑：
1）建筑高度大于 100 m 时，保温材料的燃烧性能应为 A 级；
2）建筑高度大于 27 m，但不大于 100 m 时，保温材料的燃烧性能不应低于 B_1 级；
3）建筑高度不大于 27 m 时，保温材料的燃烧性能不应低于 B_2 级。

3 防规 6.7.6
除设置人员密集场所的建筑外，与基层墙体、装饰层之间有空腔的建筑外墙外保温系统，其保温材料应符合下列规定：
1 建筑高度大于 24 m 时，保温材料的燃烧性能应为 A 级；
2 建筑高度不大于 24 m 时，保温材料的燃烧性能不应低于 B_1 级。

4 住建 10.1.1
住宅应通过合理选择建筑的体形、朝向和窗墙面积比,增强围护结构的保温、隔热性能,使用能效比高的采暖和空气调节设备和系统,采取室温调控和热量计量措施来降低采暖、空气调节能耗。

5 住设 7.4.2
住宅的屋面和外墙的内表面在设计的室内温度、湿度条件下不应出现结露。

6 倒置屋面 5.2.5
倒置式屋面保温层的设计厚度应按计算厚度增加25%取值,且最小厚度不得小于25 mm。

7 墙体 6.1.10
内保温复合墙与梁、柱相接触部位,应采取防裂措施。

8 外保温 4.0.2
外保温系统经耐候性试验后,不得出现空鼓、剥落或脱落、开裂等破坏,不得产生裂缝出现渗水;外保温系统拉伸粘结强度应符合表4.0.2的规定,且破坏部位应位于保温层内。

表4.0.2 外保温系统拉伸粘结强度(Mpa)

检验项目	粘贴保温板薄抹灰外保温系统、EPS板现浇混凝土外保温系统	胶粉聚苯颗粒保温浆料外保温系统	胶粉聚苯颗粒贴砌EPS板外保温系统、现场喷涂硬泡聚氨酯外保温系统
拉伸粘接强度	≥ 0.10	≥ 0..6	≥ 0.10

9 外保温 4.0.5
胶粘剂拉伸粘结强度应符合表4.0.5的规定。胶粘剂与保温板的粘结在原强度、浸水48h且干燥7d后的耐水强度条件下发生破坏时,破坏部位应位于保温板内。

表4.0.5 胶粘剂拉伸粘结强度(MPa)

检验项目		与水泥砂浆	与保温板
原强度		≥ 0.60	≥ 0.10
耐水强度	浸入48 h,干燥2 h	≥ 0.30	≥ 0.06
	浸入48 h,干燥7 d	≥ 0.60	≥ 0.10

10 外保温 4.0.7
抹面胶浆拉伸粘结强度应符合表4.0.7的规定。抹面胶浆与保温材料的粘接在原强度、浸水48 h且干燥7d后的耐水强度条件下发生破坏时,破坏部位应位于保温材料内。

表4.0.7 抹面胶浆拉伸粘结强度(MPa)

检验项目		与水泥砂浆	与保温板
原强度		≥ 0.10	≥ 0.06
耐水强度	浸入48 h,干燥2 h	≥ 0.06	≥ 0.03
	浸入48 h,干燥7 d	≥ 0.10	≥ 0.06
耐冻融强度		≥ 0.10	≥ 0.06

11 外保温 4.0.9
玻纤网的主要性能应符合表4.0.9的规定。

表4.0.9 玻纤网主要性能

检验项目	性能要求
单位面积质量	≥ 160g/m^2
耐碱断裂强力(经、纬向)	≥ 1000N/50mm
耐碱断裂强力保留库(经、纬向)	≥ 50%
断裂伸长率(经、纬向)	≤ 5.0%

4 相关规范与专题
4.1 相关专业
4.1.1 结构

扫描进入建识网

表 4-14 涉及结构专业的强条规范

序号	关键信息	出处	使用指引	附图
1	50年 二级	住建 6.1.1	住宅结构的设计使用年限的规定	–
2	6度 丙类	住建 6.1.2	住宅结构必须进行抗震设计等相关条件及规定	–
3	–	住建 6.1.5	住宅结构不应产生影响结构安全的裂缝	–
4	严重 不规则	住建 6.4.1	抗震设防地区的住宅不应采用严重不规的设计方案	–
5	9度	住建 6.4.3	9度抗震设防的住宅，–不得采用错层结构、连体结构和带转换层的结构	–
6	2层	住建 6.4.5	在抗震设防地区，底部框架不应超过2层，并应设置剪力墙	–
7	–	砌规 10.1.2	多层房屋的总层数和总高度规定	–
8	混合结构	高规 6.1.6	框架结构按抗震设计时，不应采用部分由砌体墙承重之混合形式	–
9	–	高规 9.2.3	框架-核心筒结构的周边柱间必须设置框架梁	–

规范原文摘录

1 住建 6.1.1
住宅结构的设计使用年限不应少于50年，其安全等级不应低于二级。

2 住建 6.1.2
抗震设防烈度为6度及以上地区的住宅结构必须进行抗震设计，其抗震设防类别不应低于丙类。

3 住建 6.1.5
住宅结构不应产生影响结构安全的裂缝。

4 住建 6.4.1
住宅应避免因局部破坏而导致整个结构丧失承载能力和稳定性。抗震设防地区的住宅不应采用严重不规则的设计方案。

5 住建 6.4.3
住宅结构中，刚度和承载力有突变的部位，应采取可靠的加强措施。9度抗震设防的住宅，不得采用错层结构、连体结构和带转换层的结构。

6 住建 6.4.5
底部框架、上部砌体结构住宅中，结构转换层的托墙梁、楼板以及紧邻转换层的竖向结构构件应采取可靠的加强措施；在抗震设防地区，底部框架不应超过 2 层，并应设置剪力墙。

7 砌规 10.1.2
本章适用的多层砌体结构房屋的总层数和总高度，应符合下列规定：
1 房屋的层数和总高度不应超过表 10.1.2 的规定；

表 10.1.2 多层砌体房屋的层数和总高度限值 (m)

房屋类别		最小墙厚度 (mm)	设防烈度和设计基本地震加速度										
			6		7				8				9	
			0.05g		0.10g		0.15g		0.20g		0.30g		0.40g	
			高度	层数	高度	层数	高度	层数	高度	层数	高度	层数	高度	层数
多层砌体房屋	普通砖	240	21	7	21	7	21	7	18	6	15	5	12	4
	多孔砖	240	21	7	21	7	18	6	18	6	15	5	9	3
	多孔砖	190	21	7	18	6	15	5	15	5	12	4	—	—
	混凝土砌块	190	21	7	21	7	18	6	18	6	15	5	9	3
底部框架—抗震墙砌体房屋	普通砖多孔砖	240	22	7	22	7	19	6	16	5	—	—	—	—
	多孔砖	190	22	7	19	6	16	5	13	4	—	—	—	—
	混凝土砌块	190	22	7	22	7	19	6	16	5	—	—	—	—

注：1 房屋的总高度指室外地面到主要屋面板板顶或檐口的高度，半地下室从地下室室内地面算起，全地下室和嵌固条件好的半地下室应允许从室外地面算起；对带阁楼的坡屋面应算到山尖墙的 1/2 高度处；
  2 室内外高差大于 0.6 m 时，房屋总高度应允许比表中的数据适当增加，但增加量应少于 1.0 m；
  3 乙类的多层砌体房屋仍按本地区设防烈度查表，其层数应减少一层且总高度应降低 3 m；不应采用底部框架—抗震墙砌体房屋；

2 各层横墙较少的多层砌体房屋，总高度应比表 10.1.2 中的规定降低 3 m，层数相应减少一层；各层横墙很少的多层砌体房屋，还应再减少一层；
注：横墙较少是指同一楼层内开间大于 4.2 m 的房间占该层总面积的 40% 以上；其中，开间不大于 4.2 m 的房间占该层总面积不到 20% 且开间大于 4.8 m 的房间占该层总面积的 50% 以上为横墙很少。
3 抗震设防烈度为 6、7 度时，横墙较少的丙类多层砌体房屋，当按现行国家标准《建筑抗震设计规范》GB 50011 规定采取加强措施并满足抗压承载力要求时，其高度和层数应允许仍按表 10.1.2 中的规定采用；
4 采用蒸压灰砂普通砖和蒸压粉煤灰普通砖的砌体房屋，当砌体的抗剪强度仅达到普通黏土砖砌体的 70% 时，房屋的层数应比普通砖房屋减少一层，总高度应减少 3 m；当砌体的抗剪强度达到普通黏土砖砌体的取值时，房屋层数和总高度的要求同普通砖房屋。

8 高规 6.1.6
框架结构按抗震设计时，不应采用部分由砌体墙承重之混合形式。框架结构中的楼、电梯间及局部出屋顶的电梯机房、楼梯间、水箱间等，应采用框架承重，不应采用砌体墙承重。

9 高规 9.2.3
框架-核心筒结构的周边柱间必须设置框架梁。

4.1.2 设备

扫描进入建识网

表 4-15 涉及设备专业的强条条款

序号	关键信息	出处	使用指引	附图
1	–	防规 6.2.9	（1~3）电梯与设备井道的构造规定	图4-40
2	–	防规 6.3.5	管道穿越防火隔墙、楼板和防火墙的规定	–
3	–	防规 7.3.6	消防电梯井、机房与相邻电梯井、机房之间应设置耐火极限不低于2.00 h的防火隔墙，隔墙上的门应采用甲级防火门	–
4	21 m	防规 8.2.1	（2）建筑高度大于 21 m 的住宅建筑应设置室内消火栓系统	–
5	100 m	防规 8.3.3	（4）建筑高度大于 100 m 的住宅建筑应设置自动灭火系统	–
6	–	防规 8.5.1	建筑设置防烟设施的场所	–
7	–	防规 8.5.3	（5）建筑设置排烟设施的场所	–
8	–	住建 7.1.4	设备管线穿楼板墙体的孔洞要密封隔声	–
9	卧室起居室	住建 7.1.5	电梯紧邻房间的规定	–
10	–	住建 7.1.6	设备与设备房要有隔声减振措施	–
11	–	住建 8.1.1	住宅应设室内给水排水系统	–
12	–	住建 8.1.2	严寒地区和寒冷地区的住宅应设采暖设施	–
13	–	住建 8.1.3	住宅应设照明供电系统	–
14	–	住建 8.1.4	公共管道不应设在住宅套内的规定	–
15	–	住建 8.1.5	水表、电能表、热量表和燃气表的设置应便于管理	–

续表

序号	关键信息	出处	使用指引	附图
16	-	住建 8.2.6	卫生器具和配件应采用节水型产品	-
17	-	住建 8.2.7	排水立管的位置要求	-
18	-	住建 8.2.8	设有淋浴器和洗衣机的部位应设地漏	-
19	-	住建 8.3.1	集中采暖系统的分室（户）温度调节与设置计量装置的规定	-
20	-	住建 8.3.6	厨房和无外窗的卫生间通风措施的规定	-
21	-	住建 8.4.4	套内燃气设备应设置在厨房或与厨房相连的阳台内	-
22	-	住建 8.4.7	住宅内燃气管道敷设的规定	-
23	-	住建 8.4.9	住宅内各类用气设备烟道的规定	-
24	-	住建 9.1.5	住宅建筑设备的设置和管线敷设应满足防火安全要求	-
25	-	住建 9.4.3	住宅建筑中竖井的设置要求	-
26	8层	住建 9.6.1	8层及8层以上的住宅建筑应设置室内消防给水设施	-
27	35层	住建 9.6.2	35层及35层以上的住宅建筑应设置自动喷水灭火系统	-
28	-	住设 8.1.1	与本表第11项相同	-
29	-	住设 8.1.2	与本表第12项相同	-
30	-	住设 8.1.3	与本表第13项相同	-
31	-	住设 8.1.7	公共设施不应设置在住宅套内，应设置在共用空间内	-
32	-	住设 8.2.6	排水立管的位置要求	-
33	-	住设 8.2.11	低于室外地面的卫生器具和地漏排水要求	-

续表

序号	关键信息	出处	使用指引	附图
34	–	住设 8.4.3	燃气设备设置的规定	–
35	–	住设 8.4.4	住宅内各类烟气排至室外的规定	–
36	–	住设 8.5.3	对无外窗暗卫生间的通风设置规定	–
37	–	消火栓 5.2.4	（1）高位消防水箱的设置的规定	–
38	5℃	消火栓 5.2.5	高位消防水箱间的相关规定	–
39	10 m 甲级防火门	消火栓 5.5.12	消防水泵房的规定	–
40	100 m	防排烟 3.1.2	设置机械加压系统的规定	–
41	–	防排烟 3.1.5	防烟楼梯间及其前室机械加压送风系统设置规定	图 4-41
42	1.0 m² 2.0 m²	防排烟 3.2.1	自然通风方式楼梯间的开窗要求	图 4-42
43	2.0 m² 3.0 m²	防排烟 3.2.2	自然通风方式前室的开窗要求	图 4-43
44	–	防排烟 3.2.3	对自然通风方式的封闭楼梯间和防烟楼梯间设置开窗开口的规定	–
45	–	防排烟 3.3.1	（1）建筑高度大于 100 m 的建筑，其机械加压送风系统规定	–
46	不燃材料	防排烟 3.3.7	机械加压送风系统采用管道送风的具体规定	–
47	1.0 m² 2.0 m²	防排烟 3.3.11	设置机械加压送风系统的封闭楼梯间、防烟楼梯间开设固定窗的规定	–
48	–	防排烟 4.4.1	机械排烟系统沿水平方向布置时，每个防火分区的机械排烟系统应独立设置	–
49	竖向分段	防排烟 4.4.2	建筑高度超过 100 m 的住宅排烟系统应竖向分段独立设置	–
50	–	防排烟 4.4.7	机械排烟系统采用管道排烟的具体规定	–
51	500 m²	防排烟 4.5.1	除地上建筑的走道或建筑面积小于 500 m² 的房间外，设置排烟系统的场所应设置补风系统	–
52	0.5 m 0.3 m	燃气 6.3.15	（1）室外架空的燃气管道的相关规定	–

图4-40 洞口封堵图示

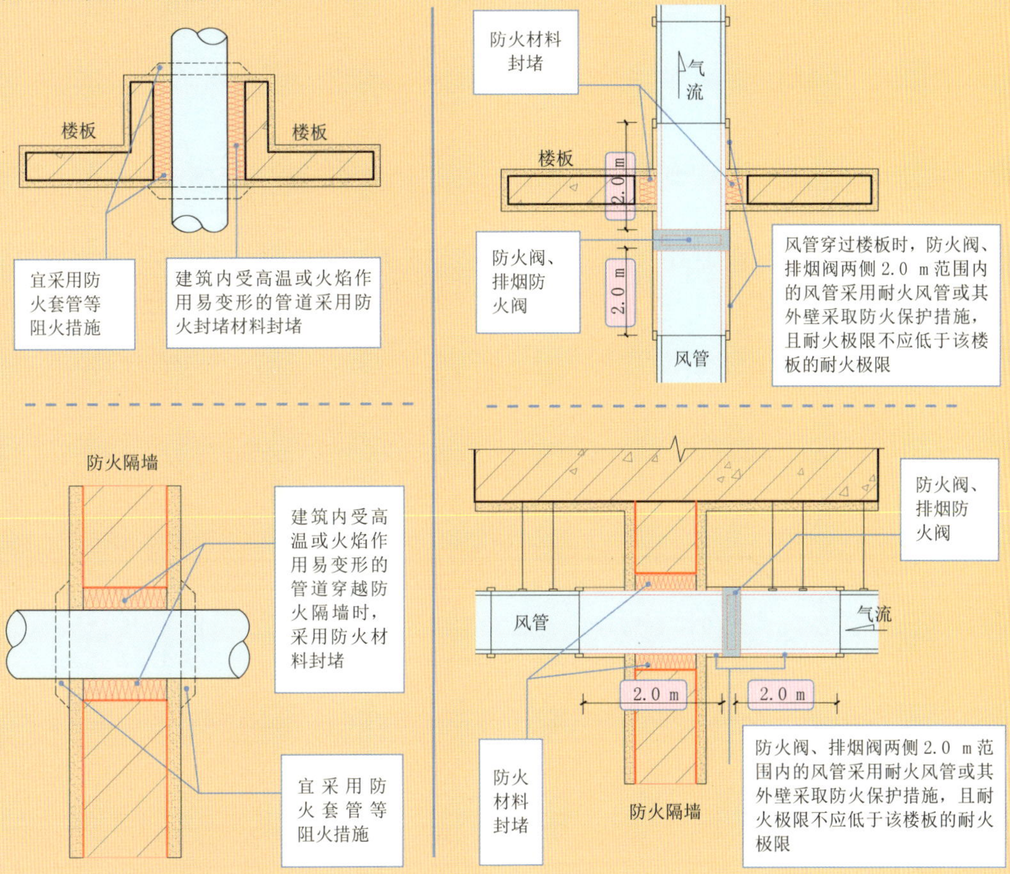

图4-41 防烟楼梯间及前室机械加压送风系统的设置图示

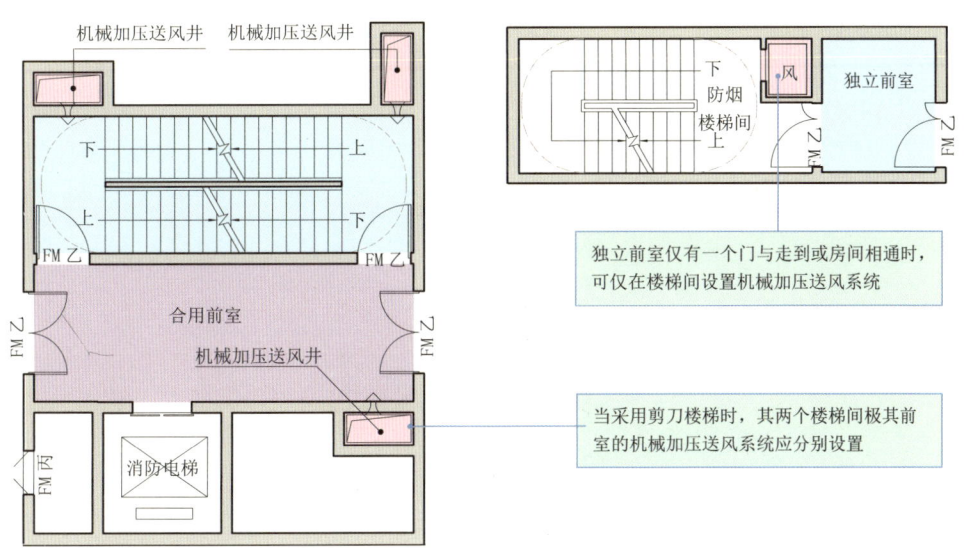

图4-42 | 自然通风方式的楼梯间要求图示与开窗实景

图4-43 | 自然通风方式前室的开窗实景与图示

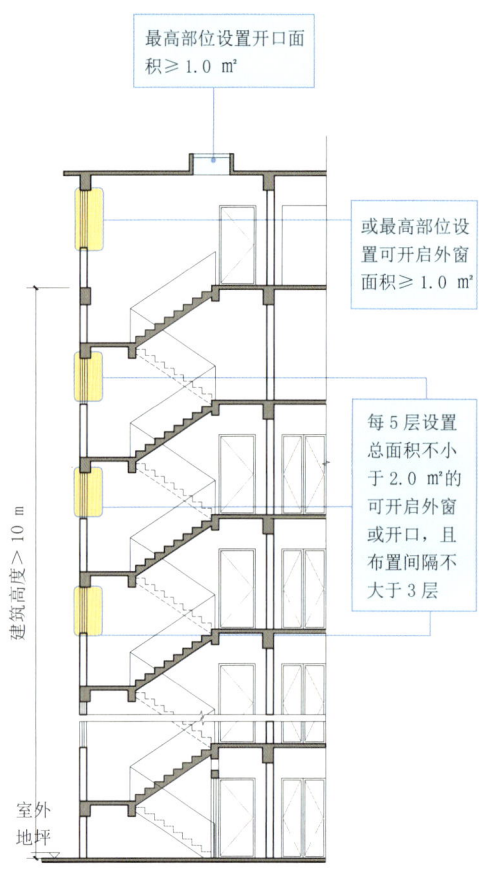

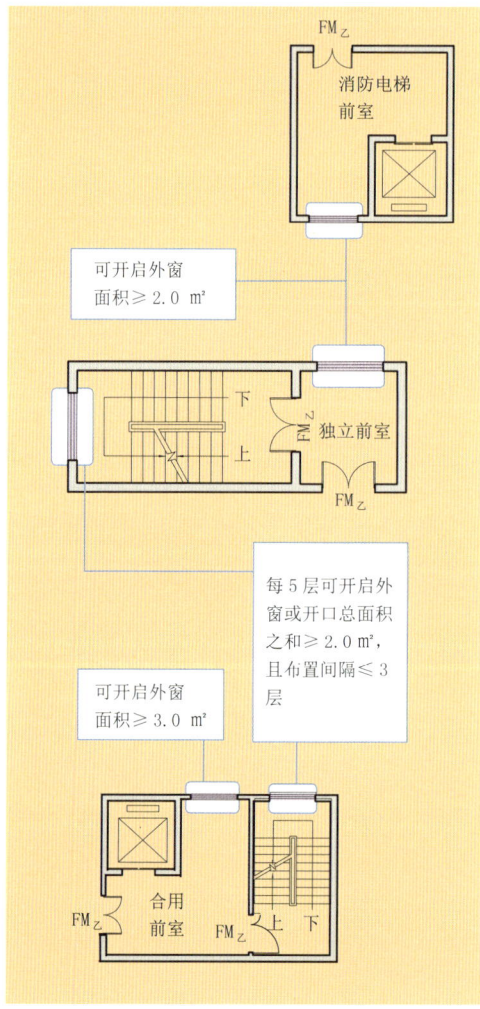

规范原文摘录

1 防规 6.2.9（节选）
建筑内的电梯井等竖井应符合下列规定：
1 电梯井应独立设置，井内严禁敷设可燃气体和甲、乙、丙类液体管道，不应敷设与电梯无关的电缆、电线等。电梯井的井壁除设置电梯门、安全逃生门和通气孔洞外，不应设置其他开口。
2 电缆井、管道井、排烟道、排气道、垃圾道等竖向井道，应分别独立设置。井壁的耐火极限不应低于1.00 h，井壁上的检查门应采用丙级防火门。
3 建筑内的电缆井、管道井应在每层楼板处采用不低于楼板耐火极限的不燃材料或防火封堵材料封堵。
建筑内的电缆井、管道井与房间、走道等相连通的孔隙应采用防火封堵材料封堵。

2 防规 6.3.5
防烟、排烟、供暖、通风和空气调节系统中的管道及建筑内的其他管道，在穿越防火隔墙、楼板和防火墙处的孔隙应采用防火封堵材料封堵；
风管穿过防火隔墙、楼板和防火墙时，穿越处风管上的防火阀、排烟防火阀两侧各2.0 m范围内的风管应采用耐火风管或风管外壁应采取防火保护措施，且耐火极限不应低于该防火分隔体的耐火极限。

3 防规 7.3.6
消防电梯井、机房与相邻电梯井、机房之间应设置耐火极限不低于2.00 h的防火隔墙，隔墙上的门应采用甲级防火门。

4 防规 8.2.1（节选）
下列建筑或场所应设置室内消火栓系统：
2 高层公共建筑和建筑高度大于21 m的住宅建筑。
注：建筑高度不大于27 m的住宅建筑，设置室内消火栓系统确有困难时，可只设置干式消防竖管和不带消火栓箱的DN65的室内消火栓。

5 防规 8.3.3（节选）
除本规范另有规定和不宜用水保护或灭火的场所外，下列高层民用建筑或场所应设置自动灭火系统，并宜采用自动喷水灭火系统：
4 建筑高度大于100 m的住宅建筑。

6 防规 8.5.1
建筑的下列场所或部位应设置防烟设施：
1 防烟楼梯间及其前室；
2 消防电梯间前室或合用前室；
3 避难走道的前室、避难层（间）。
建筑高度不大于50m的公共建筑、厂房、仓库和建筑高度不大于100m的住宅建筑，当其防烟楼梯间的前室或合用前室符合下列条件之一时，楼梯间可不设防烟系统：
1 前室或合用前室采用敞开的阳台、凹廊；
2 前室或合用前室具有不同朝向的可开启外窗，且可开启外窗的面积满足自然排烟口的面积要求。

7 防规 8.5.3（节选）
民用建筑的下列场所或部位应设置排烟设施：
5 建筑内长度大于20m的疏散走道。

8 住建 7.1.4
水、暖、电、气管线穿过楼板和墙体时，孔洞周边应采取密封隔声措施。

9 住建 7.1.5
电梯不应与卧室、起居室紧邻布置。受条件限制需要紧邻布置时，必须采取有效的隔声和减振措施。

10 住建 7.1.6
管道井、水泵房、风机房应采取有效的隔声措施，水泵、风机应采取减振措施。

11 住建 8.1.1
住宅应设室内给水排水系统。

12 住建 8.1.2
严寒地区和寒冷地区的住宅应设采暖设施。

13 住建 8.1.3
住宅应设照明供电系统。

14 住建 8.1.4
住宅的给水总立管、雨水立管、消防立管、采暖供回水总立管和电气、电信干线（管），不应布置在套内。公共功能的阀门、电气设备和用于总体调节和检修的部件，应设在共用部位。

15 住建 8.1.5
住宅的水表、电能表、热量表和燃气表的设置应便于管理。

16 住建 8.2.6
卫生器具和配件应采用节水型产品，不得使用一次冲水量大于 6 L 的坐便器。

17 住建 8.2.7
住宅厨房和卫生间的排水立管应分别设置。排水管道不得穿越卧室。

18 住建 8.2.8
设有淋浴器和洗衣机的部位应设置地漏，其水封深度不得小于 50 mm。构造内无存水弯的卫生器具与生活排水管道连接时，在排水口以下应设存水弯，其水封深度不得小于 50 mm。

19 住建 8.3.1
集中采暖系统应采取分室（户）温度调节措施，并应设置分户（单元）计量装置或预留安装计量装置的位置。

20 住建 8.3.6
厨房和无外窗的卫生间应有通风措施，且应预留安装排风机的位置和条件。

21 住建 8.4.4
套内的燃气设备应设置在厨房或与厨房相连的阳台内。

22 住建 8.4.7
住宅内燃气管道不得敷设在卧室、暖气沟、排烟道、垃圾道和电梯井内。

23 住建 8.4.9
住宅内各类用气设备排出的烟气必须排至室外。多台设备合用一个烟道时不得相互干扰。厨房燃具排气罩排出的油烟不得与热水器或采暖炉排烟合用一个烟道。

24 住建 9.1.5
住宅建筑设备的设置和管线敷设应满足防火安全要求。

25 住建 9.4.3
住宅建筑中竖井的设置应符合下列要求：
    1 电梯井应独立设置，井内严禁敷设燃气管道，并不应敷设与电梯无关的电缆、电线等。电梯井井壁上除开设电梯门洞和通气孔洞外，不应开设其他洞口。
    2 电缆井、管道井、排烟道、排气道等竖井应分别独立设置，其井壁应采用耐火极限不低于 1.00 h 的不燃性构件。

    3 电缆井、管道井应在每层楼板处采用不低于楼板耐火极限的不燃性材料或防火封堵材料封堵；电缆井、管道井与房间、走道等相连通的孔洞，其空隙应采用防火封堵材料封堵。
    4 电缆井和管道井设置在防烟楼梯间前室、合用前室时，其井壁上的检查门应采用丙级防火门。

26 住建 9.6.1
8 层及 8 层以上的住宅建筑应设置室内消防给水设施。

27 住建 9.6.2
35 层及 35 层以上的住宅建筑应设置自动喷水灭火系统。

28 住设 8.1.1
住宅应设置室内给水排水系统。

29 住设 8.1.2
严寒和寒冷地区的住宅应设置采暖设施。

30 住设 8.1.3
住宅应设置照明供电系统。

31 住设 8.1.7
下列设施不应设置在住宅套内，应设置在共用空间内：
    1 公共功能的管道，包括给水总立管、消防立管、雨水立管、采暖（空调）供回水总立管和配电和弱电干线（管）等，设置在开敞式阳台的雨水立管除外；
    2 公共的管道阀门、电气设备和用于总体调节和检修的部件，户内排水立管检修口除外；
    3 采暖管沟和电缆沟的检查孔。

32 住设 8.2.6
厨房和卫生间的排水立管应分别设置。排水管道不得穿越卧室。

33 住设 8.2.11
地下室、半地下室中低于室外地面的卫生器具和地漏的排水管，不应与上部排水管连接，应设置集水设施用污水泵排出。

34 住设 8.4.3
燃气设备的设置应符合下列规定：
    1 燃气设备严禁设置在卧室内；
    2 严禁在浴室内安装直接排气式、半密闭式燃气热水器等在使用空间内积聚有害气体的加热设备；
    3 户内燃气灶应安装在通风良好的厨房、阳台内；
    4 燃气热水器等燃气设备应安装在通风良好的厨房、阳台内或其他非居住房间。

35 住设 8.4.4
住宅户内各类用气设备的烟气必须排至室外。排气口应采取防风措施，安装燃气设备的房间应预留安装位置和排气孔洞位置；当多台设备合用竖向排气道排放烟气时，应保证互不影响。户内燃气热水器、分户设置的采暖或制冷燃气设备的排气管不得与燃气灶排油烟机的排气管合并接入同一管道。

36 住设 8.5.3
无外窗的暗卫生间，应设置防止回流的机械通风设施或预留机械通风设置条件。

37 消火栓 5.2.4 （节选）
高位消防水箱的设置应符合下列规定：
    1. 当高位消防水箱在屋顶露天设置时，水箱的人孔以及进出水管的阀门等应采取锁具或阀门箱等保护措施。

38 消火栓 5.2.5
高位消防水箱间应通风良好，不应结冰，当必须设置在严寒、寒冷等冬季结冰地区的非采暖房间时，应采取防冻措施，环境温度或水温不应低于5°C。

39 消火栓 5.5.12
消防水泵房应符合下列规定：
1 独立建造的消防水泵房耐火等级不应低于二级；
2 附设在建筑物内的消防水泵房，不应设置在地下三层及以下，或室内地面与室外出入口地坪高差大于10 m的地下楼层；
3 附设在建筑物内的消防水泵房，应采用耐火极限不低于2.0 h的隔墙和1.50 h的楼板与其他部位隔开，其疏散门应直通安全出口，且开向疏散走道的门应采用甲级防火门。

40 防排烟 3.1.2
建筑高度大于50 m的公共建筑、工业建筑和建筑高度大于100 m的住宅建筑，其防烟楼梯间、独立前室、共用前室、合用前室及消防电梯前室应采用机械加压送风系统。

41 防排烟 3.1.5
防烟楼梯间及其前室的机械加压送风系统的设置应符合下列规定：
2. 当采用合用前室时，楼梯间、合用前室应分别独立设置机械加压送风系统；
3. 当采用剪刀楼梯时，其两个楼梯间及其前室的机械加压送风系统应分别独立设置。

42 防排烟 3.2.1
采用自然通风方式的封闭楼梯间、防烟楼梯间，应在最高部位设置面积不小于1.0 m²的可开启外窗或开口；当建筑高度大于10 m时，尚应在楼梯间的外墙上每5层内设置总面积不小于2.0 m²的可开启外窗或开口，且布置间隔不大于3层。

43 防排烟 3.2.2
前室采用自然通风方式时，独立前室、消防电梯前室可开启外窗或开口的面积不应小于2.0 m²，共用前室、合用前室不应小于3.0 m²。

44 防排烟 3.2.3
采用自然通风方式的避难层（间）应设有不同朝向的可开启外窗，其有效面积不应小于该避难层（间）地面面积的2%，且每个朝向的面积不应小于2.0 m²。

45 防排烟 3.3.3
建筑高度大于100 m的建筑，其机械加压送风系统应竖向分段独立设置，且每段高度不应超过100 m。

46 防排烟 3.3.7
机械加压送风系统应采用管道送风，且不应采用土建风道。送风管道应采用不燃材料制作且内壁应光滑。当送风管道内壁为金属时，设计风速不应大于20 m/s；当送风管道内壁为非金属时，设计风速不应大于15 m/s；送风管道的厚度应符合现行国家标准《通风与空调工程施工质量验收规范》GB 50243的规定。

47 防排烟 3.3.11
设置机械加压送风系统的封闭楼梯间、防烟楼梯间，尚应在其顶部设置不小于1 m²的固定窗。靠外墙的防烟楼梯间，尚应在其外墙上每5层内设置总面积不小于2m²的固定窗。

48 防排烟 4.4.1
当建筑的机械排烟系统沿水平方向布置时，每个防火分区的机械排烟系统应独立设置。

49 防排烟 4.4.2
建筑高度超过50 m的公共建筑和建筑高度超过100 m的住宅，其排烟系统应竖向分段独立设置，且公共建筑每段高度不应超过50 m，住宅建筑每段高度不应超过100 m。

50 防排烟 4.4.7

机械排烟系统应采用管道排烟，且不应采用土建风道。排烟管道应采用不燃材料制作且内壁应光滑。当排烟管道内壁为金属时，管道设计风速不应大于 20 m/s；当排烟管道内壁为非金属时，管道设计风速不应大于 15 m/s；排烟管道的厚度应按现行国家标准《通风与空调工程施工质量验收规范》GB 50243 的有关规定执行。

51 防排烟 4.5.1

除地上建筑的走道或建筑面积小于 500 m² 的房间外，设置排烟系统的场所应设置补风系统。

52 燃气 6.3.15（节选）

室外架空的燃气管道，可沿建筑物外墙或支柱敷设。并应符合下列要求：

1　中压和低压燃气管道，可沿建筑耐火等级不低于二级的住宅或公共建筑的外墙敷设；次高压 B、中压和低压燃气管道，可沿建筑耐火等级不低于二级的丁、戊类生产厂房的外墙敷设。

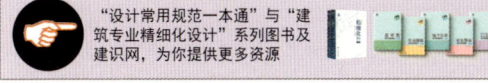

4.1.3 装修

表4-16　涉及装修专业的强条条款

序号	关键信息	出处	使用指引	附图
1	-	内防 4.0.1	建筑内部装修不应改动的部位	-
2	-	内防 4.0.2	建筑内部消火栓箱门的规定	-
3	-	内防 4.0.3	疏散走道和安全出口的顶棚、墙面材料的规定	-
4	-	内防 4.0.4	水平疏散走道和安全出口门厅的规定	-
5	-	内防 4.0.5	疏散楼梯间和前室装修材料的规定	-
6	-	内防 4.0.6	中庭、走马廊、开敞楼梯、自动扶梯连通部位的顶棚、墙面及其他部位装修材料的规定	-
7	提高一级	内防 4.0.8	无窗房间内部装修材料的规定	-
8	A级	内防 4.0.11	厨房装修材料的规定	-
9	提高一级	内防 4.0.12	经常使用明火器具的餐厅其装修材料的规定	-
10	B_1级	内防 4.0.13	民用建筑内的库房或贮藏间装修材料的规定	-
11	-	内防 5.1.1	（节选）单层、多层住宅建筑内部各部位装修材料规定	图4-44
12	-	内防 5.2.1	高层住宅建筑内部各部位装修材料的燃烧的规定	图4-44
13	-	内环 4.3.1	室内不得使用国家禁止使用、限制使用的建筑材料	-
14	I类、A类	内环 4.3.2	I类民用建筑工程室内装修采用的无机非金属装修材料必须为A类	-

续表

序号	关键信息	出处	使用指引	附图
15	–	内环 4.3.4	Ⅰ类民用建筑工程的室内装修，采用的人造木板及饰面人造木板必须达到 E1 级要求	–
16	–	内环 4.3.9	室内装修中严禁采用沥青、煤焦油类防腐、防潮处理剂的规定	–
17	0.76 mm	玻璃 8.2.2	屋面玻璃或雨篷玻璃必须使用夹层玻璃或夹层中空玻璃，其胶片厚度不应小于0.76 mm	–
18	–	玻璃 9.1.2	地板玻璃采用夹层玻璃的规定	–
19	–	外墙砖 4.0.4	外墙饰面砖伸缩缝应采用耐候密封胶嵌缝	–
20	–	外墙砖 4.0.8	墙面凹凸部位应采用防和排水构造	–
21	20 m 1.0 m²	金石幕 5.5.2	钢销式石材幕墙在抗震地区的高度与面积限值规定	–

图4-44 ｜ 装修材料示例

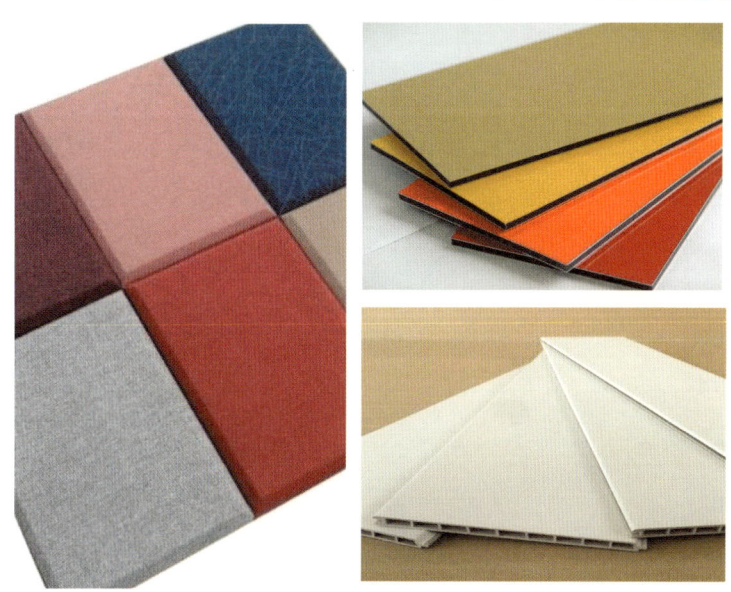

规范原文摘录

1 内防 4.0.1
建筑内部装修不应擅自减少、改动、拆除、遮挡消防设施、疏散指示标志、安全出口、疏散出口、疏散走道和防火分区、防烟分区等。

2 内防 4.0.2
建筑内部消火栓箱门不应被装饰物遮掩，消火栓箱门四周的装修材料颜色应与消火栓箱门的颜色有明显区别或在消火栓箱门表面设置发光标志。

3 内防 4.0.3
疏散走道和安全出口的顶棚、墙面不应采用影响人员安全疏散的镜面反光材料。

4 内防 4.0.4
地上建筑的水平疏散走道和安全出口的门厅，其顶棚应采用A级装修材料，其他部位应采用不低于B_1级的装修材料；地下民用建筑的疏散走道和安全出口的门厅，其顶棚、墙面和地面均应采用A级装修材料。

5 内防 4.0.5
疏散楼梯间和前室的顶棚、墙面和地面均应采用A级装修材料。

6 内防 4.0.6
建筑物内设有上下层相连通的中庭、走马廊、开敞楼梯、自动扶梯时，其连通部位的顶棚、墙面应采用A级装修材料，其他部位应采用不低于B_1级的装修材料。

7 内防 4.0.8
无窗房间内部装修材料的燃烧性能等级除A级外，应在表5.1.1、表5.2.1、表5.3.1、表6.0.1、表6.0.5规定的基础上提高一级。

8 内防 4.0.11
建筑物内的厨房，其顶棚、墙面、地面均应采用A级装修材料。

9 内防 4.0.12
经常使用明火器具的餐厅、科研试验室，其装修材料的燃烧性能等级除A级外，应在表5.1.1、表5.2.1、表5.3.1、表6.0.1、表6.0.5规定的基础上提高一级。

10 内防 4.0.13
民用建筑内的库房或贮藏间，其内部所有装修除应符合相应场所规定外，且应采用不低于B_1级的装修材料。

11 内防 5.1.1
单层、多层民用建筑内部各部位装修材料的燃烧性能等级，不应低于本规范表5.1.1的规定。

表5.1.1 单层、多层民用建筑内部各部位装修材料的燃烧性能等级（节选）

序号	建筑物及场所	建筑规模、性质	装修材料燃烧性能等级							其他装修装饰材料
			顶棚	墙面	地面	隔断	固定家具	装饰织物		
								窗帘	帷幕	
17	住宅	—	B_1	B_1	B_1	B_1	B_2	B_2	—	B_2

12 内防 5.2.1
高层民用建筑内部各部位装修材料的燃烧性能等级，不应低于本规范表5.2.1的规定。

表5.2.1 高层民用建筑内部各部位装修材料的燃烧性能等级（节选）

序号	建筑物及场所	建筑规模、性质	装修材料燃烧性能等级								其他装修装饰材料
			顶棚	墙面	地面	隔断	固定家具	装饰织物			
								窗帘	帷幕	床罩	家具包布	
17	住宅	—	A	B_1	B_1	B_1	B_2	B_1	—	B_1	B_2	B_1

| 13 | 内环 4.3.1
民用建筑工程室内不得使用国家禁止使用、限制使用的建筑材料。

| 14 | 内环 4.3.2
Ⅰ类民用建筑工程室内装修采用的无机非金属装修材料必须为 A 类。

| 15 | 内环 4.3.4
Ⅰ类民用建筑工程的室内装修，采用的人造木板及饰面人造木板必须达到E_1级要求。

| 16 | 内环 4.3.9
民用建筑工程室内装修中所使用的木地板及其他木质材料，严禁采用沥青、煤焦油类防腐、防潮处理剂。

| 17 | 玻璃 8.2.2
屋面玻璃或雨篷玻璃必须使用夹层玻璃或夹层中空玻璃，其胶片厚度不应小于0.76 mm。

| 18 | 玻璃 9.1.2
地板玻璃必须采用夹层玻璃，点支承地板玻璃必须采用钢化夹层玻璃。钢化玻璃必须进行均质处理。

| 19 | 外墙砖 4.0.4
外墙饰面砖伸缩缝应采用耐候密封胶嵌缝。

| 20 | 外墙砖 4.0.8
窗台、接口、装饰线等墙面凹凸部位应采用防水和排水构造。

| 21 | 金石幕 5.5.2
钢销式石材幕墙可在非抗震设计或 6 度、7 度抗震设计幕墙中应用，幕墙高度不宜大于 20 m，石板面积不宜大于 1.0 m^2。钢销和连接板应采用不锈钢。连接板截面尺寸不宜小于 40mm×4mm。钢销与孔的要求应符合本规范第 6.3.2 条的规定。

4.2 节能专题

对于节能专题，实际项目中以各地标准（及软件）为准。

4.1.1 基本规定

表 4-17 节能涉及的基本规定性强条条款

序号	关键信息	出处	使用指引	附图
1	—	住建 3.1.10	住宅必须进行节能设计	—
2	—	住建 10.1.1	通过体形朝向窗墙面积比及设备等降低能耗	—
3	—	住建 10.1.2	节能设计应采用规定性指标，或采用直接计算采暖、空气调节能耗的性能化方法规定	—
4	—	住建 10.1.3	住宅围护结构的构造应防止围护结构内部保温材料受潮	图 4-45
5	—	住建 10.1.4	公共部位的照明应采用高效光源、高效灯具和节能控制措施	—
6	—	住建 10.1.5	住宅内使用的电梯、水泵、风机等设备应采取节电措施	—
7	—	采光顶 4.5.1	有热工性能要求时，公共建筑金属屋面的传热系数和采光顶的传热系数、遮阳系数的规定	—
8	结露验算	热工 4.2.11	围护结构中热桥内表面温度的规定	—

图 4-45 风幕墙节能原理示例

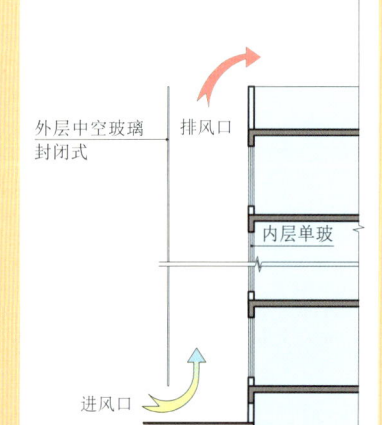

封闭式内通风幕墙

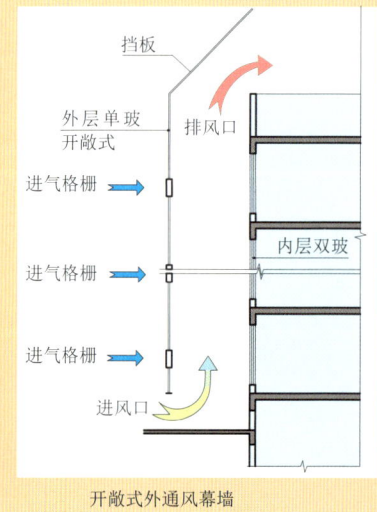

开敞式外通风幕墙

规范原文摘录

1 住建 3.1.10
住宅必须进行节能设计,且住宅及其室内设备应能有效利用能源和水资源。

2 住建 10.1.1
住宅应通过合理选择建筑的体形、朝向和窗墙面积比,增强围护结构的保温、隔热性能,使用能效比高的采暖和空气调节设备和系统,采取室温调控和热量计量措施来降低采暖、空气调节能耗。

3 住建 10.1.2
节能设计应采用规定性指标,或采用直接计算采暖、空气调节能耗的性能化方法。

4 住建 10.1.3
住宅围护结构的构造应防止围护结构内部保温材料受潮。

5 住建 10.1.4
住宅公共部位的照明应采用高效光源、高效灯具和节能控制措施。

6 住建 10.1.5
住宅内使用的电梯、水泵、风机等设备应采取节电措施。

7 采光顶 4.5.1
有热工性能要求时,公共建筑金属屋面的传热系数和采光顶的传热系数、遮阳系数应符合表 4.5.1-1 的规定,居住建筑金属屋面的传热系数应符合表 4.5.1-2 的规定。

表 4.5.1-1　公共建筑金属屋面传热系数和采光顶的传热系数、遮阳系数限值

围护结构	区　域	传热系数 [W/(m²·K)]		遮阳系数 SC
		体型系数≤0.3	0.3≤体型系数≤0.4	
金属屋面	严寒地区A区	≤0.35	≤0.30	—
	严寒地区B区	≤0.45	≤0.35	—
	寒冷地区	≤0.55	≤0.45	—
	夏热冬冷	≤0.7		—
	夏热冬暖	≤0.9		—
采光顶	严寒地区A区	≤2.5		—
	严寒地区B区	≤2.6		—
	寒冷地区	≤2.7		≤0.50
	夏热冬冷	≤3.0		≤0.40
	夏热冬暖	≤3.5		≤0.35

表 4.5.1-2　居住建筑金属屋面传热系数限值

区　域	传热系数 [W/(m²·K)]						
	3层及 3层以下	3层以上	体型系数≤0.4		体型系数＞0.4		
			D≤2.5	D＞2.5	D≤2.5	D＞2.5	D＜2.5	D≥2.5
严寒地区A区	0.20	0.25	—	—	—	—	—	—
严寒地区B区	0.25	0.30	—	—	—	—	—	—
严寒地区C区	0.30	0.40	—	—	—	—	—	—
寒冷地区A区 寒冷地区B区	0.35	0.45	—	—	—	—	—	—
夏热冬冷	—	—	≤0.8	≤1.0	≤0.5	≤0.6	—	—
夏热冬暖	—	—	—	—	—	—	≤0.5	≤1.0

注:D 为热惰性系数。

8 热工 4.2.11
围护结构中的热桥部位应进行表面结露验算,并应采取保温措施,确保热桥内表面温度高于房间空气露点温度。

4.1.2 节能设计

扫描进入建识网

表4-18 节能设计涉及的强条条款

序号	关键信息	出处	使用指引	附图
1	—	严寒寒冷 4.1.3	严寒和寒冷地区居住建筑体形系数规定	—
2	—	严寒寒冷 4.1.4	严寒和寒冷地区居住建筑的窗墙面积比限值的规定	—
3	0.1、0.15	严寒寒冷 4.1.5	严寒地与寒冷区居住建筑的屋面天窗与该房间屋面面积的比值规定	—
4	—	严寒寒冷 4.1.14	安装太阳能热利用或太阳能光伏发电系统,不得降低本建筑和相邻建筑的日照标准	—
5	—	严寒寒冷 4.2.1	建筑外围护结构的传热系数规定与周边地面和地下室外墙保温材料层热阻规定	—
6	传热系数	严寒寒冷 4.2.2	建筑内围护结构的传热系数与寒冷B区(2B区)夏季外窗与天窗的太阳得热系数规定	—
7	6级	严寒寒冷 4.2.6	外窗及敞开式阳台门具有良好的密闭性能与严寒和寒冷地区外窗及敞开式阳台门的气密性等级要求	—
8	—	夏热冬冷 4.0.3	夏热冬冷地区居住建筑体形系数的规定	—
9	—	夏热冬冷 4.0.4	围护结构各部分热工设计限值的规定	—
10	—	夏热冬冷 4.0.5	外窗窗墙比限值及外窗传热系数限值的规定、综合遮阳系数的规定、外窗为凸窗时的传热系数限值的规定	—
11	4级、6级	夏热冬冷 4.0.9	外窗及敞开式阳台门气密性等级的规定	—
12	—	夏热冬冷 6.0.2	采用集中采暖、空调系统时,必须设置分室(户)温度调节、控制装置及分户热(冷)量计量或分摊设施	—
13	—	夏热冬冷 6.0.3	不应设计直接电热采暖的两种背景情况	—
14	—	夏热冬冷 6.0.5	户式燃气采暖热水炉作为采暖热源的标准	—
15	—	夏热冬冷 6.0.6	冷热源机组的能效比规定	—

续表

序号	关键信息	出处	使用指引	附图
16	–	夏热冬冷 6.0.7	大地与水资源作为居住区或户用空调的冷热源时，严禁破坏、污染地下资源	–
17	0.40（南北） 0.30（东西）	夏热冬暖 4.0.4	各朝向的单一朝向窗墙面积比的规定	–
18	1/7	夏热冬暖 4.0.5	主要房间窗地比的规定	–
19	4%	夏热冬暖 4.0.6	居住建筑天窗的规定	–
20	–	夏热冬暖 4.0.7	居住建筑屋顶和外墙传热系数和热惰性指标的规定	–
21	–	夏热冬暖 4.0.8	居住建筑外窗平均传热系数和平均综合遮阳系数的规定	–
22	0.8	夏热冬暖 4.0.10	居住建筑东、西向外窗遮阳的规定	–
23	10% 45%	夏热冬暖 4.0.13	外窗通风开口面积的规定	–
24	–	温和地区 4.2.1	温和地区居住建筑非透光围护结构热工指标规定	–
25	窗墙面积比限值	温和地区 4.2.2	温和地区外窗窗墙面积比相关限值规定	–
26	外窗面积限值	温和地区 4.3.6	温和B区居住建筑卧室、起居室(厅)外窗面积限值	–
27	–	温和地区 4.4.3	温和地区外窗综合遮阳系数的规定	–

图4-46 | 外墙遮阳示例

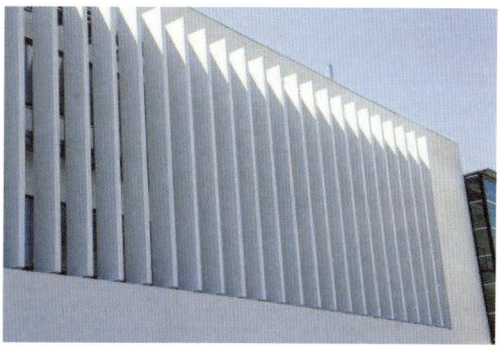

规范原文摘录

1 严寒寒冷 4.1.3

严寒和寒冷地区居住建筑的体形系数不应大于表4.1.3规定的限值。当体形系数大于表4.1.3规定的限值时，必须按本标准第4.3节的规定进行围护结构热工性能的权衡判断。

表4.1.3 体形系数限值

气候区	建筑层数	
	≤3层	≥4层
严寒地区（1区）	0.55	0.30
寒冷地区（2区）	0.57	0.33

2 严寒寒冷 4.1.4

严寒和寒冷地区居住建筑的窗墙面积比不应大于表4.1.4规定的限值。当窗墙面积大于表4.1.4规定的限值时，必须按本标准第4.3节的规定进行围护结构热工性能的权衡判断。

表4.1.4 窗墙面积比限值

朝向	窗墙面积比	
	严寒地区（1区）	寒冷地区（2区）
北	0.25	0.30
东、西	0.30	0.35
南	0.45	0.50

注：1 敞开式阳台的阳台门上部透光部分应计入窗户面积，下部不透光部分不应计入窗户面积。
2 表中的窗墙面积比应按开间计算。表中的"北"代表从北偏东小于60°至北偏西小于60°的范围；"东、西"代表从东或西偏北小于等于30°至偏南小于60°的范围；"南"代表从南偏东小于等于30°至偏西小于等于30°的范围。

3 严寒寒冷 4.1.5

严寒地区居住建筑的屋面天窗与该房间屋面面积的比值不应大于0.10，寒冷地区不应大于0.15。

4 严寒寒冷 4.1.14

建筑物上安装太阳能热利用或太阳能光伏发电系统，不得降低本建筑和相邻建筑的日照标准。

5 严寒寒冷 4.2.1

根据建筑物所处城市的气候分区区属不同，建筑外围护结构的传热系数不应大于表4.2.1-1～表4.2.1-5规定的限值，周边地面和地下室外墙的保温材料层热阻不应小于表4.2.1-1～表4.2.1-5规定的限值。当建筑外围护结构的热工性能参数不满足上述规定时，必须按照本标准第4.3节的规定进行围护结构热工性能的权衡判断。

表4.2.1-1 严寒（A）（1A区）外围护结构热工性能参数限值

围护结构部位		传热系数 K [W/(m²·K)]	
		≤3层	≥4层
屋面		0.15	0.15
外墙		0.25	0.35
架空或外挑楼板		0.25	0.35
外窗	窗墙面积比≤0.30	1.4	1.6
	0.30＜窗墙面积比≤0.45	1.4	1.6
屋面天窗		1.4	

续表 4.2.1-1

围护结构部位	传热系数 K [W/(m²·K)]	
	≤3层	≥4层
围护结构部位	保温材料层热阻 R [(m²·K)/W]	
周边地面	2.00	2.00
地下室外墙（与土壤接触的外墙）	2.00	2.00

表 4.2.1-2　严寒（B）(1B区)外围护结构热工性能参数限值

围护结构部位		传热系数 K [W/(m²·K)]	
		≤3层	≥4层
屋　面		0.20	0.20
外　墙		0.25	0.35
架空或外挑楼板		0.25	0.35
外窗	窗墙面积比≤0.30	1.4	1.8
	0.30＜窗墙面积比≤0.45	1.4	1.6
屋面天窗		1.4	
围护结构部位		保温材料层热阻 R [(m²·K)/W]	
周边地面		1.80	1.80
地下室外墙（与土壤接触的外墙）		2.00	2.00

表 4.2.1-3　严寒（C）(1C区)外围护结构热工性能参数限值

围护结构部位		传热系数 K [W/(m²·K)]	
		≤3层	≥4层
屋　面		0.20	0.20
外　墙		0.30	0.40
架空或外挑楼板		0.30	0.40
外窗	窗墙面积比≤0.30	1.6	2.0
	0.30＜窗墙面积比≤0.45	1.4	1.8
屋面天窗		1.6	

续表 4.2.1-3

围护结构部位	传热系数 K [W/(m²·K)]	
	≤3层	≥4层
围护结构部位	保温材料层热阻 R [(m²·K)/W]	
周边地面	1.80	1.80
地下室外墙（与土壤接触的外墙）	2.00	2.00

表4.2.1-4 寒冷（A）（2A区）外围护结构热工性能参数限值

围护结构部位		传热系数 K [W/(m²·K)]	
		≤3层	≥4层
屋面		0.25	0.25
外墙		0.35	0.45
架空或外挑楼板		0.35	0.45
外窗	窗墙面积比≤0.30	1.8	2.2
	0.30＜窗墙面积比≤0.45	1.5	2.0
屋面天窗		1.8	
围护结构部位		保温材料层热阻 R [(m²·K)/W]	
周边地面		1.60	1.60
地下室外墙（与土壤接触的外墙		1.80	1.80

表4.2.1-5 寒冷（B）（2B区）外围护结构热工性能参数限值

围护结构部位		传热系数 K [W/(m²·K)]	
		≤3层	≥4层
屋面		0.30	0.30
外墙		0.35	0.45
架空或外挑楼板		0.35	0.45
外窗	窗墙面积比≤0.30	1.8	2.2
	0.30＜窗墙面积比≤0.45	1.5	2.0
屋面天窗		1.8	
围护结构部位		保温材料层热阻 R [(m²·K)/W]	

续表4.2.1-5

围护结构部位	传热系数 K [W/(m²·K)]	
	≤3层	≥4层
周边地面	1.50	1.50
地下室外墙（与土壤接触的外墙）	1.60	1.60

6 严寒寒冷 4.2.2

根据建筑物所处城市的气候分区区属不同，建筑围护结构的传热系数不应大于表4.2.2-1～表4.2.2-5规定的限值，周边地面和地下室外墙的保温材料层热阻不应小于表4.2.2-1～表4.2.2-5规定的限值，寒冷B区（2B区）夏季外窗太阳得热系数不应大于表4.2.2-2规定的限值，夏季天窗的太阳得热系数不应大于0.45。

表 4.2.2-1　内围护结构热工性能参数限值

围护结构部位	传热系数 K[W/(m²·K)]			
	严寒A区 （1A区）	严寒B区 （1B区）	严寒C区 （1C区）	寒冷A、B区 （2A、2B区）
阳台门下部门芯板	1.2	1.2	1.2	1.7
非供暖地下室顶板（上部为供暖房间时）	0.35	0.40	0.45	0.50
分隔采暖与非采暖空间的隔墙、楼板	1.2	1.2	1.5	1.5
分隔采暖与非采暖空间的户门	1.5	1.5	1.5	2.0
分隔供暖设计温度温差大于5K的隔墙、楼板	1.5	1.5	1.5	1.5

表 4.2.2-2　寒冷B区（2B区）夏季外窗太阳得热系数的限值

外窗的窗墙面积比	夏季太阳得热系数（东、西向）
20%＜窗墙面积比≤30%	—
30%＜窗墙面积比≤40%	0.55
40%＜窗墙面积比≤50%	0.50

7　严寒寒冷 4.2.6

外窗及敞开式阳台门应具有良好的密闭性能。严寒和寒冷地区外窗及敞开式阳台门的气密性等级不应低于国家标准《建筑外门窗气密、水密、抗风压性能分级及检测方法》GB/T 7106-2008 中规定的 6 级。

8　夏热冬冷 4.0.3

夏热冬冷地区居住建筑的体形系数不应大于表 4.0.3 规定的限值。当体形系数大于表 4.0.3 规定的限值时，必须按照本标准第 5 章的要求进行建筑围护结构热工性能的综合判断。

表 4.0.3　夏热冬冷地区居住建筑的体形系数限值

建筑层数	≤3层	(4～11)层	≥12层
建筑的体形系数	0.55	0.40	0.35

9　夏热冬冷 4.0.4

建筑围护结构各部分的传热系数和热惰性指标不应大于表 4.0.4 规定的限值。当设计建筑的围护结构中的屋面、外墙、架空或外挑楼板、外窗不符合表 4.0.4 的规定时，必须按照本标准第 5 章的规定进行建筑围护结构热工性能的综合判断。

表 4.0.4　建筑围护结构各部分的传热系数（K）和热惰性指标（D）的限值

围护结构部位		传热系数 K[W/(m²·K)]	
		热惰性指标 D≤2.5	热惰性指标 D＞2.5
体形系数 ≤0.40	屋面	0.8	1.0
	外墙	1.0	1.5

续表

围护结构部位		传热系数 K[w/(m²·K)]	
		热惰性指标 D≤2.5	热惰性指标 D＞2.5
体形系数 ≤0.40	底面接触室外空气的梁空或外挑楼板	1.5	
	分户墙、楼板、楼梯间隔墙、外走廊隔墙	2.0	
	户门	3.0（通往封闭空间）；2.0（通往非封闭空间或户外）	
	外窗（含阳台门透明部分）	应符合本标准表4.0.5-1、表4.0.2-2的规定	
体形系数 ＞0.40	屋面	0.5	0.6
	外墙	0.80	1.0
	底面接触室外空气的架空或外挑楼板	1.0	
	分户墙、楼板、楼梯间隔墙、外走廊隔墙	2.0	
	户门	3.0（通往封闭空间）；2.0（通往非封闭空间或户外）	
	外窗（含阳台透明部分）	应符合本标准4.0.5-1、表4.0.5-2的规定	

10 夏热冬冷 4.0.5

不同朝向外窗（包括阳台门的透明部分）的窗墙面积比不应大于表4.0.5-1规定的限值。不同朝向、不同窗墙面积比的外窗传热系数不应大于表4.0.5-2规定的限值；综合遮阳系数应符合表4.0.5-2的规定。当外窗为凸窗时，凸窗的传热系数限值应比表4.0.5-2规定的限值小10%；计算窗墙面积比时，凸窗的面积应按洞口面积计算。当设计建筑的窗墙面积比或传热系数、遮阳系数不符合表4.0.5-1和表4.0.5-2的规定时，必须按照本标准第5章的规定进行建筑围护结构热工性能的综合判断。

表4.0.5-1 不同朝向外窗的窗墙面积比限值

朝向	窗墙面积比
北	0.40
东、西	0.35
南	0.45
每套房间允许一个房间（不分朝向）	0.60

表4.0.5-2 不同朝向、不同窗墙面积比的外窗传热系数和综合遮阳系数限值

建筑	窗墙面积比	传热系数 K[W/(m².K)]	外窗综合遮阳系数 SCw（东、西向/南向）
体形系数 ≤0.40	窗墙面积比≤0.20	4.7	—/—
	0.20＜窗墙面积比≤0.30	4.0	—/—
	0.30＜窗墙面积比≤0.40	3.2	夏季≤0.40/夏季≤0.45
	0.40＜窗墙面积比≤0.45	2.8	夏季≤0.35/夏季≤0.40
	0.45＜窗墙面积比≤0.60	2.5	东、西，南向设置外遮阳 夏季≤0.25 冬季≥0.6
体形系数 ＞0.40	窗墙面积比≤0.20	4.0	—/—
	0.20＜窗墙面积比≤0.30	3.2	—/—
	0.30＜窗墙面积比≤0.40	2.8	夏季≤0.40/夏季≤0.45
	0.40＜窗墙面积比≤0.45	2.5	夏季≤0.35/夏季≤0.40
	0.45＜窗墙面积比≤0.60	2.3	东、西，南向设置外遮阳 夏季≤0.25 冬季≥0.60

注：1 表的"东，西"代表从东或西偏北30°（含30°）至偏南60°（含60°）的范围；"南"代表从南偏东30°至偏西30°的范围。
   2 楼梯间、外走廊的窗不按本表规定执行。

11 夏热冬冷 4.0.9

建筑物 1 至 6 层的外窗及敞开式阳台门的气密性等级，不应低于国家标准《建筑外门窗气密、水密、抗风压性能分级及检测方法》 GB/T 7106-2008 中规定的 4 级；7 层及 7 层以上的外窗及敞开式阳台门的气密性等级，不应低于该标准规定的 6 级。

12 夏热冬冷 6.0.2

当居住建筑采用集中采暖、空调系统时，必须设置分室（户）温度调节、控制装置及分户热（冷）量计量或分摊设施。

13 夏热冬冷 6.0.3

除当地电力充足和供电政策支持，或者建筑所在地无法利用其他形式的能源外，夏热冬冷地区居住建筑不应设计直接电热采暖。

14 夏热冬冷 6.0.5

当设计采用户式燃气采暖热水炉作为采暖热源时，其热效率应达到国家标准《家用燃气快速热水器和燃气采暖热水炉能效限定值及能效等级》GB 20665-2006 中的第 2 级。

15 夏热冬冷 6.0.6

当设计采用电机驱动压缩机的蒸气压缩循环冷水（热泵）机组，或采用名义制冷量大于 7100 W 的电机驱动压缩机单元式空气调节机，或采用蒸气、热水型溴化锂吸收式冷水机组及直燃型溴化锂吸收式冷（温）水机组作为住宅小区或整栋楼的冷热源机组时，所选用机组的能效比（性能系数）应符合现行国家标准《公共建筑节能设计标准》GB 50189 中的规定值；当设计采用多联式空调（热泵）机组作为户式集中空调（采暖）机组时，所选用机组的制冷综合性能系数（1PLV(C)）不应低于国家标准《多联式空调（热泵）机组能效限定值及能源效率等级》GB 21454-2008 中规定的第 3 级。

16 夏热冬冷 6.0.7

当选择土壤源热泵系统、浅层地下水源热泵系统、地表水（淡水、海水）源热泵系统、污水水源热泵系统作为居住区或户用空调的冷热源时，严禁破坏、污染地下资源。

17 夏热冬暖 4.0.4

各朝向的单一朝向窗墙面积比，南、北向不应大于 0.40；东、西向不应大于 0.30。当设计建筑的外窗不符合上述规定时，其空调采暖年耗电指数（或耗电量）不应超过参照建筑的空调采暖年耗电指数（或耗电量）。

18 夏热冬暖 4.0.5

建筑的卧室、书房、起居室等主要房间的房间窗地面积比不应小于 1/7。当房间窗地面积比小于 1/5 时，外窗玻璃的可见光透射比不应小于 0.40。

19 夏热冬暖 4.0.6

居住建筑的天窗面积不应大于屋顶总面积的 4%，传热系数不应大于 4.0 W/(m²·K)，遮阳系数不应大于 0.40。当设计建筑的天窗不符合上述规定时，其空调采暖年耗电指数（或耗电量）不应超过参照建筑的空调采暖年耗电指数（或耗电量）。

20 夏热冬暖 4.0.7

居住建筑屋顶和外墙的传热系数和热惰性指标应符合表 4.0.7 的规定。当设计建筑的南、北外墙不符合表 4.0.7 的规定时，其空调采暖年耗电指数（或耗电量）不应超过参照建筑的空调采暖年耗电指数（或耗电量）。

表4.0.7 屋顶和外墙的传热系数K[W/(m²·K)]、热惰性指标D

屋 顶	外 墙
0.4＜K≤0.9, D≥2.5	2.0＜K≤2.5,D≥3.0 或1.5＜K≤2.0,D≥2.8 或0.7＜K≤1.5,D≥2.5
K≤0.4	K≤0.7

注：1 D＜2.5的轻质屋顶和东、西墙，还应满足现行国家标准《民用建筑热工设计规范》 gB 50176所规定的隔热要求。
2 外墙传热系数K和热惰性指标D要求中，2.0＜K≤2.5，D≥3.0这一档仅适用于南区。

21 夏热冬暖 4.0.8

居住建筑外窗的平均传热系数和平均综合遮阳系数应符合表4.0.8-1和表4.0.8-2的规定。当设计建筑的外窗不符合表4.0.8-1和表4.0.8-2的规定时，建筑的空调采暖年耗电指数（或耗电量）不应超过参照建筑的空调采暖年耗电指数（或耗电量）。

表4.0.8-1 北区居住建筑建筑物外窗平均传热系数和平均综合遮阳系数限值

外墙平均指标	外墙平均传热系数K[W/(m².K)]	外窗加权平均综合遮阳系数 S_w			
		平均窗地面积比 C_{MF}≤0.25 或平均窗墙面积比 C_{MW}≤0.25	平均窗地面积比 0.25＜C_{MF}≤0.30 或平均窗墙面积比 0.25＜C_{MW}≤0.30	平均窗地面积比 0.30＜C_{MF}≤0.35 或平均窗墙面积比 0.30＜C_{MW}≤0.35	平均窗地面积比 0.35＜C_{MF}≤0.40 或平均窗墙面积比 0.35＜C_{MW}≤0.40
K≤2.0 D≥2.8	4.0	≤0.3	≤0.2	--	--
	3.5	≤0.5	≤0.3	≤0.2	--
	3.0	≤0.7	≤0.5	≤0.4	≤0.3
	2.5	≤0.8	≤0.6	≤0.6	≤0.4
K≤1.5 D≥2.5	6.0	≤0.6	≤0.3	--	--
	5.5	≤0.9	≤0.4	--	--
	5.0	≤0.9	≤0.6	≤0.3	--
	4.5	≤0.9	≤0.7	≤0.5	≤0.2
	4.0	≤0.9	≤0.8	≤0.6	≤0.4
	3.5	≤0.9	≤0.9	≤0.7	≤0.5
	3.0	≤0.9	≤0.9	≤0.8	≤0.6
	2.5	≤0.9	≤0.9	≤0.9	≤0.7
K≤1.0 D≥2.5 或 K≤0.7	6.0	≤0.9	≤0.9	≤0.6	≤0.2
	5.5	≤0.9	≤0.9	≤0.7	≤0.4
	5.0	≤0.9	≤0.9	≤0.8	≤0.6
	4.5	≤0.9	≤0.9	≤0.8	≤0.7
	4.0	≤0.9	≤0.9	≤0.9	≤0.7
	3.5	≤0.9	≤0.9	≤0.9	≤0.8

注：1 外窗包括阳台门
2 ρ为外墙外表面的太阳辐射吸收系数。

表 4.0.8-2　南区居住建筑建筑物外窗平均综合遮阳系数限值

外墙平均指标（$\rho \leqslant 0.8$）	外窗的加权平均综合这样系数 S_w				
	平均窗地面积比 $C_{MF} \leqslant 0.25$ 或平均窗墙面积比 $C_{MF} \leqslant 0.25$	平均窗地面积比 $0.25 < C_{MF} \leqslant 0.30$ 或平均窗墙面积比 $0.25 < C_{MW} \leqslant 0.30$	平均窗地面积比 $0.30 < C_{MF} \leqslant 0.35$ 或平均窗墙面积比 $0.30 < C_{MW} \leqslant 0.35$	平均窗地面积比 $0.35 < C_{MF} \leqslant 0.40$ 或平均窗墙面积比 $0.35 < C_{MW} \leqslant 0.40$	平均窗地面积比 $0.40 < C_{MF} \leqslant 0.45$ 或平均窗墙面积比 $0.40 < C_{MW} \leqslant 0.45$
$K \leqslant 2.5$ $D \geqslant 3.0$	$\leqslant 0.5$	$\leqslant 0.4$	$\leqslant 0.3$	$\leqslant 0.2$	--
$K \leqslant 2.0$ $D \geqslant 2.8$	$\leqslant 0.6$	$\leqslant 0.5$	$\leqslant 0.4$	$\leqslant 0.3$	$\leqslant 0.2$
$K \leqslant 1.5$ $D \geqslant 2.5$	$\leqslant 0.8$	$\leqslant 0.7$	$\leqslant 0.6$	$\leqslant 0.5$	$\leqslant 0.4$
$K \leqslant 1.0$ $D \geqslant 2.5$ 或 $K \leqslant 0.7$	$\leqslant 0.9$	$\leqslant 0.8$	$\leqslant 0.7$	$\leqslant 0.6$	$\leqslant 0.5$

22 夏热冬暖 4.0.10

居住建筑的东、西向外窗必须采取建筑外遮阳措施，建筑外遮阳系数 SD 不应大于 0.8。

23 夏热冬暖 4.0.13

外窗（包含阳台门）的通风开口面积不应小于房间地面面积的 10% 或外窗面积的 45%。

24 温和地区 4.2.1

温和 A 区居住建筑非透光围护结构各部位的平均传热系数（K_m）、热惰性指标（D）应符合表 4.2.1-1 的规定；当指标不符合规定的限值时，必须按本标准第 5 章的规定进行建筑围护结构热工性能的权衡判断。温和 B 区居住建筑非透光围护结构各部位的平均传热系数（Km）必须符合表 4.2.1-2 的规定。平均传热系数的计算方法应符合本标准附录 B 的规定。

表 4.2.1-1　温和 A 区居住建筑围护结构各部位平均传热系数（K_m）和热惰性指标（D）限值

围护结构部位		平均传热系数 $K_m[W/(m^2·K)]$	
		热惰性指标 $D \leqslant 2.5$	热惰性指标 $D > 2.5$
体形系数 $\leqslant 0.45$	屋面	0.8	1.0
	外墙	1.0	1.5
体形系数 > 0.45	屋面	0.5	0.6
	外墙	0.8	1.0

表 4.2.1-2　温和 B 区居住建筑围护结构各部位平均传热系数（K_m）限值

围护结构部位	平均传热系数 $K_m[W/(m^2·K)]$
屋面	1.0
外墙	2.0

25 温和地区 4.2.2

温和 A 区不同朝向外窗（包括阳台门的透明部分）的窗墙面积比不应大于表 4.2.2-1 规定的限值。不同朝向、不同窗墙面积比的外窗传热系数不应大于表 4.2.2-2 规定的限值。当外窗为凸窗时，凸窗的传热系数限值应比表 4.2.2-2 规定提高一档；计算窗墙面积比时，凸窗的面积应按洞口面积计算。当设计建筑的窗墙面积比或传热系数不符合表 4.2.2-1 和表 4.2.2-2 的规定时，应按本标准第 5 章的规定进行建筑围护结构热工性能的权衡判断。温和 B 区居住建筑外窗的传热系数应小于 4.0 W/($m^2·K$)。温和地区的外窗综合遮阳系数必须符合本标准 4.4.3 条的规定。

表 4.2.2-1　温和 A 区不同朝向外窗的窗墙面积比限值

朝　向	窗墙面积比
北	0.40
东、西	0.35
南	0.50
水平（天窗）	0.10
每套允许一个房间（非水平向）	0.60

表 4.2.2-2　温和 A 区不同朝向、不同窗墙面积比的外窗传热系数限值

朝向	窗墙面积比	传热系数 $K[W/(m^2·K)]$
体形系数≤0.45	窗墙面积比≤0.30	3.8
	0.30＜窗墙面积比≤0.40	3.2
	0.40＜窗墙面积比≤0.45	2.8
	0.45＜窗墙面积比≤0.60	2.5
体形系数＞0.45	窗墙面积比≤0.20	3.8
	0.20＜窗墙面积比≤0.30	3.2
	0.30＜窗墙面积比≤0.40	2.8
	0.40＜窗墙面积比≤0.45	2.5
	0.45＜窗墙面积比≤0.60	2.3
水平向（天窗）		3.5

注：1　表中的"东、西"代表从东或西偏北 30°（含 30°）至偏南 60°（含 60°）的范围；"南"代表从南偏东 30°至偏西 30°的范围；
　　2　楼梯间、外走廊的窗可不按本表规定执行。

26 温和地区 4.3.6

温和B区居住建筑的卧室、起居室（厅）应设置外窗，窗地面积比不应小于1/7，其外窗有效通风面积不应小于外窗所在房间地面面积的10%。

27 温和地区 4.4.3

温和地区外窗综合遮阳系数应符合表4.4.3中的限值规定。

表4.4.3　温和地区外窗综合遮阳系数限值

部位		外窗综合遮阳系数 SC_w	
		夏季	冬季
外窗	温和A区	—	南向≥0.50
	温和B区	东、西向≤0.40	—
天窗（水平向）		≤0.30	≥0.50

注：温和A区南向封闭阳台内侧外窗的遮阳系数不做要求，但封闭阳台透光部分的综合遮阳系数在冬季应大于等于0.50。

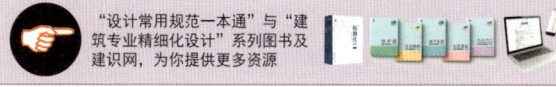

Chapter 5

社区商业

本章简介

  本章汇总了有关社区商业建筑设计在国标行标等国家级的技术规范与标准中的强制性条款，并提供相关附图及其原文。

  本章同时汇总了与建筑专业密切相关的其他专业规范中的强制性条款方便建筑师查询。

  地方标准、企业标准等更多资源在建识网提供。

1 建筑单体

扫描进入建识网

表 5-1 建筑单体涉及的强条条款

序号	关键信息	出处	使用指引	附图
1	不应突出	统标 4.3.1	建筑物及其附属设施不应突出道路红线或用地红线建造的规定	—
2	—	防规 5.1.3	民用建筑耐火等级的确定	—
3	—	防规 5.2.2	民用建筑之间的防火间距规定	—
4	—	防规 5.2.6	建筑高度大于100 m的民用建筑与相邻建筑的防火间距规定	—
5	—	防规 5.3.1	不同耐火等级建筑的允许建筑高度或层数、防火分区最大允许建筑面积	—
6	叠加计算	防规 5.3.2	建筑内设置上、下层相连通的开口时其防火分区建筑面积的计算	—
7	—	防规 5.3.4	商店营业厅每个防火分区的最大允许建筑面积	—
8	—	防规 5.3.5	地下或半地下商店的分区要求	图5-1
9	严禁设置	防规 5.4.2	严禁附设在民用建筑内的商店、作坊和储藏间	—
10	—	防规 5.4.3	商店建筑、展览建筑不同耐火等级对应的楼层	—
11	—	防规 5.4.10	（1、2）除商业服务网点外，住宅建筑与其他使用功能建筑合建时的规定	—
12	—	防规 5.4.11	住宅建筑设置商业服务网点时规定	图5-2
13	—	防规 5.4.17	（除6）建筑采用瓶装液化石油气瓶组供气时的规定	—
14	—	防规 6.2.5	建筑外墙上、下层开口之间防火分隔的规定	—
15	—	防规 7.2.4	公共建筑外墙应在每层的适当位置设置可供消防救援人员进入的窗口	—

续表

序号	关键信息	出处	使用指引	附图
16	—	防规 11.0.4	在木结构建筑中，对老年人照料设施；托儿所、幼儿园的儿童用房和活动场所及商店、体育馆和丁、戊类厂房（库房）等的规定	—
17	—	住建 4.2.1	9类配套公共服务设施名称	—
18	0.76 mm	玻璃 8.2.2	屋面玻璃或雨篷玻璃必须使用夹层玻璃或夹层中空玻璃，其胶片厚度不应小于0.76 mm	—
19	—	玻璃 9.1.2	地板玻璃采用夹层玻璃的规定	—
20	—	玻幕 4.4.4	公共场所以及使用中容易受到撞击的部位，其玻璃幕墙应采用安全玻璃并有安全警示	—

图5-1 | 地下或半地下商店的分区要求

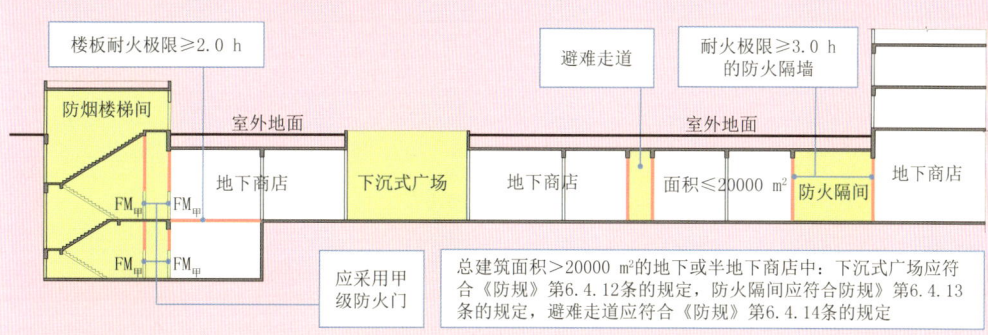

图5-2 | 裙房与高层建筑之间设置防火墙的实例

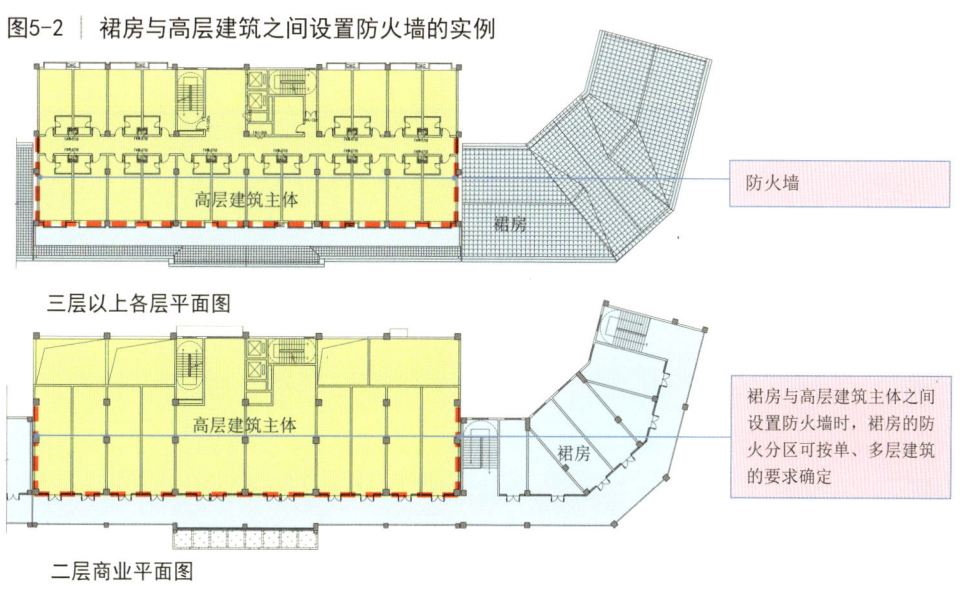

规范原文摘录

1　统标 4.3.1

除骑楼、建筑连接体、地铁相关设施及连接城市的管线、管沟、管廊等市政公共设施以外，建筑物及其附属的下列设施不应突出道路红线或用地红线建造：

　　1 地下设施，应包括支护桩、地下连续墙、地下室底板及其基础、化粪池、各类水池、处理池、沉淀池等构筑物及其他附属设施等；

　　2 地上设施，应包括门廊、连廊、阳台、室外楼梯、凸窗、空调机位、雨篷、挑檐、装饰构架、固定遮阳板、台阶、坡道、花池、围墙、平台、散水明沟、地下室进风及排风口、地下室出入口、集水井、采光井、烟囱等。

2　防规 5.1.3

民用建筑的耐火等级应根据其建筑高度、使用功能、重要性和火灾扑救难度等确定，并应符合下列规定：

　　1 地下或半地下建筑（室）和一类高层建筑的耐火等级不应低于一级；

　　2 单、多层重要公共建筑和二类高层建筑的耐火等级不应低于二级。

3　防规 5.2.2

民用建筑之间的防火间距不应小于表 5.2.2 的规定，与其他建筑的防火间距，除应符合本节规定外，尚应符合本规范其他章的有关规定。

表 5.2.2 　民用建筑之间的防火间距（m）

建筑类别		高层民用建筑	裙房和其他民用建筑		
		一、二级	一、二级	三级	四级
高层民用建筑	一、二级	13	9	11	14
裙房和其他民用建筑	一、二级	9	6	7	9
	三级	11	7	8	10
	四级	14	9	10	12

注：1 相邻两座单、多层建筑，当相邻外墙为不燃性墙体且无外露的可燃性屋檐，每面外墙上无防火保护的门、窗、洞口不正对开设且该门、窗、洞口的面积之和不大于外墙面积的 5% 时，其防火间距可按本表的规定减少 25%。

　　2 两座建筑相邻较高一面外墙为防火墙，或高出相邻较低一座一、二级耐火等级建筑的屋面 15 m 及以下范围内的外墙为防火墙时，其防火间距不限。

　　3 相邻两座高度相同的一、二级耐火等级建筑中相邻任一侧外墙为防火墙，屋顶的耐火极限不低于 1.00 h 时，其防火间距不限。

　　4 相邻两座建筑中较低一座建筑的耐火等级不低于二级，相邻较低一面外墙为防火墙且屋顶无天窗，屋顶的耐火极限不低于 1.00 h 时，其防火间距不应小于 3.5 m；对于高层建筑，不应小于 4 m。

　　5 相邻两座建筑中较低一座建筑的耐火等级不低于二级且屋顶无天窗，相邻较高一面外墙高出较低一座建筑的屋面 15 m 及以下范围内的开口部位设置甲级防火门、窗，或设置符合现行国家标准《自动喷水灭火系统设计规范》GB 50084 规定的防火分隔水幕或本规范第 6.5.3 条规定的防火卷帘时，其防火间距不应小于 3.5 m；对于高层建筑，不应小于 4 m。

　　6 相邻建筑通过连廊、天桥或底部的建筑物等连接时，其间距不应小于本表的规定。

　　7 耐火等级低于四级的既有建筑，其耐火等级可按四级确定。

4　防规 5.2.6

建筑高度大于 100 m 的民用建筑与相邻建筑的防火间距，当符合本规范第 3.4.5 条、第 3.5.3 条、第 4.2.1 条和第 5.2.2 条允许减小的条件时，仍不应减小。

5　防规 5.3.1

除本规范另有规定外，不同耐火等级建筑的允许建筑高度或层数、防火分区最大允许建筑面积应符合表 5.3.1 的规定。

表5.3.1 不同耐火等级建筑的允许建筑高度或层数、防火分区最大允许建筑面积

名 称	耐火等级	允许建筑高度或层数	防火分区的最大允许建筑面积（m²）	备 注
高层民用建筑	一、二级	按本规范第5.1.1条确定	1500	对于体育馆、剧场的观众厅，防火分区的最大允许建筑面积可适当增加
单、多层民用建筑	一、二级	按本规范第5.1.1条确定	2500	
	三级	5层	1200	
	四级	2层	600	
地下或半地下建筑（室）	一级	—	500	设备用房的防火分区最大允许建筑面积不应大于1000 m²

注：1 表中规定的防火分区最大允许建筑面积，当建筑内设置自动灭火系统时，可按本表的规定增加1.0倍；局部设置时，防火分区的增加面积可按该局部面积的1.0倍计算。
2 裙房与高层建筑主体之间设置防火墙时，裙房的防火分区可按单、多层建筑的要求确定。

6 防规 5.3.2
建筑内设置自动扶梯、敞开楼梯等上、下层相连通的开口时，其防火分区的建筑面积应按上、下层相连通的建筑面积叠加计算；当叠加计算后的建筑面积大于本规范第5.3.1条的规定时，应划分防火分区。
建筑内设置中庭时，其防火分区的建筑面积应按上、下层相连通的建筑面积叠加计算；当叠加计算后的建筑面积大于本规范第5.3.1条的规定时，应符合下列规定：
1 与周围连通空间应进行防火分隔：采用防火隔墙时，其耐火极限不应低于1.00 h；采用防火玻璃墙时，其耐火隔热性和耐火完整性不应低于1.00 h。采用耐火完整性不低于1.00 h的非隔热性防火玻璃墙时，应设置自动喷水灭火系统进行保护；采用防火卷帘时，其耐火极限不应低于3.00 h，并应符合本规范第6.5.3条的规定；与中庭相连通的门、窗，应采用火灾时能自行关闭的甲级防火门、窗；
2 高层建筑内的中庭回廊应设置自动喷水灭火系统和火灾自动报警系统；
3 中庭应设置排烟设施；
4 中庭内不应布置可燃物。

7 防规 5.3.4
一、二级耐火等级建筑内的商店营业厅、展览厅，当设置自动灭火系统和火灾自动报警系统并采用不燃或难燃装修材料时，其每个防火分区的最大允许建筑面积应符合下列规定：
1 设置在高层建筑内时，不应大于4000 m²；
2 设置在单层建筑或仅设置在多层建筑的首层内时，不应大于10000 m²；
3 设置在地下或半地下时，不应大于2000 m²。

8 防规 5.3.5
总建筑面积大于20000 m²的地下或半地下商店，应采用无门、窗、洞口的防火墙、耐火极限不低于2.00 h的楼板分隔为多个建筑面积不大于20000 m²的区域。相邻区域确需局部连通时，应采用下沉式广场等室外开敞空间、防火隔间、避难走道、防烟楼梯间等方式进行连通，并应符合下列规定：
1 下沉式广场等室外开敞空间应能防止相邻区域的火灾蔓延和便于安全疏散，并应符合本规范第6.4.12条的规定；
2 防火隔间的墙应为耐火极限不低于3.00 h的防火隔墙，并应符合本规范第6.4.13条的规定；
3 避难走道应符合本规范第6.4.14条的规定；
4 防烟楼梯间的门应采用甲级防火门。

9 防规 5.4.2
除为满足民用建筑使用功能所设置的附属库房外，民用建筑内不应设置生产车间和其他库房。
经营、存放和使用甲、乙类火灾危险性物品的商店、作坊和储藏间，严禁附设在民用建筑内。

10 防规 5.4.3

商店建筑、展览建筑采用三级耐火等级建筑时，不应超过 2 层；采用四级耐火等级建筑时，应为单层。营业厅、展览厅设置在三级耐火等级的建筑内时，应布置在首层或二层；设置在四级耐火等级的建筑内时，应布置在首层。

营业厅、展览厅不应设置在地下三层及以下楼层。地下或半地下营业厅、展览厅不应经营、储存和展示甲、乙类火灾危险性物品。

11 防规 5.4.10（节选）

除商业服务网点外，住宅建筑与其他使用功能的建筑合建时，应符合下列规定：

1 住宅部分与非住宅部分之间，应采用耐火极限不低于 2.00 h 且无门、窗、洞口的防火隔墙和 1.50 h 的不燃性楼板完全分隔；当为高层建筑时，应采用无门、窗、洞口的防火墙和耐火极限不低于 2.00 h 的不燃性楼板完全分隔。建筑外墙上、下层开口之间的防火措施应符合本规范第 6.2.5 条的规定；

2 住宅部分与非住宅部分的安全出口和疏散楼梯应分别独立设置；为住宅部分服务的地上车库应设置独立的疏散楼梯或安全出口，地下车库的疏散楼梯应按本规范第 6.4.4 条的规定进行分隔；

12 防规 5.4.11

设置商业服务网点的住宅建筑，其居住部分与商业服务网点之间应采用耐火极限不低于 2.00 h 且无门、窗、洞口的防火隔墙和 1.50 h 的不燃性楼板完全分隔，住宅部分和商业服务网点部分的安全出口和疏散楼梯应分别独立设置。

商业服务网点中每个分隔单元之间应采用耐火极限不低于 2.00 h 且无门、窗、洞口的防火隔墙相互分隔，当每个分隔单元任一层建筑面积大于 200 m² 时，该层应设置 2 个安全出口或疏散门。每个分隔单元内的任一点至最近直通室外的出口的直线距离不应大于本规范表 5.5.17 中有关多层其他建筑位于袋形走道两侧或尽端的疏散门至最近安全出口的最大直线距离。

注：室内楼梯的距离可按其水平投影长度的 1.50 倍计算。

13 防规 5.4.17（节选）

建筑采用瓶装液化石油气瓶组供气时，应符合下列规定：

1 应设置独立的瓶组间；

2 瓶组间不应与住宅建筑、重要公共建筑和其他高层公共建筑贴邻，液化石油气气瓶的总容积不大于 1 m³ 的瓶组间与所服务的其他建筑贴邻时，应采用自然气化方式供气；

3 液化石油气气瓶的总容积大于 1 m³、不大于 4 m³ 的独立瓶组间，与所服务建筑的防火间距应符合本规范表 5.4.17 的规定；

表 5.4.17　液化石油气气瓶的独立瓶组间与所服务建筑的防火间距（m）

名 称	液化石油气气瓶的独立瓶组间的总容积 V（m³）	
	V≤2	2＜V≤4
重要公共建筑、一类高层民用建筑	15	20
裙房和其他民用建筑	8	10

注：气瓶总容积应按配置气瓶个数与单瓶几何容积的乘积计算。

4 在瓶组间的总出气管道上应设置紧急事故自动切断阀；

5 瓶组间应设置可燃气体浓度报警装置。

14 防规 6.2.5

除本规范另有规定外，建筑外墙上、下层开口之间应设置高度不小于 1.2 m 的实体墙或挑出宽度不小于 1.0 m、长度不小于开口宽度的防火挑檐；当室内设置自动喷水灭火系统时，上、下层开口之间的实体墙高度不应小于 0.8 m。当上、下层开口之间设置实体墙确有困难时，可设置防火玻璃墙，但高层建筑的防火玻璃墙的耐火完整性不应低于 1.00 h，多层建筑的防火玻璃墙的耐火完整性不应低于 0.50 h。外窗的耐火完整性不应低于防火玻璃墙的耐火完整性要求。

住宅建筑外墙上相邻户开口之间的墙体宽度不应小于 1.0 m；小于 1.0 m 时，应在开口之间设置突出外墙不小于 0.6 m 的隔板。

实体墙、防火挑檐和隔板的耐火极限和燃烧性能，均不应低于相应耐火等级建筑外墙的要求。

15 防规 7.2.4
厂房、仓库、公共建筑的外墙应在每层的适当位置设置可供消防救援人员进入的窗口。

16 防规 11.0.4
老年人照料设施，托儿所、幼儿园的儿童用房和活动场所设置在木结构建筑内时，应布置在首层或二层。商店、体育馆和丁、戊类厂房（库房）应采用单层木结构建筑。

17 住建 4.2.1
配套公共服务设施（配套公建）应包括：教育、医疗卫生、文化、体育、商业服务、金融邮电、社区服务、市政公用和行政管理等9类设施。

18 玻璃 8.2.2
屋面玻璃或雨篷玻璃必须使用夹层玻璃或夹层中空玻璃，其胶片厚度不应小于0.76 mm。

19 玻璃 9.1.2
地板玻璃必须采用夹层玻璃，点支承地板玻璃必须采用钢化夹层玻璃。钢化玻璃必须进行均质处理。

20 玻幕 4.4.4
人员流动密度大、青少年或幼儿活动的公共场所以及使用中容易受到撞击的部位，其玻璃幕墙应采用安全玻璃；对使用中容易受到撞击的部位，尚应设置明显的警示标志。

"设计常用规范一本通"与"建筑专业精细化设计"系列图书及建识网，为你提供更多资源

2 空间与构件
2.1 建筑空间
2.1.1 通用规定

本节各表需要与表 5-2 **结合起来**一同使用。

扫描进入建识网

表 5-2 通用规定涉及的强条条款

序号	关键信息	出处	使用指引	附图
1	2.0 m、2.2 m	统标 6.8.6	楼梯平台及梯段净高规定	–
2	0.2 m	统标 6.8.9	少年儿童专用活动场所楼梯井净宽大于0.2m时的措施	–
3	–	防规 5.4.2	民用建筑内只能设置功能相关的附属库房的规定	–
4	–	防规 5.4.11	设置商业服务网点的住宅建筑防火构造与疏散要求	–
5	–	防规 5.5.8	公建可设置1部疏散楼梯的条件	–
6	–	防规 5.5.12	高层公建及裙房楼梯间的设置规定	–
7	–	防规 5.5.13	应设置封闭楼梯间的多层公建	–
8	–	防规 5.5.15	公共建筑内房间的疏散门数量规定	图5-3
9	–	防规 5.5.17	（节选）公共建筑的安全疏散距离规定	图5-4
10	1.10 m 1.20 m	防规 5.5.18	疏散楼梯及其首层疏散门的最小净宽规定	图5-5
11	–	防规 5.5.21	（1、2、3、4）公建疏散楼梯净宽计算规则	–
12	–	防规 6.2.9	（1、2、3）设备竖井的规定	–
13	–	防规 6.3.5	管道穿越防火隔墙、楼板和防火墙处的孔隙应采用防火封堵	–
14	–	防规 6.4.1	（除1）疏散楼梯间的规定	–
15	–	防规 6.4.2	封闭楼梯间的规定	–

续表

序号	关键信息	出处	使用指引	附图
16	–	防规 6.4.3	（除2）防烟楼梯间的规定	–
17	–	防规 6.4.4	地下或半地下建筑的楼梯间设置要求	–
18	1.1 m 0.9 m、2 m	防规 6.4.5	室外疏散楼梯的规定	–
19	甲级	防规 6.4.10	疏散走道防火分区处门的设置	–
20	有效宽度	防规 6.4.11	开向疏散楼梯（间）门的规定	–
21	–	防规 6.6.2	输送有火灾、爆炸危险物质的栈桥不应兼作疏散通道	–
22	每层	防规 7.2.4	公共建筑的外墙应设置消防救援窗	–
23	–	防规 7.3.1	（2）设置消防电梯的条件	–
24	–	防规 7.3.2	消防电梯分布及数量	–
25	6.0 m^2 2.4 m	防规 7.3.5	（除1）消防电梯前室的规定	–
26	2.00 h	防规 7.3.6	消防电梯井、机房间分隔的规定	–
27	–	防规 8.5.1	应设置防烟设施的场所或部位	–
28	–	防规 11.0.7	民用木结构建筑的安全疏散设计规定	–
29	–	无障碍 3.7.3	（3、5）升降平台的规定	–
30	–	无障碍 8.1.4	建筑内设电梯时，至少应设置1部无障碍电梯	–
31	–	城公厕 4.2.7	固定式公共厕所应设置洗手盆	–
32	30 m	城公厕 5.0.11	化粪池和贮粪池距离地下取水构筑物的要求	–
33	–	城公厕 7.0.1	公共厕所无障碍设施应与公共厕所同步设计、同步建设	–

图5-3 公共建筑内房间可设置一个疏散门的实例

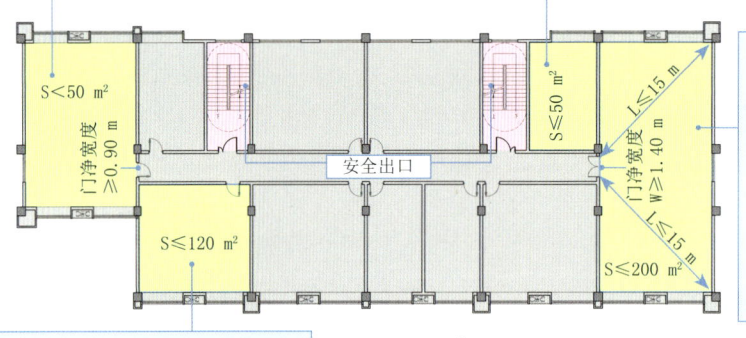

图5-4 公共建筑安全疏散距离的实例

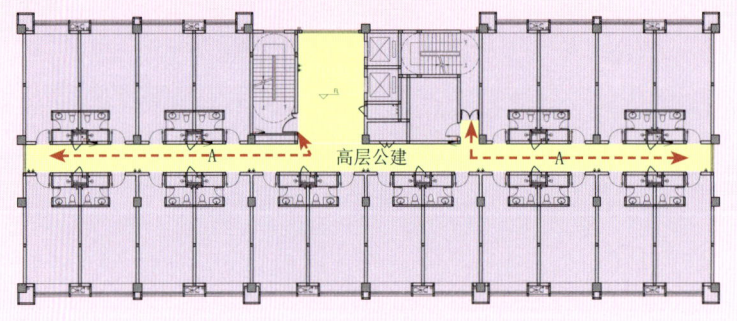

图5-5 公共建筑内疏散门和安全出口的实例

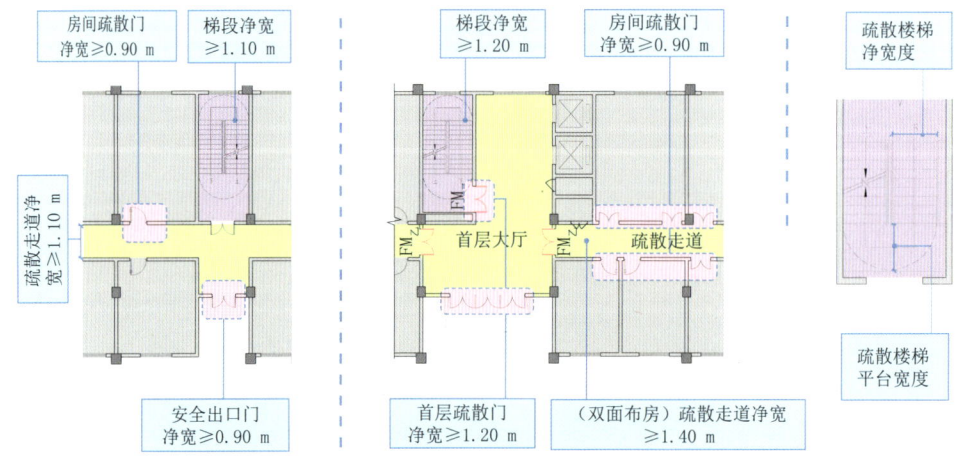

规范原文摘录

1 统标 6.8.6
楼梯平台上部及下部过道处的净高不应小于 2.0 m，梯段净高不应小于 2.2 m。
注：梯段净高为自踏步前缘（包括每个梯段最低和最高一级踏步前缘线以外 0.3 m 范围内）量至上方突出物下缘间的垂直高度。

2 统标 6.8.9
托儿所、幼儿园、中小学校及其他少年儿童专用活动场所，当楼梯井净宽大于 0.2 m时,必须采取防止少年儿童坠落的措施。

3 防规 5.4.2
除为满足民用建筑使用功能所设置的附属库房外。民用建筑内不应设置生产车间和其他库房。
经营、存放和使用甲、乙类火灾危险性物品的商店、作坊和储藏间，严禁附设在民用建筑内。

4 防规 5.4.11
设置商业服务网点的住宅建筑，其居住部分与商业服务网点之间应采用耐火极限不低于 2.00 h 且无门、窗、洞口的防火隔墙和 1.50 h 的不燃性楼板完全分隔，住宅部分和商业服务网点部分的安全出口和疏散楼梯应分别独立设置。
商业服务网点中每个分隔单元之间应采用耐火极限不低于 2.00 h 且无门、窗、洞口的防火隔墙相互分隔，当每个分隔单元任一层建筑面积大于 200 m² 时，该层应设置 2 个安全出口或疏散门。每个分隔单元内的任一点至最近直通室外的出口的直线距离不应大于本规范表 5.5.17 中有关多层其他建筑位于袋形走道两侧或尽端的疏散门至最近安全出口的最大直线距离。
注：室内楼梯的距离可按其水平投影长度的 1.50 倍计算。

5 防规 5.5.8
公共建筑内每个防火分区或一个防火分区的每个楼层，其安全出口的数量应经计算确定，且不应少于 2 个。设置 1 个安全出口或 1 部疏散楼梯的公共建筑应符合下列条件之一：
1 除托儿所、幼儿园外，建筑面积不大于 200 m² 且人数不超过 50 人的单层公共建筑或多层公共建筑的首层；
2 除医疗建筑，老年人照料设施，托儿所、幼儿园的儿童用房，儿童游乐厅等儿童活动场所和歌舞娱乐放映游艺场所等外，符合表 5.5.8 规定的公共建筑。

表 5.5.8　设置 1 部疏散楼梯的公共建筑

耐火等级	最多层数	每层最大建筑面积（m²）	人　数
一、二级	3 层	200	第二、三层的人数之和不超过 50 人
三级	3 层	200	第二、三层的人数之和不超过 25 人
四级	2 层	200	第二层人数不超过 15 人

6 防规 5.5.12
一类高层公共建筑和建筑高度大于 32 m 的二类高层公共建筑，其疏散楼梯应采用防烟楼梯间。
裙房和建筑高度不大于 32 m 的二类高层公共建筑，其疏散楼梯应采用封闭楼梯间。
注：当裙房与高层建筑主体之间设置防火墙时，裙房的疏散楼梯可按本规范有关单、多层建筑的要求确定。

7 防规 5.5.13
下列多层公共建筑的疏散楼梯，除与敞开式外廊直接相连的楼梯间外，均应采用封闭楼梯间：
1 医疗建筑、旅馆及类似使用功能的建筑；
2 设置歌舞娱乐放映游艺场所的建筑；
3 商店、图书馆、展览建筑、会议中心及类似使用功能的建筑；
4 6 层及以上的其他建筑。

8 防规 5.5.15
公共建筑内房间的疏散门数量应经计算确定且不应少于 2 个。除托儿所、幼儿园、老年人照料设施、医疗建筑、教学建筑内位于走道尽端的房间外，符合下列条件之一的房间可设置 1 个疏散门：
1 位于两个安全出口之间或袋形走道两侧的房间，对于托儿所、幼儿园、老年人照料设施，建筑面积不大于

50 m^2；对于医疗建筑、教学建筑，建筑面积不大于 75 m^2；对于其他建筑或场所，建筑面积不大于 120 m^2。
2 位于走道尽端的房间，建筑面积小于 50 m^2 且疏散门的净宽度不小于 0.90 m，或由房间内任一点至疏散门的直线距离不大于 15 m、建筑面积不大于 200 m^2 且疏散门的净宽度不小于 1.40 m。
3 歌舞娱乐放映游艺场所内建筑面积不大于 50 m^2 且经常停留人数不超过 15 人的厅、室。

9 防规 5.5.17（节选）

公共建筑的安全疏散距离应符合下列规定：
1 直通疏散走道的房间疏散门至最近安全出口的直线距离不应大于表 5.5.17 的规定。
2 楼梯间应在首层直通室外，确有困难时，可在首层采用扩大的封闭楼梯间或防烟楼梯间前室。当层数不超过 4 层且未采用扩大的封闭楼梯间或防烟楼梯间前室时，可将直通室外的门设置在离楼梯间不大于 15 m 处。
3 房间内任一点至房间直通疏散走道的疏散门的直线距离，不应大于表 5.5.17 规定的袋形走道两侧或尽端的疏散门至最近安全出口的直线距离。
4 一、二级耐火等级建筑内疏散门或安全出口不少于 2 个的观众厅、展览厅、多功能厅、餐厅、营业厅等，其室内任一点至最近疏散门或安全出口的直线距离不应大于 30 m；当疏散门不能直通室外地面或疏散楼梯间时，应采用长度不大于 10m 的疏散走道通至最近的安全出口。当该场所设置自动喷水灭火系统时，室内任一点至最近安全出口的安全疏散距离可分别增加 25%。

表 5.5.17　直通疏散走道的房间疏散门至最近安全出口的直线距离 (m)

名称		位于两个安全出口之间的疏散门			位于袋形走道两侧或尽端的疏散门		
		一、二级	三级	四级	一、二级	三级	四级
歌舞娱乐放映游艺场所		25	20	15	9	—	—
高层旅馆、展览建筑		30	—	—	15	—	—
其他建筑	单、多层	40	35	25	22	20	15
	高层	40	—	—	20	—	—

注：1 建筑内开向敞开式外廊的房间疏散门至最近安全出口的直线距离可按本表的规定增加 5 m。
　　2 直通疏散走道的房间疏散门至最近敞开楼梯间的直线距离，当房间位于两个楼梯间之间时，应按本表的规定减少 5 m；当房间位于袋形走道两侧或尽端时，应按本表的规定减少 2 m。
　　3 建筑物内全部设置自动喷水灭火系统时，其安全疏散距离可按本表的规定增加 25%。

10 防规 5.5.18（节选）

除本规范另有规定外，公共建筑内疏散门和安全出口的净宽度不应小于 0.90 m，疏散走道和疏散楼梯的净宽度不应小于 1.10 m。高层公共建筑内楼梯间的首层疏散门、首层疏散外门、 疏散走道和疏散楼梯的最小净宽度应符合表 5.5.18 的规定。

表5.5.18 高层公共建筑内楼梯间的首层疏散门、首层疏散外门、疏散走道和疏散楼梯的最小净宽度(m)(节选)

建筑类别	楼梯间的首层疏散门、首层疏散外门	走道		疏散楼梯
		单面布房	双面布房	
其他高层公共建筑	1.20	1.30	1.40	1.20

11 防规 5.5.21（节选）

除剧场、电影院、礼堂、体育馆外的其他公共建筑，其房间疏散门、安全出口、疏散走道和疏散楼梯的各自总宽度，应符合下列规定：
1 每层的房间疏散门、安全出口、疏散走道和疏散楼梯的各自总净宽度，应根据疏散人数按每 100 人的最小疏散净宽度不小于表 5.5.21-1 的规定计算确定。当每层疏散人数不等时，疏散楼梯的总宽度可分层计算，地上建筑内下层楼梯的总净宽度应按该层及以上疏散人数最多一层的人数计算；地下建筑内上层楼梯的总净宽度应按该层及以下疏散人数最多一层的人数计算。

表 5.5.21-1　每层的房间疏散门、安全出口、疏散走道和疏散楼梯的每 100 人最小疏散净宽度（m/百人）

建筑层数		建筑的耐火等级		
		一、二级	三级	四级
地上楼层	1～2 层	0.65	0.75	1.00

续表

建筑层数		建筑的耐火等级		
		一、二级	三级	四级
地上楼层	3层	0.75	1.00	—
	≥4层	1.00	1.25	—
地下楼层	与地面出入口地面的高差 ΔH ≤ 10 m	0.75	—	—
	与地面出入口地面的高差 ΔH > 10 m	1.00	—	—

  2 地下或半地下人员密集的厅、室和歌舞娱乐放映游艺场所，其房间疏散门、安全出口、疏散走道和疏散楼梯的各自总净宽度，应根据疏散人数按每100人不小于1.00 m计算确定。
  3 首层外门的总净宽度应按该建筑疏散人数最多一层的人数计算确定，不供其他楼层人员疏散的外门，可按本层的疏散人数计算确定。
  4 歌舞娱乐放映游艺场所中录像厅的疏散人数，应根据厅、室的建筑面积按不小于1.0人/m^2计算；其他歌舞娱乐游艺场所的疏散人数，应根据厅、室的建筑面积按不小于0.5人/m^2计算。

12 防规 6.2.9（节选）
  建筑内的电梯井等竖井应符合下列规定：
  1 电梯井应独立设置，井内严禁敷设可燃气体和甲、乙、丙类液体管道，不应敷设与电梯无关的电缆、电线等。电梯井的井壁除设置电梯门、安全逃生门和通气孔洞外，不应设置其他开口。
  2 电缆井、管道井、排烟道、排气道、垃圾道等竖向井道，应分别独立设置。井壁的耐火极限不应低于1.00 h，井壁上的检查门应采用丙级防火门。
  3 建筑内的电缆井、管道井应在每层楼板处采用不低于楼板耐火极限的不燃材料或防火封堵材料封堵。
  建筑内的电缆井、管道井与房间、走道等相连通的孔隙应采用防火封堵材料封堵。

13 防规 6.3.5
  防烟、排烟、供暖、通风和空气调节系统中的管道及建筑内的其他管道，在穿越防火隔墙、楼板和防火墙处的孔隙应采用防火封堵材料封堵。
  风管穿过防火隔墙、楼板和防火墙时，穿越处风管上的防火阀、排烟防火阀两侧各2.0 m范围内的风管应采用耐火风管或风管外壁应采取防火保护措施，且耐火极限不应低于该防火分隔体的耐火极限。

14 防规 6.4.1（节选）
  疏散楼梯间应符合下列规定：
2 楼梯间内不应设置烧水间、可燃材料储藏室、垃圾道；
3 楼梯间内不应有影响疏散的凸出物或其他障碍物；
4 封闭楼梯间、防烟楼梯间及其前室，不应设置卷帘；
5 楼梯间内不应设置甲、乙、丙类液体管道；
6 封闭楼梯间、防烟楼梯间及其前室内禁止穿过或设置可燃气体管道。敞开楼梯间内不应设置可燃气体管道，当住宅建筑的敞开楼梯间内确需设置可燃气体管道和可燃气体计量表时，应采用金属管和设置切断气源的阀门。

15 防规 6.4.2
  封闭楼梯间除应符合本规范第6.4.1条的规定外，尚应符合下列规定：
1 不能自然通风或自然通风不能满足要求时，应设置机械加压送风系统或采用防烟楼梯间；
2 除楼梯间的出入口和外窗外，楼梯间的墙上不应开设其他门、窗、洞口；
3 高层建筑、人员密集的公共建筑、人员密集的多层丙类厂房、甲、乙类厂房，其封闭楼梯间的门应采用乙级防火门，并应向疏散方向开启；其他建筑，可采用双向弹簧门；
4 楼梯间的首层可将走道和门厅等包括在楼梯间内形成扩大的封闭楼梯间，但应采用乙级防火门等与其他走道和房间分隔。

16 防规 6.4.3（节选）
  防烟楼梯间除应符合本规范第6.4.1条的规定外，尚应符合下列规定：
1 应设置防烟设施。
3 前室的使用面积：公共建筑、高层厂房（仓库），不应小于6.0 m^2；住宅建筑，不应小于4.5 m^2。与消防电梯间前室合用时，合用前室的使用面积：公共建筑、高层厂房（仓库），不应小于10.0 m^2；住宅建筑，不应小于 6.0 m²。
4 疏散走道通向前室以及前室通向楼梯间的门应采用乙级防火门。
5 除住宅建筑的楼梯间前室外，防烟楼梯间和前室内的墙上不应开设除疏散门和送风口外的其他门、窗、洞口。
6 楼梯间的首层可将走道和门厅等包括在楼梯间前室内形成扩大的前室，但应采用乙级防火门等与其他走道和房间分隔。

17 防规 6.4.4
除通向避难层错位的疏散楼梯外，建筑内的疏散楼梯间在各层的平面位置不应改变。
除住宅建筑套内的自用楼梯外，地下或半地下建筑（室）的疏散楼梯间，应符合下列规定：
1 室内地面与室外出入口地坪高差大于 10 m 或 3 层及以上的地下、半地下建筑（室），其疏散楼梯应采用防烟楼梯间；其他地下或半地下建筑（室），其疏散楼梯应采用封闭楼梯间；
2 应在首层采用耐火极限不低于 2.00 h 的防火隔墙与其他部位分隔并应直通室外，确需在隔墙上开门时，应采用乙级防火门；
3 建筑的地下或半地下部分与地上部分不应共用楼梯间，确需共用楼梯间时，应在首层采用耐火极限不低于 2.00 h 的防火隔墙和乙级防火门将地下或半地下部分与地上部分的连通部位完全分隔，并应设置明显的标志。

18 防规 6.4.5
室外疏散楼梯应符合下列规定：
1 栏杆扶手的高度不应小于 1.10 m，楼梯的净宽度不应小于 0.90 m；
2 倾斜角度不应大于 45°；
3 梯段和平台均应采用不燃材料制作。平台的耐火极限不应低于 1.00 h，梯段的耐火极限不应低于 0.25 h；
4 通向室外楼梯的门应采用乙级防火门，并应向外开启；
5 除疏散门外，楼梯周围 2 m 内的墙面上不应设置门、窗、洞口。疏散门不应正对梯段。

19 防规 6.4.10
疏散走道在防火分区处应设置常开甲级防火门。

20 防规 6.4.11
建筑内的疏散门应符合下列规定：
1 民用建筑和厂房的疏散门，应采用向疏散方向开启的平开门，不应采用推拉门、卷帘门、吊门、转门和折叠门。除甲、乙类生产车间外，人数不超过 60 人且每樘门的平均疏散人数不超过 30 人的房间，其疏散门的开启方向不限；
2 仓库的疏散门应采用向疏散方向开启的平开门，但丙、丁、戊类仓库首层靠墙的外侧可采用推拉门或卷帘门；
3 开向疏散楼梯或疏散楼梯间的门，当其完全开启时，不应减少楼梯平台的有效宽度；
4 人员密集场所内平时需要控制人员随意出入的疏散门和设置门禁系统的住宅、宿舍、公寓建筑的外门，应保证火灾时不需使用钥匙等任何工具即能从内部易于打开，并应在显著位置设置具有使用提示的标识。

21 防规 6.6.2
输送有火灾、爆炸危险物质的栈桥不应兼作疏散通道。

22 防规 7.2.4
厂房、仓库、公共建筑的外墙应在每层的适当位置设置可供消防救援人员进入的窗口。

23 防规 7.3.1（节选）
下列建筑应设置消防电梯：
2 一类高层公共建筑和建筑高度大于 32 m 的二类高层公共建筑、5 层及以上且总建筑面积大于 3000 m²（包括设置在其他建筑内五层及以上楼层）的老年人照料设施；

24 防规 7.3.2
消防电梯应分别设置在不同防火分区内，且每个防火分区不应少于 1 台。

25 防规 7.3.5（节选）
除设置在仓库连廊、冷库穿堂或谷物筒仓工作塔内的消防电梯外，消防电梯应设置前室，并应符合下列规定：
  2 前室的使用面积不应小于 6.0 m²，前室的短边不应小于 2.4 m；与防烟楼梯间合用的前室，其使用面积尚应符合本规范第 5.5.28 条和第 6.4.3 条的规定；
  3 除前室的出入口、前室内设置的正压送风口和本规范第 5.5.27 条规定的户门外，前室内不应开设其他门、窗、洞口；
  4 前室或合用前室的门应采用乙级防火门，不应设置卷帘。

26　防规 7.3.6
消防电梯井、机房与相邻电梯井、机房之间应设置耐火极限不低于 2.00 h 的防火隔墙，隔墙上的门应采用甲级防火门。

27　防规 8.5.1
建筑的下列场所或部位应设置防烟设施：
  1 防烟楼梯间及其前室；
  2 消防电梯间前室或合用前室；
  3 避难走道的前室、避难层（间）。
建筑高度不大于 50 m 的公共建筑、厂房、仓库和建筑高度不大于 100 m 的住宅建筑，当其防烟楼梯间的前室或合用前室符合下列条件之一时，楼梯间可不设置防烟系统：
  1 前室或合用前室采用敞开的阳台、凹廊；
  2 前室或合用前室具有不同朝向的可开启外窗，且可开启外窗的面积满足自然排烟口的面积要求。

28　防规 11.0.7（节选）
民用木结构建筑的安全疏散设计应符合下列规定：
  2 房间直通疏散走道的疏散门至最近安全出口的直线距离不应大于表 11.0.7-1 的规定。

　　表 11.0.7-1　房间直通疏散走道的疏散门至最近安全出口的直线距离（m）（节选）

名 称	位于两个安全出口之间的疏散门	位于袋形走道两侧或尽端的疏散门
托儿所、幼儿园、老年人照料设施	15	10

  3 房间内任一点至该房间直通疏散走道的疏散门的直线距离，不应大于表 11.0.7-1 中有关袋形走道两侧或尽端的疏散门至最近安全出口的直线距离。
  4 建筑内疏散走道、安全出口、疏散楼梯和房间疏散门的净宽度，应根据疏散人数按每 100 人的最小疏散净宽度不小于表 11.0.7-2 的规定计算确定。

　　表 11.0.7-2　疏散走道、安全出口、疏散楼梯和房间疏散门每 100 人的最小疏散净宽度（m/百人）

层数	地上1～2层	地上3层
每100人的疏散净宽度	0.75	1.00

29　无障碍 3.7.3（节选）
升降平台应符合下列规定：
  3 垂直升降平台的基坑应采用防止误入的安全防护措施；
  5 垂直升降平台的传送装置应有可靠的安全防护装置。

30　无障碍 8.1.4
建筑内设有电梯时，至少应设置 1 部无障碍电梯。

31　城公厕 4.2.7
固定式公共厕所应设置洗手盆。

32　城公厕 5.0.11
化粪池和贮粪池距离地下取水构筑物不得小于 30 m。

33　城公厕 7.0.1
公共厕所无障碍设施应与公共厕所同步设计、同步建设。

2.1.2 营业仓储辅助三区

表 5-3 营业仓储辅助涉及的强条条款

序号	关键信息	出处	使用指引	附图
1	2.00 h 1.00 h	防规 6.2.2	有关附设的儿童活动场所防火分隔的规定	图5-6
2	—	防规 6.2.7	附设在建筑内的各设备房间防火分隔的规定	—
3	机械排烟	商规 4.2.11	大型和中型商场内连续排列的饮食店铺灶台不应面向公共通道，并应设置机械排烟通风设施	—
4	耐火极限	商规 4.2.12	隔墙、吊顶等装修材料和构造，不得降低建筑构件及配件的耐火极限要求	—
5	—	商规 4.3.3	食品类商店仓储区的规定	—
6	—	饮标 4.3.3	厨房区域应按工艺流程布局	—

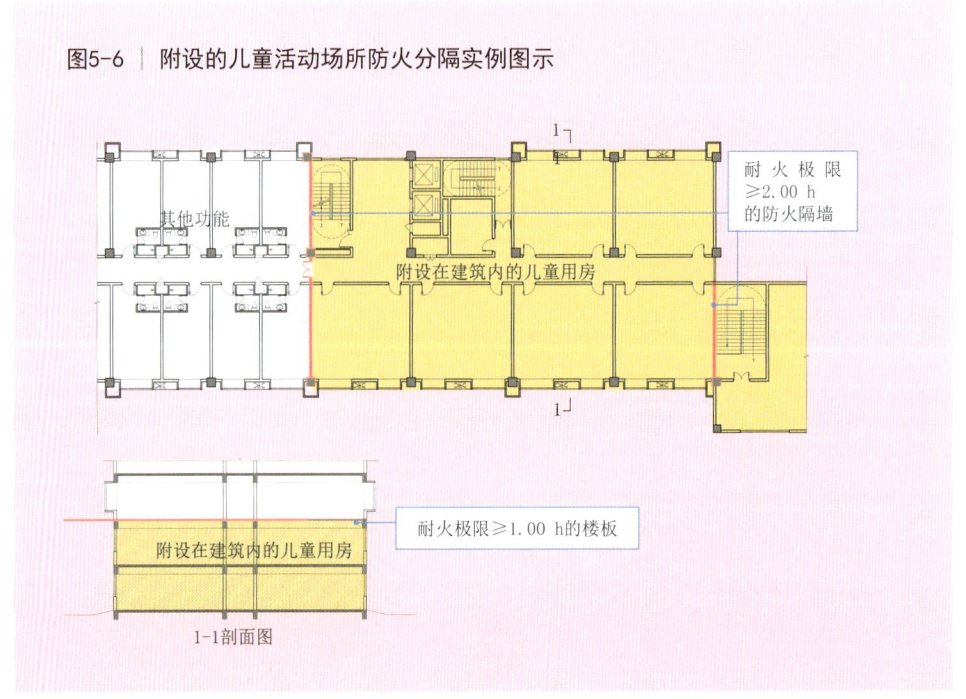

图5-6 ｜ 附设的儿童活动场所防火分隔实例图示

规范原文摘录

1 防规 6.2.2
医疗建筑内的手术室或手术部、产房、重症监护室、贵重精密医疗装备用房、储藏间、实验室、胶片室等，附设在建筑内的托儿所、幼儿园的儿童用房和儿童游乐厅等儿童活动场所、老年人照料设施，应采用耐火极限不低于 2.00 h 的防火隔墙和 1.00 h 的楼板与其他场所或部位分隔，墙上必须设置的门、窗应采用乙级防火门、窗。

2 防规 6.2.7
附设在建筑内的消防控制室、灭火设备室、消防水泵房和通风空气调节机房、变配电室等，应采用耐火极限不低于 2.00 h 的防火隔墙和 1.50 h 的楼板与其他部位分隔。
设置在丁、戊类厂房内的通风机房，应采用耐火极限不低于 1.00 h 的防火隔墙和 0.50 h 的楼板与其他部位分隔。
通风、空气调节机房和变配电室开向建筑内的门应采用甲级防火门，消防控制室和其他设备房开向建筑内的门应采用乙级防火门。

3 商规 4.2.11
大型和中型商场内连续排列的饮食店铺的灶台不应面向公共通道，并应设置机械排烟通风设施。

4 商规 4.2.12
大型和中型商场内连续排列的商铺的隔墙、吊顶等装修材料和构造，不得降低建筑设计对建筑构件及配件的耐火极限要求，并不得随意增加荷载。

5 商规 4.3.3
食品类商店仓储区应符合下列规定：
1 根据商品的不同保存条件，应分设库房或在库房内采取有效隔离措施；
2 各用房的地面、墙裙等均应为可冲洗的面层，并不得采用有毒和容易发生化学反应的涂料。

6 饮标 4.3.3
厨房区域应按原料进入、原料处理、主食加工、副食加工、备餐、成品供应、餐用具洗涤消毒及存放的工艺流程合理布局，食品加工处理流程应为生进熟出单一流向，并应符合下列规定：
1 副食粗加工应分设蔬菜、肉禽、水产工作台和清洗池，粗加工后的原料送入细加工区不应反流；
2 冷荤成品、生食海鲜、裱花蛋糕等应在厨房专间内拼配，在厨房专间入口处应设置有洗手、消毒、更衣设施的通过式预进间；
3 垂直运输的食梯应原料、成品分设。

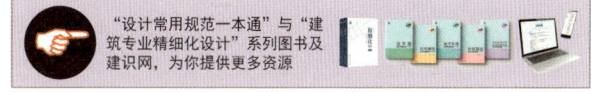

2.2 各类商业

扫描进入建识网

表 5-4　各类型商业涉及的强条条款

序号	关键信息	出处	使用指引	附图
1	–	防规 5.4.6	菜市场采用三级耐火等级建筑时的层数要求	–
2	–	防规 5.4.9	（除2、3）歌舞娱乐放映游艺场所（不含剧场、电影院）的布置应符合的规定	图5-7
3	–	防规 5.5.13	设置歌舞娱乐放映游艺场所的建筑应采用封闭楼梯间	–
4	–	防规 5.5.15	歌舞娱乐放映游艺场所内建筑面积不大于50 ㎡且经常停留人数不超过15人的厅、室可设置1个疏散门的条件	–
5	–	防规 5.5.21	（2、4）歌舞娱乐放映游艺场所的疏散计算	图5-8
6	–	防规 8.3.3	（3）高层民用建筑内的歌舞娱乐放映游艺场所应设置自动灭火系统	–
7	–	防规 8.3.4	（7）应设置自动灭火系统的歌舞娱乐放映游艺场所层数和面积的规定	–
8	–	防规 8.4.1	（8）歌舞娱乐放映游艺场所应设置火灾自动报警系统	–
9	–	防规 8.5.3	（1）应设置排烟设施的歌舞娱乐场所	–
10	25 m	饮标 3.0.2	饮食建筑的选址规定	–
11	–	饮标 4.3.3	厨房按工艺流程的布局与设置规定	图5-9

图5-7 | 歌舞娱乐放映游艺场所布置的位置规定图示

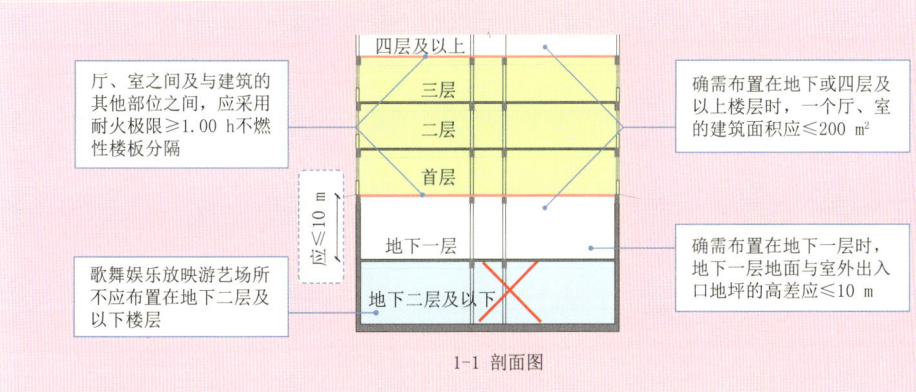

图5-8 | 歌舞娱乐放映游艺场所布置的疏散规定图示

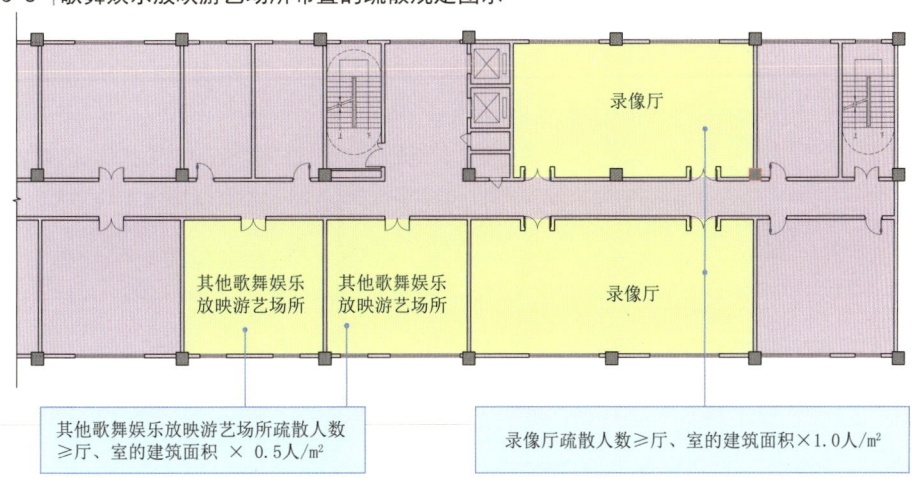

图5-9 | 厨房空间与设备都是安装操作流程布置

规范原文摘录

1 防规 5.4.6

教学建筑、食堂、菜市场采用三级耐火等级建筑时，不应超过2层；采用四级耐火等级建筑时，应为单层；设置在三级耐火等级的建筑内时，应布置在首层或二层；设置在四级耐火等级的建筑内时，应布置在首层。

2 防规 5.4.9（节选）

歌舞厅、录像厅、夜总会、卡拉OK厅（含具有卡拉OK功能的餐厅）、游艺厅（含电子游艺厅）、桑拿浴室（不包括洗浴部分）、网吧等歌舞娱乐放映游艺场所（不含剧场、电影院）的布置应符合下列规定：

1 不应布置在地下二层及以下楼层；
4 确需布置在地下一层时，地下一层的地面与室外出入口地坪的高差不应大于10 m；
5 确需布置在地下或四层及以上楼层时，一个厅、室的建筑面积不应大于200 m²；
6 厅、室之间及与建筑的其他部位之间，应采用耐火极限不低于2.00 h的防火隔墙和1.00 h的不燃性楼板分隔，设置在厅、室墙上的门和该场所与建筑内其他部位相通的门均应采用乙级防火门。

3 防规 5.5.13

下列多层公共建筑的疏散楼梯，除与敞开式外廊直接相连的楼梯间外，均应采用封闭楼梯间：

1 医疗建筑、旅馆及类似使用功能的建筑；
2 设置歌舞娱乐放映游艺场所的建筑；
3 商店、图书馆、展览建筑、会议中心及类似使用功能的建筑；
4 6层及以上的其他建筑。

4 防规 5.5.15

公共建筑内房间的疏散门数量应经计算确定且不应少于2个。除托儿所、幼儿园、老年人照料设施、医疗建筑、教学建筑内位于走道尽端的房间外，符合下列条件之一的房间可设置1个疏散门：

1 位于两个安全出口之间或袋形走道两侧的房间，对于托儿所、幼儿园、老年人照料设施，建筑面积大于50 m²；对于医疗建筑、教学建筑，建筑面积不大于75 m²；对于其他建筑或场所，建筑面积不大于120 m²。
2 位于走道尽端的房间，建筑面积小于50 m²且疏散门的净宽度不小于0.90 m，或由房间内任一点至疏散门的直线距离不大于15 m、建筑面积不大于200 m²且疏散门的净宽度不小于1.40 m。
3 歌舞娱乐放映游艺场所内建筑面积不大于50 m²且经常停留人数不超过15人的厅、室。

5 防规 5.5.21（节选）

除剧场、电影院、礼堂、体育馆外的其他公共建筑，其房间疏散门、安全出口、疏散走道和疏散楼梯的各自总净宽度，应符合下列规定：

2 地下或半地下人员密集的厅、室和歌舞娱乐放映游艺场所，其房间疏散门、安全出口、疏散走道和疏散楼梯的各自总净宽度，应根据疏散人数按每100人不小于1.00 m计算确定。
4 歌舞娱乐放映游艺场所中录像厅的疏散人数，应根据厅、室的建筑面积按不小于1.0人/m²计算；其他歌舞娱乐放映游艺场所的疏散人数，应根据厅、室的建筑面积按不小于0.5人/m²计算。

| 6 | 防规 8.3.3（节选） |

除本规范另有规定和不宜用水保护或灭火的场所外，下列高层民用建筑或场所应设置自动灭火系统，并宜采用自动喷水灭火系统：
    3 高层民用建筑内的歌舞娱乐放映游艺场所。

| 7 | 防规 8.3.4（节选） |

除本规范另有规定和不适用水保护或灭火的场所外，下列单、多层民用建筑或场所应设置自动灭火系统，并宜采用自动喷水灭火系统：
    7 设置在地下或半地下或地上四层及以上楼层的歌舞娱乐放映游艺场所（除游泳场所外），设置在首层、二层和三层且任一层建筑面积大于 300 m^2 的地上歌舞娱乐放映游艺场所（除游泳场所外）。

| 8 | 防规 8.4.1（节选） |

下列建筑或场所应设置火灾自动报警系统：
    8 歌舞娱乐放映游艺场所。

| 9 | 防规 8.5.3（节选） |

民用建筑的下列场所或部位应设置排烟设施：
    1 设置在一、二、三层且房间建筑面积大于 100 m^2 的歌舞娱乐放映游艺场所，设置在四层及以上楼层、地下或半地下的歌舞娱乐放映游艺场所。

| 10 | 饮标 3.0.2 |

饮食建筑的选址应严格执行当地环境保护和食品药品安全管理部门对粉尘、有害气体、有害液体、放射性物质和其他扩散性污染源距离要求的相关规定。与其他有碍公共卫生的开敞式污染源的距离不应小于 25 m。

| 11 | 饮标 4.3.3 |

厨房区域应按原料进入、原料处理、主食加工、副食加工、备餐、成品供应、餐用具洗涤消毒及存放的工艺流程合理布局，食品加工处理流程应为生进熟出单一流向，并应符合下列规定：
    1 副食粗加工应分设蔬菜、肉禽、水产工作台和清洗池，粗加工后的原料送入细加工区不应反流；
    2 冷荤成品、生食海鲜、裱花蛋糕等应在厨房专间内拼配，在厨房专间入口处应设置有洗手、消毒、更衣设施的通过式预进间；
    3 垂直运输的食梯应原料、成品分设。

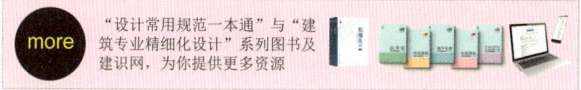

2.3 建筑构件

扫描进入建识网

表5-5 建筑构件涉及的强条条款

序号	关键信息	出处	使用指引	附图
1	0.11 m	统标 6.7.4	栏杆采取防攀爬构造的规定	–
2	–	防规 5.5.15	房间疏散门数量的规定	–
3	–	防规 5.5.18	（节选）公建内疏散门净宽度的规定	–
4	–	防规 6.2.6	建筑幕墙在每层楼板处防火分隔的规定	–
5	–	防规 6.4.5	室外疏散楼梯栏杆高度的规定	图5-10
6	–	防规 6.4.11	（1、4）建筑内疏散门的规定	图5-11
7	每层	防规 7.2.4	需要设置消防救援窗的建筑	图5-12
8	–	铝门窗 3.1.2	铝合金门窗主型材的壁厚规定	–
9	–	铝门窗 4.12.1	人员流动性大的公共场所的铝合金门窗应采用安全玻璃	–
10	1.5 m² 500 mm	铝门窗 4.12.2	铝合金门窗使用安全玻璃的部位规定	–
11	–	铝门窗 4.12.4	铝合金推拉门、推拉窗扇的安全规定	–
12	–	塑门窗 3.1.2	门窗工程必须使用安全玻璃的情况	–
13	防脱落	塑门窗 6.2.19	推拉门窗扇必须有防脱落装置	–
14	0.76 mm	玻璃 8.2.2	屋面玻璃或雨篷玻璃必须使用夹层玻璃或夹层中空玻璃	–
15	–	玻璃 9.1.2	地板玻璃必须采用（钢化）夹层玻璃等规定	–
16	–	玻幕 4.4.4	人员可能接触多的玻璃幕墙应采用安全玻璃与警示标志	–

图5-10 | 室外楼梯周围2 m内墙面设置规定图示

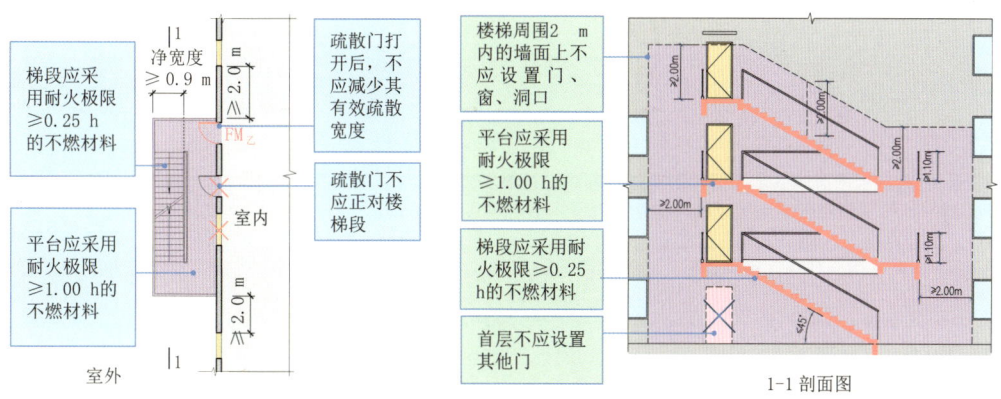

图5-11 | 民用建筑和厂房的疏散门选择与开向图示

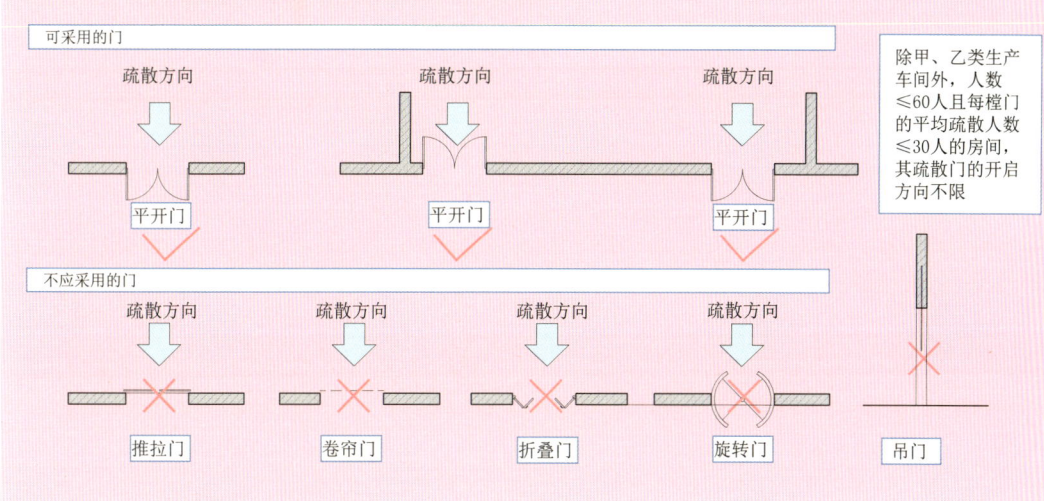

图5-12 | 消防救援窗的设置图示

规范原文摘录

1 统标 6.7.4
住宅、托儿所、幼儿园、中小学及其他少年儿童专用活动场所的栏杆必须采取防止攀爬的构造。当采用垂直杆件做栏杆时,其杆件净间距不应大于 0.11 m。

2 防规 5.5.15
公共建筑内房间的疏散门数量应经计算确定且不应少于 2 个。除托儿所、幼儿园、老年人照料设施、医疗建筑、教学建筑内位于走道尽端的房间外,符合下列条件之一的房间可设置 1 个疏散门:
　1 位于两个安全出口之间或袋形走道两侧的房间,对于托儿所、幼儿园、老年人照料设施,建筑面积不大于 50 m^2;对于医疗建筑、教学建筑,建筑面积不大于 75 m^2;对于其他建筑或场所,建筑面积不大于 120 m^2。
　2 位于走道尽端的房间,建筑面积小于 50 m^2 且疏散门的净宽度不小于 0.90 m,或由房间内任一点至疏散门的直线距离不大于 15 m、建筑面积不大于 200 m^2 且疏散门的净宽度不小于 1.40 m。
　3 歌舞娱乐放映游艺场所内建筑面积不大于 50 m^2 且经常停留人数不超过 15 人的厅、室。

3 防规 5.5.18(节选)
除本规范另有规定外,公共建筑内疏散门和安全出口的净宽度不应小于 0.90 m,疏散走道和疏散楼梯的净宽度不应小于 1.10 m。
高层公共建筑内楼梯间的首层疏散门、首层疏散外门、疏散走道和疏散楼梯的最小净宽度应符合表 5.5.18 的规定。

表 5.5.18 高层公共建筑内楼梯间的首层疏散门、首层疏散外门、疏散走道和疏散楼梯的最小净宽度(m)(节选)

建筑类别	楼梯间的首层疏散门、首层疏散外门	走道		疏散楼梯
		单面布房	双面布房	
其他高层公共建筑	1.20	1.30	1.40	1.20

4 防规 6.2.6
建筑幕墙应在每层楼板外沿处采取符合本规范第 6.2.5 条规定的防火措施,幕墙与每层楼板、隔墙处的缝隙应采用防火封堵材料封堵。

5 防规 6.4.5
室外疏散楼梯应符合下列规定:
　1 栏杆扶手的高度不应小于 1.10 m,楼梯的净宽度不应小于 0.90 m。
　2 倾斜角度不应大于 45°。
　3 梯段和平台均应采用不燃材料制作。平台的耐火极限不应低于 1.00 h,梯段的耐火极限不应低于 0.25 h。
　4 通向室外楼梯的门应采用乙级防火门,并应向外开启。
　5 除疏散门外,楼梯周围 2 m 内的墙面上不应设置门、窗、洞口。疏散门不应正对梯段。

6 防规 6.4.11(节选)
建筑内的疏散门应符合下列规定:
　1 民用建筑和厂房的疏散门,应采用向疏散方向开启的平开门,不应采用推拉门、卷帘门、吊门、转门和折叠门。除甲、乙类生产车间外,人数不超过 60 人且每樘门的平均疏散人数不超过 30 人的房间,其疏散门的开启方向不限。
　4 人员密集场所内平时需要控制人员随意出入的疏散门和设置门禁系统的住宅、宿舍、公寓建筑的外门,应保证火灾时不需使用钥匙等任何工具即能从内部易于打开,并应在显著位置设置具有使用提示的标识。

7 防规 7.2.4
厂房、仓库、公共建筑的外墙应在每层的适当位置设置可供消防救援人员进入的窗口。

8 铝门窗 3.1.2
铝合金门窗主型材的壁厚应经计算或试验确定,除压条、扣板等需要弹性装配的型材外,门用主型材主要受力部位基材截面最小实测壁厚不应小于 2.0 mm，窗用主型材主要受力部位基材截面最小实测壁厚不应小于 1.4 mm。

9 铝门窗 4.12.1
人员流动性大的公共场所，易于受到人员和物体碰撞的铝合金门窗应采用安全玻璃。

10 铝门窗 4.12.2
建筑物中下列部位的铝合金门窗应使用安全玻璃：
1 七层及七层以上建筑物体外开窗；
2 面积大于 1.5 m² 的窗玻璃或玻璃底边离最终装修面小于 500 mm 的落地窗；
3 倾斜安装的铝合金门窗。

11 铝门窗 4.12.4
铝合金推拉门、推拉窗的扇应有防止从室外侧拆卸的装置。推拉窗用于外墙时，应设置防止窗扇向室外脱落的装置。

12 塑门窗 3.1.2
门窗工程有下列情况之一时，必须使用安全玻璃：
1 面积大于 1.5 m² 的窗玻璃；
2 距离可踏面高度 900 mm 以下的窗玻璃；
3 与水平面夹角不大于 75°的倾斜窗，包括天窗、采光顶等在内的顶棚；
4 7 层及 7 层以上建筑外开窗。

13 塑门窗 6.2.19
推拉门窗扇必须有防脱落装置。

14 玻璃 8.2.2
屋面玻璃或雨篷玻璃必须使用夹层玻璃或夹层中空玻璃，其胶片厚度不应小于 0.76 mm。

15 玻璃 9.1.2
地板玻璃必须采用夹层玻璃，点支承地板玻璃必须采用钢化夹层玻璃。钢化玻璃必须进行均质处理。

16 玻幕 4.4.4
人员流动密度大、青少年或幼儿活动的公共场所以及使用中容易受到撞击的部位，其玻璃幕墙应采用安全玻璃；对使用中容易受到撞击的部位，尚应设置明显的警示标志。

3 建筑构造
3.1 通用规定

本节各表需要与表 5-6 **结合起来**一同使用。

扫描进入建识网

表 5-6 建筑构造涉及的通用性强条条款

序号	关键信息	出处	使用指引	附图
1	-	防规 6.1.1	防火墙的设置要求	图5-13
2	-	防规 6.2.6	建筑幕墙应在每层楼板外沿处的防火做法规定	-
3	-	防规 6.2.7	附设在建筑内的各种设备房与其他空间防火分隔做法要求	-
4	-	防规 6.2.9	（1、2、3）建筑内设备竖井的规定	图5-14
5	-	防规 11.0.9	管道、电气线路敷设在墙体内或穿过楼板、墙体时填塞密实规定	-

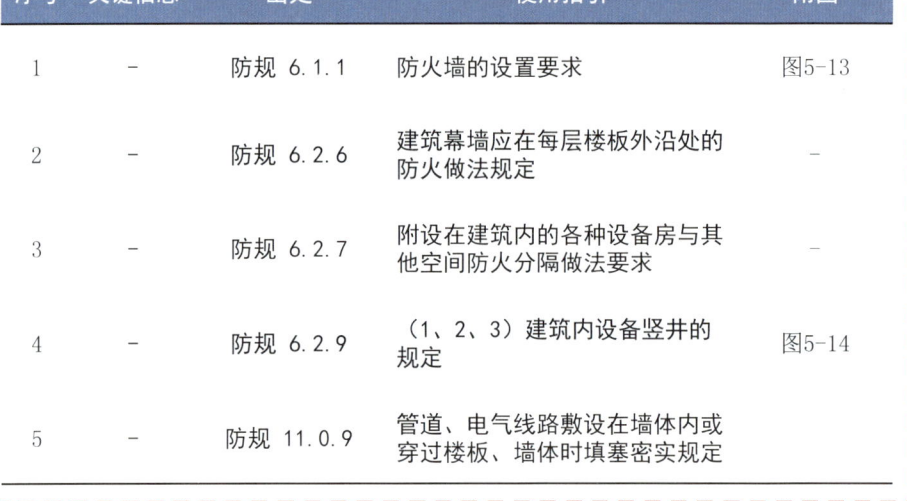

图5-13 防火墙的设置要求

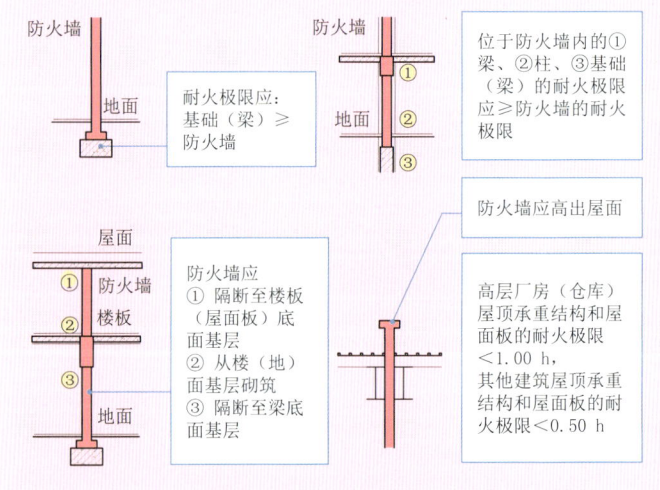

图5-14 防火墙与竖向井道设置个案例规定图示

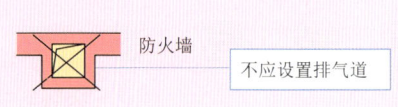

规范原文摘录

1 防规 6.1.1

防火墙应直接设置在建筑的基础或框架、梁等承重结构上，框架、梁等承重结构的耐火极限不应低于防火墙的耐火极限。

防火墙应从楼地面基层隔断至梁、楼板或屋面板的底面基层。当高层厂房（仓库）屋顶承重结构和屋面板的耐火极限低于 1.00 h，其他建筑屋顶承重结构和屋面板的耐火极限低于 0.50 h 时，防火墙应高出屋面 0.5 m 以上。

2 防规 6.2.6

建筑幕墙应在每层楼板外沿处采取符合本规范第 6.2.5 条规定的防火措施，幕墙与每层楼板、隔墙处的缝隙应采用防火封堵材料封堵。

3 防规 6.2.7

附设在建筑内的消防控制室、灭火设备室、消防水泵房和通风空气调节机房、变配电室等，应采用耐火极限不低于 2.00 h 的防火隔墙和 1.50 h 的楼板与其他部位分隔。

设置在丁、戊类厂房内的通风机房，应采用耐火极限不低于 1.00 h 的防火隔墙和 0.50 h 的楼板与其他部位分隔。

通风、空气调节机房和变配电室开向建筑内的门应采用甲级防火门，消防控制室和其他设备房开向建筑内的门应采用乙级防火门。

4 防规 6.2.9（节选）

建筑内的电梯井等竖井应符合下列规定：

1 电梯井应独立设置，井内严禁敷设可燃气体和甲、乙、丙类液体管道，不应敷设与电梯无关的电缆、电线等。电梯井的井壁除设置电梯门、安全逃生门和通气孔洞外，不应设置其他开口。

2 电缆井、管道井、排烟道、排气道、垃圾道等竖向井道，应分别独立设置。井壁的耐火极限不应低于 1.00 h，井壁上的检查门应采用丙级防火门。

3 建筑内的电缆井、管道井应在每层楼板处采用不低于楼板耐火极限的不燃材料或防火封堵材料封堵。

建筑内的电缆井、管道井与房间、走道等相连通的孔隙应采用防火封堵材料封堵。

5 防规 11.0.9

建筑内管道、电气线路敷设在墙体内或穿过楼板、墙体时，应采取防火保护措施，与墙体、楼板之间的缝隙应采用防火封堵材料填塞密实。

住宅建筑内厨房的明火或高温部位及排油烟管道等，应采用防火隔热措施。

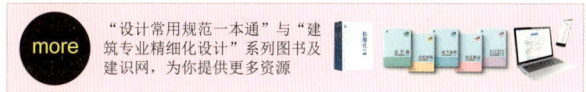

3.2 墙体

扫描进入建识网

表 5-7 墙体涉及的强条条款

序号	关键信息	出处	使用指引	附图
1	–	防规 5.4.10	（1）住宅部分与非住宅部分之间的防火分隔要求（节选）	–
2	–	防规 5.4.11	设置商业服务网点的住宅建筑，其居住部分与商业服务网点之间的防火分隔要求	–
3	–	防规 6.1.1	防火墙的设置要求	–
4	4.0 m	防规 6.1.2	防火墙与天窗的距离	–
5	甲级防火门窗	防规 6.1.5	防火墙上门窗洞口开设及穿管条件	–
6	–	防规 6.1.7	防火墙的构造要求	–
7	–	防规 6.2.4	建筑内的防火隔墙起止位置要求等	–
8	–	防规 6.2.5	外墙防火构造要求	图5-15
9	防火封堵	防规 6.2.6	建筑幕墙应在每层楼板外沿处采取防火措施	–
10	–	防规 6.2.7	应采用耐火极限≥2.00 h的防火隔墙与其他部位分隔的设备用房	–
11	–	防规 6.2.9	（1、2、3）建筑内设备竖井的规定	–
12	封堵	防规 6.3.5	建筑内的管道穿越防火隔墙、防火墙处的孔隙应采用防火封堵材料封堵	–
13	–	防规 7.3.6	消防电梯井、机房与相邻电梯井、机房之间防火隔墙要求	–
14	不得降低	商规 4.2.12	大型和中型商场内连续排列的商铺的隔墙的耐火极限要求	–
15	–	墙体 3.1.4	墙体不应采用非蒸压硅酸盐砖（砌块）及非蒸压加气混凝土制品	–
16	–	墙体 3.1.5	氯氧镁墙材制品时应进行三种试验等要求	–

续表

序号	关键信息	出处	使用指引	附图
17	–	墙体 3.2.1	（1）非烧结含孔块材的孔洞率、壁及肋厚度规定	–
18	–	墙体 3.2.2	块体材料强度等级规定	–
19	–	墙体 3.4.1	有抗冻性要求的墙体时对砂浆的要求	–
20	–	墙体 4.1.8	建筑设计不得采用的墙体材料	–
21	–	墙体 6.1.9	外保温复合墙的饰面层选用非薄抹灰的要求	–
22	防裂	墙体 6.1.10	内保温复合墙与梁、柱相接触部位，应采取防裂措施	–
23		防带 3.0.4	防火隔离带的几项规定	
24		防带 3.0.6	建筑建筑外墙外保温防火隔离带保温材料的燃烧性能等级应为A级	

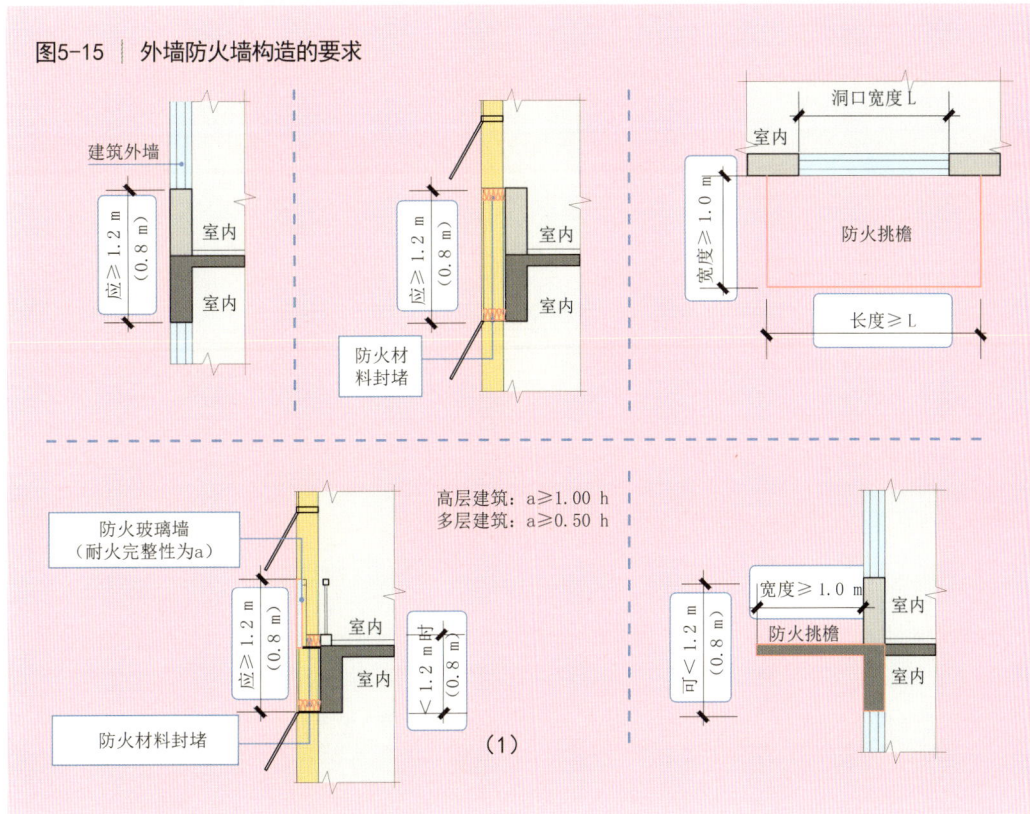

图5-15　外墙防火墙构造的要求

图5-15 | 外墙防火墙构造的要求（续）

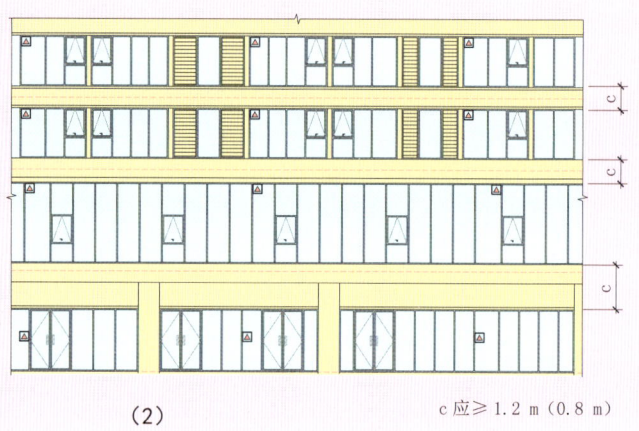

（2）　　　　　　　　c应≥1.2 m（0.8 m）

规范原文摘录

1 防规 5.4.10（节选）

除商业服务网点外，住宅建筑与其他使用功能的建筑合建时，应符合下列规定：

1 住宅部分与非住宅部分之间，应采用耐火极限不低于2.00 h且无门、窗、洞口的防火隔墙和1.50 h的不燃性楼板完全分隔；当为高层建筑时，应采用无门、窗、洞口的防火墙和耐火极限不低于2.00 h的不燃性楼板完全分隔。建筑外墙上、下层开口之间的防火措施应符合本规范第6.2.5条的规定。

2 防规 5.4.11

设置商业服务网点的住宅建筑，其居住部分与商业服务网点之间应采用耐火极限不低于2.00 h且无门、窗、洞口的防火隔墙和1.50 h的不燃性楼板完全分隔，住宅部分和商业服务网点部分的安全出口和疏散楼梯应分别独立设置。

商业服务网点中每个分隔单元之间应采用耐火极限不低于2.00 h且无门、窗、洞口的防火隔墙相互分隔，当每个分隔单元任一层建筑面积大于200 m²时，该层应设置2个安全出口或疏散门。每个分隔单元内的任一点至最近直通室外的出口的直线距离不应大于本规范表5.5.17中有关多层其他建筑位于袋形走道两侧或尽端的疏散门至最近安全出口的最大直线距离。

注：室内楼梯的距离可按其水平投影长度的1.50倍计算。

3 防规 6.1.1

防火墙应直接设置在建筑的基础或框架、梁等承重结构上，框架、梁等承重结构的耐火极限不应低于防火墙的耐火极限。

防火墙应从楼地面基层隔断至梁、楼板或屋面板的底面基层。当高层厂房（仓库）屋顶承重结构和屋面板的耐火极限低于1.00 h，其他建筑屋顶承重结构和屋面板的耐火极限低于0.50 h时，防火墙应高出屋面0.5 m以上。

4 防规 6.1.2

防火墙横截面中心线水平距离天窗端面小于4.0 m，且天窗端面为可燃性墙体时，应采取防止火势蔓延的措施。

5 防规 6.1.5

防火墙上不应开设门、窗、洞口，确需开设时，应设置不可开启或火灾时能自动关闭的甲级防火门、窗。可燃气体和甲、乙、丙类液体的管道严禁穿过防火墙。防火墙内不应设置排气道。

6 防规 6.1.7
防火墙的构造应能在防火墙任意一侧的屋架、梁、楼板等受到火灾的影响而破坏时,不会导致防火墙倒塌。

7 防规 6.2.4
建筑内的防火隔墙应从楼地面基层隔断至梁、楼板或屋面板的底面基层。住宅分户墙和单元之间的墙应隔断至梁、楼板或屋面板的底面基层,屋面板的耐火极限不应低于0.50 h。

8 防规 6.2.5
除本规范另有规定外,建筑外墙上、下层开口之间应设置高度不小于1.2 m的实体墙或挑出宽度不小于1.0 m、长度不小于开口宽度的防火挑檐;当室内设置自动喷水灭火系统时,上、下层开口之间的实体墙高度不应小于0.8 m。当上、下层开口之间设置实体墙确有困难时,可设置防火玻璃墙,但高层建筑的防火玻璃墙的耐火完整性不应低于1.00 h,多层建筑的防火玻璃墙的耐火完整性不应低于0.50 h。外窗的耐火完整性不应低于防火玻璃墙的耐火完整性要求。

住宅建筑外墙上相邻户开口之间的墙体宽度不应小于1.0 m;小于1.0 m时,应在开口之间设置突出外墙不小于0.6 m的隔板。

实体墙、防火挑檐和隔板的耐火极限和燃烧性能,均不应低于相应耐火等级建筑外墙的要求。

9 防规 6.2.6
建筑幕墙应在每层楼板外沿处采取符合本规范第6.2.5条规定的防火措施,幕墙与每层楼板、隔墙处的缝隙应采用防火封堵材料封堵。

10 防规 6.2.7
附设在建筑内的消防控制室、灭火设备室、消防水泵房和通风空气调节机房、变配电室等,应采用耐火极限不低于2.00 h的防火隔墙和1.50 h的楼板与其他部位分隔。

设置在丁、戊类厂房内的通风机房,应采用耐火极限不低于1.00 h的防火隔墙和0.50 h的楼板与其他部位分隔。

通风、空气调节机房和变配电室开向建筑内的门应采用甲级防火门,消防控制室和其他设备房开向建筑内的门应采用乙级防火门。

11 防规 6.2.9(节选)
建筑内的电梯井等竖井应符合下列规定:
1 电梯井应独立设置,井内严禁敷设可燃气体和甲、乙、丙类液体管道,不应敷设与电梯无关的电缆、电线等。电梯井的井壁除设置电梯门、安全逃生门和通气孔洞外,不应设置其他开口。
2 电缆井、管道井、排烟道、排气道、垃圾道等竖向井道,应分别独立设置。井壁的耐火极限不应低于1.00 h,井壁上的检查门应采用丙级防火门。
3 建筑内的电缆井、管道井应在每层楼板处采用不低于楼板耐火极限的不燃材料或防火封堵材料封堵。
建筑内的电缆井、管道井与房间、走道等相连通的孔隙应采用防火封堵材料封堵。

12 防规 6.3.5
防烟、排烟、供暖、通风和空气调节系统中的管道及建筑内的其他管道,在穿越防火隔墙、楼板和防火墙处的孔隙应采用防火封堵材料封堵;

风管穿过防火隔墙、楼板和防火墙时,穿越处风管上的防火阀、排烟防火阀两侧各2.0 m范围内的风管应采用耐火风管或风管外壁应采取防火保护措施,且耐火极限不应低于该防火分隔体的耐火极限。

13 防规 7.3.6
消防电梯井、机房与相邻电梯井、机房之间应设置耐火极限不低于2.00 h的防火隔墙,隔墙上的门应采用甲级防火门。

14 商规 4.2.12
大型和中型商场内连续排列的商铺的隔墙、吊顶等装修材料和构造,不得降低建筑设计对建筑构件及配件的耐火极限要求,并不得随意增加荷载。

15 墙体 3.1.4
墙体不应采用非蒸压硅酸盐砖（砌块）及非蒸压加气混凝土制品。

16 墙体 3.1.5
应用氯氧镁墙材制品时应进行吸潮返卤、翘曲变形及耐水性试验，并应在其试验指标满足使用要求后用于工程。

17 墙体 3.2.1（节选）
块体材料的外形尺寸除应符合建筑模数要求外，尚应符合下列规定：
1 非烧结含孔块材的孔洞率、壁及肋厚度等应符合表 3.2.1 的要求。

表 3.2.1 非烧结含孔块材的孔洞率、壁及肋厚度要求

块体材料类型及用途		孔洞率（%）	最小外壁（mm）	最小肋厚（mm）	其他要求
含孔砖	用于承重墙	≤35	15	15	孔的长度与宽度比应小于2
	用于自承重墙	-	10	10	-
砌块	用于承重墙	≤47	30	25	孔的圆角半径不应小于20 mm
	用于自承重墙	-	15	15	-

注：1 承重墙体的混凝土多孔砖的孔洞应垂直于铺浆面。当孔的长度与宽度比不小于2时，外壁的厚度不应小于18 mm；当孔的长度与宽度比小于2时，壁的厚度不应小于15 mm。
2 承重含孔块材，其长度方向的中部不得设孔，中肋厚度不宜小于20 mm。

18 墙体 3.2.2（节选）
块体材料强度等级应符合下列规定：
1 产品标准除应给出抗压强度等级外，尚应给出其变异系数的限值；
2 承重砖的折压比不应小于表 3.2.2-1 的要求。

表 3.2.2-1 承重砖的折压比

砖种类	高度(mm)	砖强度等级				
		MU30	MU25	MU20	MU15	MU10
		折压比				
蒸压普通砖	53	0.16	0.18	0.20	0.25	-
多孔砖	90	0.21	0.23	0.24	0.27	0.32

注：1 蒸压普通砖包括蒸压灰砂实心砖和蒸压粉煤灰实心砖；
2 多孔砖包括烧结多孔砖和混凝土多孔砖。

19 墙体 3.4.1
设计有抗冻性要求的墙体时，砂浆应进行冻融试验，其抗冻性能应与墙体块材相同。

20 墙体 4.1.8
建筑设计不得采用含有石棉纤维、未经防腐和防虫蛀处理的植物纤维墙体材料。

21	墙体 6.1.9
	外保温复合墙的饰面层选用非薄抹灰时,应对由饰面层自重累积作用所产生的变形影响采取构造措施。

22	墙体 6.1.10
	内保温复合墙与梁、柱相接触部位,应采取防裂措施。

23	防带 3.0.4
	防火隔离带应与基层墙体可靠连接,应能适应外保温系统的正常变形而不产生渗透、裂缝和空鼓;应能承受自重、风荷载和室外气候的反复作用而不产生破坏。

24	防带 3.0.6
	建筑外墙外保温防火隔离带保温材料的燃烧性能等级应为 A 级。

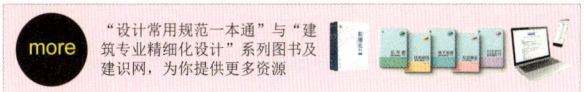

3.3 楼地面

扫描进入建识网

表 5-8　楼地面涉及的强条条款

序号	关键信息	出处	使用指引	附图
1	2.00 h	防规 5.1.4	建筑高度大于100 m的民用建筑，其楼板的耐火极限不应低于2.00 h	-
2	封堵	防规 6.3.5	建筑内的管道穿越楼板处的孔隙应采用防火封堵材料封堵	图5-16
3	防滑、耐磨、不易起尘	地面 3.2.1	公共建筑中，经常有大量人员走动或残疾人、老年人、儿童活动及轮椅、小型推车行驶的地面，其地面面层的规定	-
4	-	地面 3.2.2	公共场所应采用防滑面层的部位	图5-17
5	-	地面 3.8.5	不发火花的地面，必须采用不发火花材料铺设，地面铺设材料必须经不发火花检验合格后方可使用	-
6	-	地面 3.8.7	在食品、食料或药物有可能直接与地面接触的地段，地面面层严禁采用有毒的材料	-

图5-16 ｜ 防火封堵实物场景

图5-17 ｜ 地面防滑材料案例

规范原文摘录

1 防规 5.1.4
建筑高度大于 100 m 的民用建筑，其楼板的耐火极限不应低于 2.00 h。
一、二级耐火等级建筑的上人平屋顶，其屋面板的耐火极限分别不应低于 1.50 h 和 1.00 h。

2 防规 6.3.5
防烟、排烟、供暖、通风和空气调节系统中的管道及建筑内的其他管道，在穿越防火隔墙、楼板和防火墙处的孔隙应采用防火封堵材料封堵；
风管穿过防火隔墙、楼板和防火墙时，穿越处风管上的防火阀、排烟防火阀两侧各 2.0 m 范围内的风管应采用耐火风管或风管外壁应采取防火保护措施，且耐火极限不应低于该防火分隔体的耐火极限。

3 地面 3.2.1
公共建筑中，经常有大量人员走动或残疾人、老年人、儿童活动及轮椅、小型推车行驶的地面，其地面面层应采用防滑、耐磨、不易起尘的块材面层或水泥类整体面层。

4 地面 3.2.2
公共场所的门厅、走道、室外坡道及经常用水冲洗或潮湿、结露等容易受影响的地面，应采用防滑面层。

5 地面 3.8.5
不发火花的地面，必须采用不发火花材料铺设，地面铺设材料必须经不发火花检验合格后方可使用。

6 地面 3.8.7
生产和储存食品、食料或药物的场所，在食品、食料或药物有可能直接与地面接触的地段，地面面层严禁采用有毒的材料。当此场所生产和储存吸味较强的食物时，地面面层严禁采用散发异味的材料。

3.4 屋面

屋面构造相关的具体规范条款可参照本书 P182 页"第 4 章 3.4 屋面"相关内容。

3.5 保温隔热

扫描进入建识网

表5-9 保温隔热涉及的强条条款

序号	关键信息	出处	使用指引	附图
1	—	防规 6.7.2	建筑外墙采用内保温系统时，保温系统的规定	—
2	—	防规 6.7.4	人员密集场所建筑的外墙外保温材料要求	—
3	—	防规 6.7.5	（2）无空腔建筑外墙保温系统保温材料的规定（节选）	图5-18
4	24 m、A级 24 m、B级	防规 6.7.6	有空腔建筑外墙保温系统保温材料的规定	图5-19
5	25%、25 mm	倒置屋面 5.2.5	关于倒置式屋面保温层厚度的规定	—

图5-18 │ 基层墙体、装饰层之间无空腔的建筑外墙保温系统的技术要求

建筑及场所	建筑高度	A级保温材料	B_1级保温材料	B_2级保温材料
人员密集场所	—	应采用	不允许	不允许
住宅建筑	h>100 m	应采用	不允许	不允许
住宅建筑	27 m<h≤100 m	宜采用	可采用： 1 每层设置防火隔离带 2 建筑外墙上门、窗的耐火完整性应≥0.50 h	不允许
住宅建筑	h≤27 m	宜采用	可采用：每层设置防火隔离带	可采用： 1 每层设置防火隔离带 2 建筑外墙上门、窗的耐火完整性应≥0.50 h
除住宅建筑和设置人员密集场所的建筑外的其他建筑	h>50 m	应采用	不允许	不允许
除住宅建筑和设置人员密集场所的建筑外的其他建筑	24 m<h≤50 m	宜采用	可采用： 1 每层设置防火隔离带 2 建筑外墙上门、窗的耐火完整性应≥0.50h	不允许
除住宅建筑和设置人员密集场所的建筑外的其他建筑	h≤24 m	宜采用	可采用：每层设置防火隔离带	可采用： 1 每层设置防火隔离带 2 建筑外墙上门、窗的耐火完整性应≥0.50 h

图5-19 | 保温材料实物场景

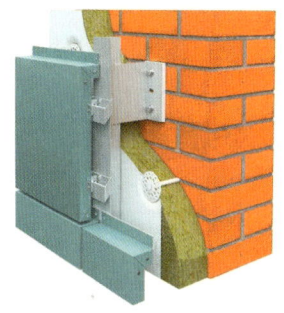

规范原文摘录

1 防规 6.7.2
建筑外墙采用内保温系统时,保温系统应符合下列规定:
 1 对于人员密集场所,用火、燃油、燃气等具有火灾危险性的场所以及各类建筑内的疏散楼梯间、避难走道、避难间、避难层等场所或部位,应采用燃烧性能为 A 级的保温材料。
 2 对于其他场所,应采用低烟、低毒且燃烧性能不低于 B1 级的保温材料。
 3 保温系统应采用不燃材料做防护层。采用燃烧性能为 B1 级的保温材料时,防护层的厚度不应小于 10 mm。

2 防规 6.7.4
设置人员密集场所的建筑,其外墙外保温材料的燃烧性能应为 A 级。

3 防规 6.7.5(节选)
与基层墙体、装饰层之间无空腔的建筑外墙外保温系统,其保温材料应符合下列规定:
 2 除住宅建筑和设置人员密集场所的建筑外,其他建筑:
  1)建筑高度大于 50 m 时,保温材料的燃烧性能应为 A 级;
  2)建筑高度大于 24 m,但不大于 50 m 时,保温材料的燃烧性能不应低于 B_1 级;
  3)建筑高度不大于 24 m 时,保温材料的燃烧性能不应低于 B_2 级。

4 防规 6.7.6
除设置人员密集场所的建筑外,与基层墙体、装饰层之间有空腔的建筑外墙外保温系统,其保温材料应符合下列规定:
 1 建筑高度大于 24 m 时,保温材料的燃烧性能应为 A 级;
 2 建筑高度不大于 24 m 时,保温材料的燃烧性能不应低于 B_1 级。

5 倒置屋面 5.2.5
倒置式屋面保温层的设计厚度应按计算厚度增加 25% 取值,且最小厚度不得小于 25 mm。

3.6 其他

包括"栏杆、玻璃"等内容请参见本书第 4 章"住宅建筑"的相关内容。

4 相关规范与专题
4.1 相关专业
4.1.1 结构

表 5-10　结构专业涉及的强条条款

序号	关键信息	出处	使用指引	附图
1	混合结构	高规 6.1.6	框架结构按抗震设计时,不应采用部分由砌体墙承重之混合形式	—
2	—	砌规 10.1.2	多层房屋的总层数和总高度的规定	图 5-20

图5-20 ｜ 常见多层社区商业建筑示例

规范原文摘录

1 高规 6.1.6

框架结构按抗震设计时,不应采用部分由砌体墙承重之混合形式。框架结构中的楼、电梯间及局部出屋顶的电梯机房、楼梯间、水箱间等,应采用框架承重,不应采用砌体墙承重。

2 砌规 10.1.2

本章适用的多层砌体结构房屋的总层数和总高度,应符合下列规定:

1 房屋的层数和总高度不应超过表10.1.2的规定;

表10.1.2　多层砌体房屋的层数和总高度限值(m)

房屋类别		最小墙厚度(mm)	设防烈度和设计基本地震加速度									
			6		7				8		9	
			0.05 g		0.10 g		0.15 g		0.20 g	0.30 g	0.40 g	
			高度	层数	高度	层数	高度	层数	高度	层数	高度	层数
多层砌体房屋	普通砖	240	21	7	21	7	21	7	18	6	15	5	12	4
	多孔砖	240	21	7	21	7	18	6	18	6	15	5	9	3
	多孔砖	190	21	7	18	6	15	5	15	5	12	4	—	—
	混凝土砌块	190	21	7	21	7	18	6	18	6	15	5	9	3
底部框架—抗震墙砌体房屋	普通砖 多孔砖	240	22	7	22	7	19	6	16	5	—	—	—	—
	多孔砖	190	22	7	19	6	16	5	13	4	—	—	—	—
	混凝土砌块	190	22	7	22	7	19	6	16	5	—	—	—	—

注:1 房屋的总高度指室外地面到主要屋面板板顶或檐口的高度,半地下室从地下室室内地面算起,全地下室和嵌固条件好的半地下室应允许从室外地面算起;对带阁楼的坡屋面应算到山尖墙的1/2高度处;

2 室内外高差大于0.6 m时,房屋总高度应允许比表中的数据适当增加,但增加量应少于1.0 m;

3 乙类的多层砌体房屋仍按本地区设防烈度查表,其层数应减少一层且总高度应降低3 m;不应采用底部框架—抗震墙砌体房屋;

2 各层横墙较少的多层砌体房屋,总高度应比表10.1.2中的规定降低3 m,层数相应减少一层;各层横墙很少的多层砌体房屋,还应再减少一层;

注:横墙较少是指同一楼层内开间大于4.2 m的房间占该层总面积的40%以上;其中,开间不大于4.2 m的房间占该层总面积不到20%且开间大于4.8 m的房间占该层总面积的50%以上为横墙很少。

3 抗震设防烈度为6、7度时,横墙较少的丙类多层砌体房屋,当按现行国家标准《建筑抗震设计规范》GB 50011规定采取加强措施并满足抗震承载力要求时,其高度和层数应允许仍按表10.1.2中的规定采用;

4 采用蒸压灰砂普通砖和蒸压粉煤灰普通砖的砌体房屋,当砌体的抗剪强度仅达到普通黏土砖砌体的70%时,房屋的层数应比普通砖房屋减少一层,总高度应减少3 m;当砌体的抗剪强度达到普通黏土砖砌体的取值时,房屋层数和总高度的要求同普通砖房屋。

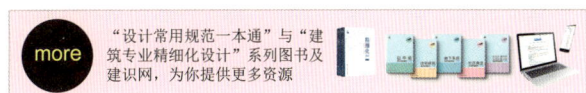

4.1.2 设备

扫描进入建识网

表 5-11 设备涉及的强条条款

序号	关键信息	出处	使用指引	附图
1	-	防规 6.2.9	(1、2、3) 建筑内设备竖井的规定	-
2	-	防规 6.3.5	设备管道及建筑内的其他管道,在穿越防火隔墙、楼板和防火墙处的	-
3	-	防规 8.1.2	消火栓系统设置的位置	-
4	-	防规 8.1.3	应置消防水泵接合器的场所	-
5	-	防规 8.1.6	消防水泵房设置的规定	-
6	-	防规 8.1.7	消防控制室的设置规定	-
7	水淹	防规 8.1.8	消防水泵房和消防控制室应采取防水淹的技术措施	-
8	-	防规 8.2.1	(3、5) 应设置室内消火栓系统的场所(节选)	-
9	-	防规 8.3.3	(1、2、3) 高层民用建筑或场所应设置自动灭火系统的位置	-
10	1500 m² 3000 m²	防规 8.3.4	(2、6、7) 单、多层民用建筑或场所应设置自动灭火系统的位置(节选)	-
11	-	防规 8.3.5	人员密集的场所应设置其他自动灭火系统,并宜采用固定消防炮等灭火系统	-
12	-	防规 8.4.1	(3、8、9~11、13) 应设置火灾自动报警系统的建筑或场所(节选)	-
13	-	防规 8.4.3	应设置可燃气体报警装置的场所	-
14	-	防规 8.5.1	应设置防烟设施的建筑场所	-
15	-	防规 8.5.3	应设置排烟设施的建筑场所	图5-21
16	200 m² 50 m²	防规 8.5.4	无窗房间,且经常有人停留或可燃物较多时,应设置排烟设施	-

续表

序号	关键信息	出处	使用指引	附图
17	—	防规 9.1.4	含有容易起火或爆炸危险物质的房间，应设自然通风或独立机械通风设施	—
18	70℃	防规 9.3.11	通风、空气调节系统风管应设置防火阀的部位	—
19	—	防规 10.1.2	（4、5）消防用电应按二级负荷供电的建筑物	—
20	50 m 100 m	防排烟 3.1.2	设置机械加压系统的规定	—
21	—	防排烟 3.1.5	（2、3）防烟楼梯间及其前室的机械加压送风系统设置的规定	—
22	1.0 m² 2.0 m²	防排烟 3.2.1	自然通风方式楼梯间的开窗要求	—
23	2.0 m² 3.0 m²	防排烟 3.2.2	自然通风方式前室的开窗要求	—
24	管道送风	防排烟 3.3.7	机械加压送风系统应采用管道送风，且不应采用土建风道	—
25	1.0 m² 2.0 m²	防排烟 3.3.11	楼梯间的固定窗设置	—
26	—	防排烟 4.4.1	建筑高度超过 50 m 的公共建筑和建筑高度超过 100 m 的住宅，其排烟系统应竖向分段独立设置	—
27	100 m	防排烟 4.4.2	（住宅建筑）排烟系统应竖向分段独立设置的高度要求	—
28	管道排烟	防排烟 4.4.7	机械排烟系统应采用管道排烟的规定	—
29	—	防排烟 4.5.1	设置排烟系统的场所应设置补风系统的房间的规定	—
30	0.5 m、0.3 m	燃气 6.3.15	室外架空燃气管道的规定	—

图5-21 自然排烟高窗案例

规范原文摘录

1　防规 6.2.9（节选）
建筑内的电梯井等竖井应符合下列规定：
1　电梯井应独立设置，井内严禁敷设可燃气体和甲、乙、丙类液体管道，不应敷设与电梯无关的电缆、电线等。电梯井的井壁除设置电梯门、安全逃生门和通气孔洞外，不应设置其他开口。
2　电缆井、管道井、排烟道、排气道、垃圾道等竖向井道，应分别独立设置。井壁的耐火极限不应低于1.00 h，井壁上的检查门应采用丙级防火门。
3　建筑内的电缆井、管道井应在每层楼板处采用不低于楼板耐火极限的不燃材料或防火封堵材料封堵。建筑内的电缆井、管道井与房间、走道等相连通的孔隙应采用防火封堵材料封堵。

2　防规 6.3.5
防烟、排烟、供暖、通风和空气调节系统中的管道及建筑内的其他管道，在穿越防火隔墙、楼板和防火墙处的孔隙应采用防火封堵材料封堵。
风管穿过防火隔墙、楼板和防火墙时，穿越处风管上的防火阀、排烟防火阀两侧各 2.0 m 范围内的风管应采用耐火风管或风管外壁应采取防火保护措施，且耐火极限不应低于该防火分隔体的耐火极限。

3　防规 8.1.2
城镇（包括居住区、商业区、开发区、工业区等）应沿可通行消防车的街道设置市政消火栓系统。
民用建筑、厂房、仓库、储罐（区）和堆场周围应设置室外消火栓系统。
用于消防救援和消防车停靠的屋面上，应设置室外消火栓系统。
注：耐火等级不低于二级且建筑体积不大于 3000 m³ 的戊类厂房，居住区人数不超过 500 人且建筑层数不超过两层的居住区，可不设置室外消火栓系统。

4　防规 8.1.3
自动喷水灭火系统、水喷雾灭火系统、泡沫灭火系统和固定消防炮灭火系统等系统以及下列建筑的室内消火栓给水系统应设置消防水泵接合器：
1　超过 5 层的公共建筑；
2　超过 4 层的厂房或仓库；
3　其他高层建筑；
4　超过 2 层或建筑面积大于 10000 m² 的地下建筑（室）。

5　防规 8.1.6
消防水泵房的设置应符合下列规定：
1　单独建造的消防水泵房，其耐火等级不应低于二级；
2　附设在建筑内的消防水泵房，不应设置在地下三层及以下或室内地面与室外出入口地坪高差大于 10 m 的地下楼层；
3　疏散门应直通室外或安全出口。

6　防规 8.1.7
设置火灾自动报警系统和需要联动控制的消防设备的建筑（群）应设置消防控制室。消防控制室的设置应符合下列规定：
1　单独建造的消防控制室，其耐火等级不应低于二级；
3　不应设置在电磁场干扰较强及其他可能影响消防控制设备正常工作的房间附近；
4　疏散门应直通室外或安全出口。

7　防规 8.1.8
消防水泵房和消防控制室应采取防水淹的技术措施。

8　防规 8.2.1（节选）
下列建筑或场所应设置室内消火栓系统：
3　体积大于 5000 m³ 的车站、码头、机场的候车（船、机）建筑、展览建筑、商店建筑、旅馆建筑、医疗建筑、老年人照料设施和图书馆建筑等单、多层建筑；
5　建筑高度大于 15 m 或体积大于 10000 m³ 的办公建筑、教学建筑和其他单、多层民用建筑。

9　防规 8.3.3（节选）
除本规范另有规定和不宜用水保护或灭火的场所外，下列高层民用建筑或场所应设置自动灭火系统，并宜采用自动喷水灭火系统：

1 一类高层公共建筑（除游泳池、溜冰场外）及其地下、半地下室；
2 二类高层公共建筑及其地下、半地下室的公共活动用房、走道、办公室和旅馆的客房、可燃物品库房、自动扶梯底部；
3 高层民用建筑内的歌舞娱乐放映游艺场所；

10 防规 8.3.4（节选）

除本规范另有规定和不适用水保护或灭火的场所外，下列单、多层民用建筑或场所应设置自动灭火系统，并宜采用自动喷水灭火系统：
2 任一层建筑面积大于1500 m^2 或总建筑面积大于3000 m^2 的展览、商店、餐饮和旅馆建筑以及医院中同样建筑规模的病房楼、门诊楼和手术部；
6 总建筑面积大于 500 m^2 的地下或半地下商店；
7 设置在地下或半地下或地上四层以及以上楼层的歌舞娱乐放映游艺场所（除游泳场所外），设置在首层、二层和三层且任一层建筑面积大于 300 m^2 的地上歌舞娱乐放映游艺场所（除游泳场所外）。

11 防规 8.3.5

根据本规范要求难以设置自动喷水灭火系统的展览厅、观众厅等人员密集的场所和丙类生产车间、库房等高大空间场所，应设置其他自动灭火系统，并宜采用固定消防炮等灭火系统。

12 防规 8.4.1（节选）

下列建筑或场所应设置火灾自动报警系统：
3 任一层建筑面积大于1500 m^2 或总建筑面积大于3000 m^2 的商店、展览、财贸金融、客运和货运等类似用途的建筑，总建筑面积大于 500 m^2 的地下或半地下商店；
8 歌舞娱乐放映游艺场所；
9 净高大于 2.6 m 且可燃物较多的技术夹层，净高大于 0.8 m 且有可燃物的闷顶或吊顶内；
10 电子信息系统的主机房及其控制室、记录介质库，特殊贵重或火灾危险性大的机器、仪表、仪器设备室、贵重物品库房；
11 二类高层公共建筑内建筑面积大于 50 m^2 的可燃物品库房和建筑面积大于 500 m^2 的营业厅；
13 设置机械排烟、防烟系统，雨淋或预作用自动喷水灭火系统，固定消防水炮灭火系统、气体灭火系统等需与火灾自动报警系统连锁动作的场所或部位。

13 防规 8.4.3

建筑内可能散发可燃气体、可燃蒸气的场所应设置可燃气体报警装置。

14 防规 8.5.1

建筑的下列场所或部位应设置防烟设施：
1 防烟楼梯间及其前室；
2 消防电梯间前室或合用前室；
3 避难走道的前室、避难层（间）。
建筑高度不大于 50 m 的公共建筑、厂房、仓库和建筑高度不大于 100 m 的住宅建筑，当其防烟楼梯间的前室或合用前室符合下列条件之一时，楼梯间可不设置防烟系统：
1 前室或合用前室采用敞开的阳台、凹廊；
2 前室或合用前室具有不同朝向的可开启外窗，且可开启外窗的面积满足自然排烟口的面积要求。

15 防规 8.5.3

民用建筑的下列场所或部位应设置排烟设施：
1 设置在一、二、三层且房间建筑面积大于 100 m^2 的歌舞娱乐放映游艺场所，设置在四层及以上楼层、地下或半地下的歌舞娱乐放映游艺场所；
2 中庭；
3 公共建筑内建筑面积大于 100 m^2 且经常有人停留的地上房间；
4 公共建筑内建筑面积大于 300 m^2 且可燃物较多的地上房间；
5 建筑内长度大于 20 m 的疏散走道。

16 防规 8.5.4

地下或半地下建筑（室）、地上建筑内的无窗房间，当总建筑面积大于 200 m^2 或一个房间建筑面积大于 50 m^2，且经常有人停留或可燃物较多时，应设置排烟设施。

17 防规 9.1.4

民用建筑内空气中含有容易起火或爆炸危险物质的房间，应设置自然通风或独立的机械通风设施，且其空气不应循环使用。

18 防规 9.3.11
通风、空气调节系统的风管在下列部位应设置公称动作温度为 70℃的防火阀：
1 穿越防火分区处；
2 穿越通风、空气调节机房的房间隔墙和楼板处；
3 穿越重要或火灾危险性大的场所的房间隔墙和楼板处；
4 穿越防火分隔处的变形缝两侧；
5 竖向风管与每层水平风管交接处的水平管段上。
注：当建筑内每个防火分区的通风、空气调节系统均独立设置时，水平风管与竖向总管的交接处可不设置防火阀。

19 防规 10.1.2（节选）
下列建筑物、储罐（区）和堆场的消防用电应按二级负荷供电：
4 二类高层民用建筑；
5 座位数超过 1500 个的电影院、剧场，座位数超过 3000 个的体育馆，任一层建筑面积大于 3000 m^2 的商店和展览建筑，省（市）级及以上的广播电视、电信和财贸金融建筑，室外消防用水量大于 25 L/s 的其他公共建筑。

20 防排烟 3.1.2
建筑高度大于 50 m 的公共建筑、工业建筑和建筑高度大于 100 m 的住宅建筑，其防烟楼梯间、独立前室、共用前室、合用前室及消防电梯前室应采用机械加压送风系统。

21 防排烟 3.1.5（节选）
防烟楼梯间及其前室的机械加压送风系统的设置应符合下列规定：
2 当采用合用前室时，楼梯间、合用前室应分别独立设置机械加压送风系统；
3 当采用剪刀楼梯时，其两个楼梯间及其前室的机械加压送风系统应分别独立设置。

22 防排烟 3.2.1
采用自然通风方式的封闭楼梯间、防烟楼梯间，应在最高部位设置面积不小于 1.0 m^2 的可开启外窗或开口；当建筑高度大于 10 m 时，尚应在楼梯间的外墙上每 5 层内设置总面积不小于 2.0 m^2 的可开启外窗或开口，且布置间隔不大于 3 层。

23 防排烟 3.2.2
前室采用自然通风方式时，独立前室、消防电梯前室可开启外窗或开口的面积不应小于 2.0 m^2，共用前室、合用前室不应小于 3.0 m^2。

24 防排烟 3.3.7
机械加压送风系统应采用管道送风，且不应采用土建风道。送风管道应采用不燃材料制作且内壁应光滑。当送风管道内壁为金属时，设计风速不应大于 20 m/s；当送风管道内壁为非金属时，设计风速不应大于 15 m/s；送风管道的厚度应符合现行国家标准《通风与空调工程施工质量验收规范》GB 50243 的规定。

25 防排烟 3.3.11
设置机械加压送风系统的封闭楼梯间、防烟楼梯间，尚应在其顶部设置不小于 1 m^2 的固定窗。靠外墙的防烟楼梯间，尚应在其外墙上每 5 层内设置总面积不小于 2 m^2 的固定窗。

26 防排烟 4.4.1
当建筑的机械排烟系统沿水平方向布置时，每个防火分区的机械排烟系统应独立设置。

27 防排烟 4.4.2
建筑高度超过 50 m 的公共建筑和建筑高度超过 100 m 的住宅，其排烟系统应竖向分段独立设置，且公共建筑每段高度不应超过 50 m，住宅建筑每段高度不应超过 100 m。

28 防排烟 4.4.7
机械排烟系统应采用管道排烟，且不应采用土建风道。排烟管道应采用不燃材料制作且内壁应光滑。当排烟管道内壁为金属时，管道设计风速不应大于 20 m/s；当排烟管道内壁为非金属时，管道设计风速不应大于 15 m/s；排烟管道的厚度应按现行国家标准《通风与空调工程施工质量验收规范》 GB 50243 的有关规定执行。

29 防排烟 4.5.1
除地上建筑的走道或建筑面积小于 500 m^2 的房间外，设置排烟系统的场所应设置补风系统。

30 燃气 6.3.15（节选）

室外架空的燃气管道，可沿建筑物外墙或支柱敷设。并应符合下列要求：
1 中压和低压燃气管道，可沿建筑耐火等级不低于二级的住宅和公共建筑的外墙敷设；
次高压B、中压和低压燃气管道，可沿建筑耐火等级不低于二级的丁、戊类生产厂房的外墙敷设。
3 架空燃气管道与铁路、道路、其他管线交叉时的垂直净距不应小于表6.3.15的规定。

表6.3.15　架空燃气管道与铁路、道路、其它管线交叉时的垂直净距

建筑物和管线名称		最小垂直净距（m）	
		燃气管道下	燃气管道上
城市道路路面		5.5	—
人行道路面		2.2	—
架空电力线，电压	3 kV以下	—	1.5
	3～10 kV	—	3.0
	35～66 kV	—	4.0
其他管道，管径	≤300 mm	同管道直径，但不小于0.10	同左
	>300 mm	0.30	0.30

注：1 厂区内部的燃气管道，在保证安全的情况下，管底至道路路面的垂直净距可取4.5 m；管底至铁路轨顶的垂直净距，可取5.5 m。在车辆和人行道以外的地区，可在从地面到管底高度不小于0.35 m的低支柱上敷设燃气管道；
2 电气机车铁路除外；
3 架空电力线与燃气管道的交叉垂直净距尚应考虑导线的最大垂度；

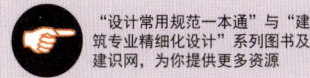

4.1.3 装修

扫描进入建识网

表 5-12 装修相关的强条条款

序号	关键信息	出处	使用指引	附图
1	不得降低	商规 4.2.12	大型和中型商场内连续排列的商铺吊顶耐火等级的要求	–
2	–	铝门窗 4.12.1	采用安全玻璃场所的规定	–
3	–	铝门窗 4.12.2	铝合金门窗应使用安全玻璃的规定	–
4	0.76 mm	玻璃 8.2.2	屋面玻璃或雨篷玻璃必须使用夹层玻璃或夹层中空玻璃	–
5	–	玻璃 9.1.2	地板玻璃须采用夹层玻璃,点支承地板玻璃须采用钢化夹层玻璃。钢化玻璃须进行均质处理	–
6	–	玻幕 4.4.4	特定易受到撞击的部位,其玻璃幕墙应采用安全玻璃与安全警示	–
7	–	内防 4.0.1	建筑内部装修不应改动的部位	–
8	–	内防 4.0.2	建筑内部消火栓箱门的规定	–
9	–	内防 4.0.3	疏散走道和安全出口的顶棚、墙面的规定	–
10	–	内防 4.0.4	水平疏散走道和安全出口门厅装修材料燃烧性能等级的规定	–
11	A级	内防 4.0.5	疏散楼梯间和前室装修材料规定	图5-22
12	A级、B_1级	内防 4.0.6	中庭、走马廊、开敞楼梯、自动扶梯连通部位的顶棚、墙面及其他部位装修材料的规定	–
13	提高一级	内防 4.0.8	(节选)无窗房间内部装修材料燃烧性能等级的规定	–
14	A级	内防 4.0.9	设备机房内所有装修均应采用A级装修材料	图5-23 图5-24
15	墙、顶A级 地面B_1级	内防 4.0.10	消防控制室等重要房间的装修材料要求	图5-23
16	A级	内防 4.0.11	厨房装修材料的规定	–

续表

序号	关键信息	出处	使用指引	附图
17	提高一级	内防 4.0.12	经常使用明火器具的餐厅装修材料的规定	—
18	B_1级	内防 4.0.13	民用建筑内库房或贮藏间装修材料的规定	—
19	—	内防 4.0.14	展览性场所装修设计的规定	—
20	—	内防 5.1.1	（节选）单层、多层民用建筑内部装修材料规定	—
21	放射性限量	内环 3.1.1	无机非金属建筑主体材料的放射性限量规定	—
22	放射性限量	内环 3.1.2	无机非金属装修材料的放射性限量规定	—
23	—	内环 3.2.1	室内用人造木板及饰面人造木板需要测定游离甲醛含量或游离甲醛释放量的规定	—
24	氨释放量	内环 3.6.1	对能释放氨的阻燃剂、混凝土外加剂的氨释放量的规定	—
25	—	内环 4.3.1	民用建筑工程室内不得使用国家禁止使用、限制使用的建筑材料	—
26	A类	内环 4.3.2	Ⅰ类民用建筑工程室内装修采用的无机非金属装修材料必须为A类	—
27	—	内环 4.3.4	Ⅰ类民用建筑工程的室内装修的人造木板及饰面人造木板必须达到 E_1 级要求	—
28	—	内环 4.3.9	室内装修中严禁使用材料的规定	—
29	耐候密封胶	外墙砖 4.0.4	外墙饰面砖伸缩缝应采用耐候密封胶嵌缝	—
30	—	外墙砖 4.0.8	墙面凹凸部位应采用防水和排水构造	—
31	—	金石幕 5.5.2	钢销式石材幕墙在抗震设计条件下面积与高度规定	—
32	—	公建顶 4.1.7	确定吊杆、反支撑及钢结构转换层与主体钢结构的连接方式的规定	—
33	—	公建顶 4.1.8	重型设备和有振动荷载的设备的规定	—

图5-22 | 疏散楼梯间和前室装修材料的规定

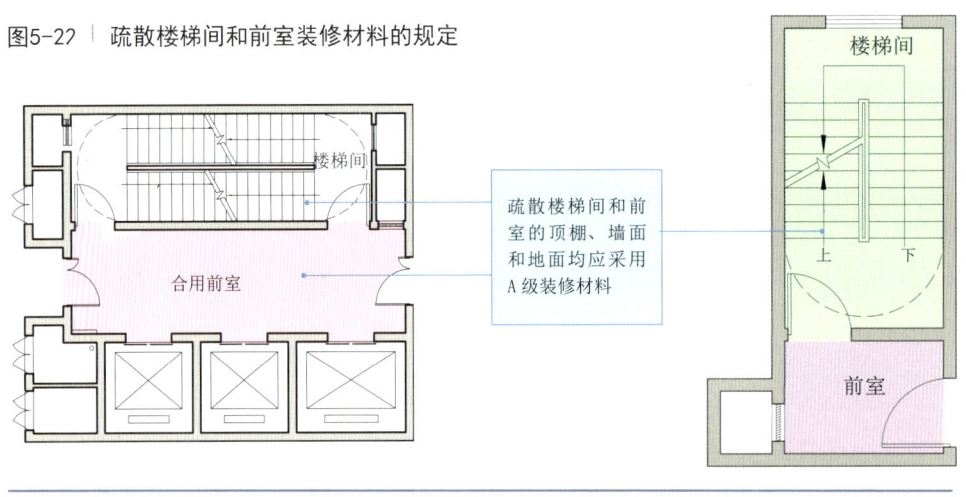

图5-23 | 设备机房内部所有装修均应采用A级装修材料

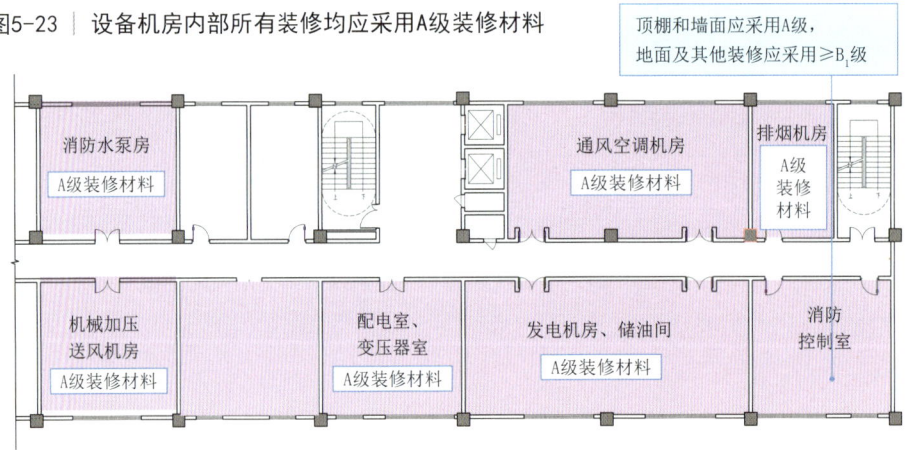

图5-24 | 柴油发电机房内部所有装修均应采用A级装修材

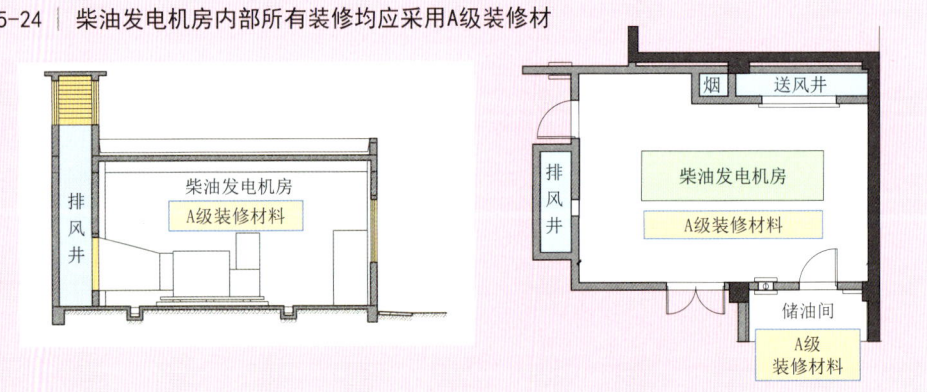

规范原文摘录

1 商规 4.2.12

　　大型和中型商场内连续排列的商铺的隔墙、吊顶等装修材料和构造，不得降低建筑设计对建筑构件及配件的耐火极限要求，并不得随意增加荷载。

2	铝门窗 4.12.1

人员流动性大的公共场所，易于受到人员和物体碰撞的铝合金门窗应采用安全玻璃。

3	铝门窗 4.12.2

建筑物中下列部位的铝合金门窗应使用安全玻璃：
1 七层及七层以上建筑物外开窗；
2 面积大于 1.5 m^2 的窗玻璃或玻璃底边离最终装修面小于 500 mm 的落地窗；
3 倾斜安装的铝合金窗。

4	玻璃 8.2.2

屋面玻璃或雨篷玻璃必须使用夹层玻璃或夹层中空玻璃，其胶片厚度不应小于 0.76 mm。

5	玻璃 9.1.2

地板玻璃必须采用夹层玻璃，点支承地板玻璃必须采用钢化夹层玻璃。钢化玻璃必须进行均质处理。

6	玻幕 4.4.4

人员流动密度大、青少年或幼儿活动的公共场所以及使用中容易受到撞击的部位，其玻璃幕墙应采用安全玻璃；对使用中容易受到撞击的部位，尚应设置明显的警示标志。

7	内防 4.0.1

建筑内部装修不应擅自减少、改动、拆除、遮挡消防设施、疏散指示标志、安全出口、疏散出口、疏散走道和防火分区、防烟分区等。

8	内防 4.0.2

建筑内部消火栓箱门不应被装饰物遮掩，消火栓箱门四周的装修材料颜色应与消火栓箱门的颜色有明显区别或在消火栓箱门表面设置发光标志。

9	内防 4.0.3

疏散走道和安全出口的顶棚、墙面不应采用影响人员安全疏散的镜面反光材料。

10	内防 4.0.4

地上建筑的水平疏散走道和安全出口的门厅，其顶棚应采用 A 级装修材料，其他部位应采用不低于 B_1 级的装修材料；地下民用建筑的疏散走道和安全出口的门厅，其顶棚、墙面和地面均应采用 A 级装修材料。

11	内防 4.0.5

疏散楼梯间和前室的顶棚、墙面和地面均应采用 A 级装修材料。

12	内防 4.0.6

建筑物内设有上下层相连通的中庭、走马廊、开敞楼梯、自动扶梯时，其连通部位的顶棚、墙面应采用 A 级装修材料，其他部位应采用不低于 B_1 级的装修材料。

13	内防 4.0.8（节选）

无窗房间内部装修材料的燃烧性能等级除 A 级外，应在表 5.1.1 规定的基础上提高一级。

14	内防 4.0.9

消防水泵房、机械加压送风排烟机房、固定灭火系统钢瓶间、配电室、变压器室、发电机房、储油间、通风和空调机房等，其内部所有装修均应采用 A 级装修材料。

15	内防 4.0.10

消防控制室等重要房间，其顶棚和墙面应采用 A 级装修材料，地面及其他装修应采用不低于 B_1 级的装修材料。

16	内防 4.0.11

建筑物内的厨房，其顶棚、墙面、地面均应采用 A 级装修材料。

17 内防 4.0.12
经常使用明火器具的餐厅、科研试验室,其装修材料的燃烧性能等级除A级外,应在表5.1.1、表5.2.1、表5.3.1、表6.0.1、表6.0.5规定的基础上提高一级。

18 内防 4.0.13
民用建筑内的库房或贮藏间,其内部所有装修除应符合相应场所规定外,且应采用不低于B_1级的装修材料。

19 内防 4.0.14
展览性场所装修设计应符合下列规定:
1 展台材料应采用不低于B1级的装修材料。
2 在展厅设置电加热设备的餐饮操作区内,与电加热设备贴邻的墙面、操作台均应采用A级装修材料。
3 展台与卤钨灯等高温照明灯具贴邻部位的材料应采用A级装修材料。

20 内防 5.1.1(节选)
单层、多层民用建筑内部各部位装修材料的燃烧性能等级,不应低于本规范表5.1.1的规定。

表5.1.1 单层、多层民用建筑内部各部位装修材料的燃烧性能等级

序号	建筑物及场所	建筑规模、性质	装修材料燃烧性能等级						
			顶棚	墙面	地面	隔断	固定家具	装饰织物		其他装修装饰材料
								窗帘	帷幕	
5	商店的营业厅	每层建面>1500 m^2 或总建面>3000 m^2	A	B_1	B_1	B_1	B_1	B_1	—	B_2
		每层建面≤1500 m^2 或总建面≤3000 m^2	A	B_1	B_1	B_1	B_2	B_1	—	—
7	养老院、托儿所幼儿园居住及活动场所	—	A	A	B_1	B_2	B_1	B_1	—	B_2
9	教学场所、教学实验场所	—	A	B_1	B_2	B_2	B_2	B_2	B_2	B_2
12	歌舞娱乐游艺场所	—	A	B_1	B_1	B_1	B_1	B_1	B_1	B_1
14	餐饮场所	营业面积>100 m^2	A	B_1	B_1	B_1	B_2	B_1	—	B_2
		营业面积≤100 m^2	B_1	B_1	B_1	B_2	B_2	B_2	—	B_2
15	办公场所	设置送回风道(管)的基准空气调节系统	A	B_1	B_1	B_1	B_1	B_1	—	B_1
		其他	B_1	B_2	B_2	B_2	B_2	—	—	—
16	其他公共场所	—	B_1	B_1	B_1	B_2	B_2	—	—	—
17	住宅	—	B_1	B_1	B_1	B_2	B_2	B_1	—	B_2

21 内环 3.1.1
民用建筑工程所使用的砂、石、砖、砌块、水泥、混凝土、混凝土预制构件等无机非金属建筑主体材料的放射性限量,应符合表3.1.1的规定。

表3.1.1 无机非金属建筑主体材料的放射性限量

测定项目	限量
内照射指数 I_{Ra}	≤ 1.0
内照射指数 I_γ	≤ 1.0

22 内环 3.1.2
民用建筑工程所使用的无机非金属装修材料,包括石材、建筑卫生陶瓷、石膏板、吊顶材料、无机瓷质砖粘结材料等,进行分类时,其放射性限量应符合表3.1.2的规定。

表3.1.2 无机非金属建筑主体材料的放射性限量

测定项目	限量	
	A	B
内照射指数 I_{RS}	≤ 1.0	≤ 1.3
内照射指数 I_γ	≤ 1.3	≤ 1.9

23 内环 3.2.1
民用建筑工程室内用人造木板及饰面人造木板,必须测定游离甲醛含量或游离甲醛释放量。

24 内环 3.6.1
民用建筑工程中所使用的能释放氨的阻燃剂、混凝土外加剂,氨的释放量不应大于0.10%,测定方法应符合现行国家标准《混凝土外加剂中释放氨的限量》GB 18588的有关规定。

25 内环 4.3.1
民用建筑工程室内不得使用国家禁止使用、限制使用的建筑材料。

26 内环 4.3.2
Ⅰ类民用建筑工程室内装修采用的无机非金属装修材料必须为A类。

27 内环 4.3.4
Ⅰ类民用建筑工程的室内装修,采用的人造木板及饰面人造木板必须达到E_1级要求。

28 内环 4.3.9
民用建筑工程室内装修中所使用的木地板及其他木质材料,严禁采用沥青、煤焦油类防腐、防潮处理剂。

29 外墙砖 4.0.4
外墙饰面砖伸缩缝应采用耐候密封胶嵌缝。

30 外墙砖 4.0.8
窗台、檐口、装饰线等墙面凹凸部位应采用防水和排水构造。

31 金石幕 5.5.2
钢销式石材幕墙可在非抗震设计或6度、7度抗震设计幕墙中应用,幕墙高度不宜大于20 m,石板面积不宜大于1.0 m²。钢销和连接板应采用不锈钢。连接板截面尺寸不宜小于40 mm×4 mm。钢销与孔的要求应符合本规范第6.3.2条的规定。

32 公建顶 4.1.7
吊杆、反支撑及钢结构转换层与主体钢结构的连接方式必须经主体钢结构设计单位审核批准后方可实施。

33 公建顶 4.1.8
重型设备和有振动荷载的设备严禁安装在吊顶工程的龙骨上。

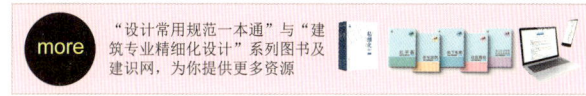

4.2 节能专题
4.2.1 热工设计

扫描进入建识网

表 5-13　热工设计涉及的强条条款

序号	关键信息	出处	使用指引	附图
1	结露验算	热工 4.2.11	围护结构中热桥内表面温度的规定	–
2	–	热工 6.1.1	在给定两侧空气温度及变化规律的情况下,外墙内表面最高温度规定	–
3	–	热工 6.2.1	在给定两侧空气温度及变化规律的情况下,屋面内表面最高温度规定	–
4	–	热工 7.1.2	采暖期间,围护结构中保温材料因内部冷凝受潮而增加的重量湿度允许增量	–

规范原文摘录

1 热工 4.2.11
围护结构中的热桥部位应进行表面结露验算,并应采取保温措施,确保热桥内表面温度高于房间空气露点温度。

2 热工 6.1.1
在给定两侧空气温度及变化规律的情况下,外墙内表面最高温度应符合表 6.1.1 的规定。
　　表 6.1.1　在给定两侧空气温度及变化规律的情况下,外墙内表面最高温度限值

房间类型	自然通风房间	空调房间	
		重质围护结构(D≥2.5)	轻质围护结构(D<2.5)
内表面最高温度 $\theta_{i.max}$	$\leq t_{e.max}$	$\leq t_i+2$	$\leq t_i+3$

3 热工 6.2.1
在给定两侧空气温度及变化规律的情况下,屋面内表面最高温度应符合表 6.2.1 的规定。
　　表 6.2.1　在给定两侧空气温度及变化规律的情况下,屋面内表面最高温度限值

房间类型	自然通风房间	空调房间	
		重质围护结构(D≥2.5)	轻质围护结构(D<2.5)
内表面最高温度 $\theta_{i.max}$	$\leq t_{e.max}$	$\leq t_i+2.5$	$\leq t_i+3.5$

4 热工 7.1.2
采暖期间,围护结构中保温材料因内部冷凝受潮而增加的重量湿度允许增量,应符合表 7.1.2 的规定。

表7.1.2 采暖期间，围护结构中保温材料因内部冷凝受潮而增加的重量湿度允许增量

保温材料	重量湿度的允许增量[Δw]（%）
多孔混凝土（泡沫混凝土、加气混凝土等） （ρ_0=500kg/m³～700kg/m³）	4
水泥膨胀珍珠岩和水泥膨胀蛭石等 （ρ_0=300kg/m³～500kg/m³）	6
沥青膨胀珍珠岩和沥青膨胀蛭石等 （ρ_0=300kg/m³～400kg/m³）	7
矿渣和炉渣填料	2
水泥纤维板	5
矿棉、岩棉、玻璃棉及制品（板或毡）	5
模塑聚苯乙烯泡沫塑料（EPS）	15
挤塑聚苯乙烯泡沫塑料（XPS）	10
硬质聚氨酯泡沫塑料（PUR）	10
酚醛泡沫塑料（PF）	10
玻化微珠保温浆料（自然干燥后）	5
胶粉聚苯颗粒保温浆料（自然干燥后）	5
复合硅酸盐保温板	5

4.2.2 节能设计

扫描进入建识网

表5-14 节能设计涉及的强条条款

序号	关键信息	出处	使用指引	附图
1	0.50 0.40	公建节能 3.2.1	严寒和寒冷地区公共建筑体形系数的规定	—
2	20%	公建节能 3.2.7	甲类公共建筑的屋顶透光部分面积不应大于屋顶总面积的20%	—
3	—	公建节能 3.3.1	甲类公共建筑的围护结构热工性能的规定	—
4	—	公建节能 3.3.2	乙类公共建筑的围护结构热工性能的规定	—
5	15%	公建节能 3.3.7	公共建筑入口大堂采用全玻幕墙时的规定	—

规范原文摘录

1 公建节能 3.2.1

严寒和寒冷地区公共建筑体形系数应符合表3.2.1的规定。

表3.2.1 严寒和寒冷地区公共建筑体形系数

单栋建筑面积A（m²）	建筑体形系数
300＜A≤800	≤0.50
A＞800	≤0.40

2 公建节能 3.2.7

甲类公共建筑的屋顶透光部分面积不应大于屋顶总面积的20%。当不能满足本条的规定时，必须按本标准规定的方法进行权衡判断。

3 公建节能 3.3.1

根据建筑热工设计的气候分区，甲类公共建筑的围护结构热工性能应分别符合表3.3.1-1～表3.3.1-6的规定。当不能满足本条的规定时，必须按本标准规定的方法进行权衡判断。

表3.3.1-1 严寒A、B区甲类公共建筑围护结构热工性能限值

围护结构部位	体形系数≤0.30	0.30＜体形系数≤0.50
	传热系数K[W/(m²·K)]	
屋面	≤0.28	≤0.25
外墙（包括非透光幕墙）	≤0.38	≤0.35
底面接触室外空气的架空或外挑楼板	≤0.38	≤0.35

续表

围护结构部位		体形系数≤0.30	0.30＜体形系数≤0.50
		传热系数 K[W/(m²·K)]	
地下车库与供暖房间之间的楼板		≤0.50	≤0.50
非供暖楼梯间与供暖房间之间的隔墙		≤1.2	≤1.2
单一立面外窗（包括透光幕墙）	窗墙面积比≤0.20	≤2.7	≤2.5
	0.20＜窗墙面积比≤0.30	≤2.5	≤2.3
	0.30＜窗墙面积比≤0.40	≤2.2	≤2.0
	0.40＜窗墙面积比≤0.50	≤1.9	≤1.7
	0.50＜窗墙面积比≤0.60	≤1.6	≤1.4
	0.60＜窗墙面积比≤0.70	≤1.5	≤1.4
	0.70＜窗墙面积比≤0.80	≤1.4	≤1.3
	窗墙面积比＞0.80	≤1.3	≤1.2
屋顶透光部分（屋顶透光部分面积≤20%）		≤2.2	
围护结构部位		保温材料层热阻 R[(m²·K)/W]	
周边地面		≥1.1	
供暖地下室与土壤接触的外墙		≥1.1	
变形缝（两侧墙内保温时）		≥1.2	

表3.3.1-2 严寒C区甲类公共建筑围护结构热工性能限值

围护结构部位	体形系数≤0.30	0.30＜体形系数≤0.50
	传热系数 K[W/(m²·K)]	
屋面	≤0.35	≤0.28
外墙（包括非透光幕墙）	≤0.43	≤0.38
底面接触室外空气的架空或外挑楼板	≤0.43	≤0.38
地下车库与供暖房间之间的楼板	≤0.70	≤0.70
非供暖楼梯间与供暖房间之间的隔墙	≤1.5	≤1.5

续表

围护结构部位		体形系数≤0.30	0.30＜体形系数≤0.50
		传热系数 K[W/(m²·K)]	
单一立面外窗（包括透光幕墙）	窗墙面积比≤0.20	≤2.9	≤2.7
	0.20＜窗墙面积比≤0.30	≤2.6	≤2.4
	0.30＜窗墙面积比≤0.40	≤2.3	≤2.1
	0.40＜窗墙面积比≤0.50	≤2.0	≤1.7
	0.50＜窗墙面积比≤0.60	≤1.7	≤1.5
	0.60＜窗墙面积比≤0.70	≤1.7	≤1.5
	0.70＜窗墙面积比≤0.8	≤1.5	≤1.4
	窗墙面积比＞0.80	≤1.4	≤1.3
屋顶透光部分（屋顶透光部分面积≤20%）		≤2.3	
围护结构部位		保温材料层热阻 R[(m²·K)/W]	
周边地面		≥1.1	
供暖地下室与土壤接触的外墙		≥1.1	
变形缝（两侧墙内保温时）		≥1.2	

表3.3.1-3 寒冷地区甲类公共建筑围护结构热工性能限值

围护结构部位	体形系数≤0.30		0.30＜体形系数≤0.50	
	传热系数 K[W/(m²·K)]	太阳得热系数 SHGC（东、南、西向/北向）	传热系数 K[W/(m²·K)]	太阳得热系数 SHGC（东、南、西向/北向）
屋面	≤0.45	—	≤0.40	—
外墙（包括非透光幕墙）	≤0.50	—	≤0.45	—
底面接触室外空气的架空或外挑楼板	≤0.50	—	≤0.45	—
地下车库与供暖房间之间的楼板	≤1.0	—	≤1.0	—
非供暖楼梯间与供暖房间之间的隔墙	≤1.5	—	≤1.5	—

续表

围护结构部位		体形系数≤0.30		0.30＜体形系数≤0.50	
		传热系数 K[W/(m²·K)]	太阳得热系数 SHGC（东、南、西向/北向）	传热系数 K[W/(m²·K)]	太阳得热系数 SHGC（东、南、西向/北向）
单一立面外窗（包括透光幕墙）	窗墙面积比≤0.20	≤3.0	—	≤2.8	—
	0.20＜窗墙面积比≤0.30	≤2.7	≤0.52/—	≤2.5	≤0.52/—
	0.30＜窗墙面积比≤0.40	≤2.4	≤0.48/—	≤2.2	≤0.48/—
	0.40＜窗墙面积比≤0.50	≤2.2	≤0.43/—	≤1.9	≤0.43/—
	0.50＜窗墙面积比≤0.60	≤2.0	≤0.40/—	≤1.7	≤0.40/—
	0.60＜窗墙面积比≤0.70	≤1.9	≤0.35/0.60	≤1.7	≤0.35/0.60
	0.70＜窗墙面积比≤0.80	≤1.6	≤0.35/0.52	≤1.5	≤0.35/0.52
	窗墙面积比＞0.80	≤1.5	≤0.30/0.52	≤1.4	≤0.30/0.52
屋顶透光部分（屋顶透光部分面积≤20%)		≤2.4	≤0.44	≤2.4	≤0.35
围护结构部位		保温材料层热阻R[(m²·K)/W]			
周边地面		≥0.60			
供暖、空调地下室外墙（与土壤接触的墙)		≥0.60			
变形缝（两侧墙内保温时)		≥0.90			

表3.3.1-4 夏热冬冷地区甲类公共建筑围护结构热工性能限值

围护结构部位		传热系数 K[W/(m²·K)]	太阳得热系数 SHGC（东、南、西向/北向）
屋面	围护结构热惰性指标 D≤2.5	≤0.40	—
	围护结构热惰性指标 D＞2.5	≤0.50	
外墙（包括非透光幕墙)	围护结构热惰性指标 D≤2.5	≤0.60	—
	围护结构热惰性指标 D＞2.5	≤0.80	
底面接触室外空气的架空或外挑楼板		≤0.70	—

续表

围护结构部位		传热系数 K [W/(m²·K)]	太阳得热系数 SHGC（东、南、西向/北向）
单一立面外窗（包括透光幕墙）	窗墙面积比≤0.20	≤3.5	—
	0.20＜窗墙面积比≤0.30	≤3.0	≤0.44/0.48
	0.30＜窗墙面积比≤0.40	≤2.6	≤0.40/0.44
	0.40＜窗墙面积比≤0.50	≤2.4	≤0.35/0.40
	0.50＜窗墙面积比≤0.60	≤2.2	≤0.35/0.40
	0.60＜窗墙面积比≤0.70	≤2.2	≤0.30/0.35
	0.70＜窗墙面积比≤0.80	≤2.0	≤0.26/0.35
	窗墙面积比＞0.80	≤1.8	≤0.24/0.30
屋顶透明部分（屋顶透明部分面积≤20%）		≤2.6	≤0.30

表3.3.1-5 夏热冬暖地区甲类公共建筑围护结构热工性能限值

围护结构部位		传热系数 K [W/(m²·K)]	太阳得热系数 SHGC（东、南、西向/北向）
屋 面	围护结构热惰性指标D≤2.5	≤0.50	—
	围护结构热惰性指标D＞2.5	≤0.80	
外 墙（包括非透光幕墙）	围护结构热惰性指标D≤2.5	≤0.80	
	围护结构热惰性指标D＞2.5	≤1.5	
底面接触室外空气的架空或外挑楼板		≤1.5	—
单一立面外窗（包括透光幕墙）	窗墙面积比≤0.20	≤5.2	≤0.52/—
	0.20＜窗墙面积比≤0.30	≤4.0	≤0.44/0.52
	0.30＜窗墙面积比≤0.40	≤3.0	≤0.35/0.44
	0.40＜窗墙面积比≤0.50	≤2.7	≤0.35/0.40
	0.50＜窗墙面积比≤0.60	≤2.5	≤0.26/0.35
	0.60＜窗墙面积比≤0.70	≤2.5	≤0.24/0.30
	0.70＜窗墙面积比≤0.80	≤2.5	≤0.22/0.26
	窗墙面积比＞0.80	≤2.0	≤0.18/0.26
屋顶透光部分（屋顶透光部分面积≤20%）		≤3.0	≤0.30

表3.3.1-6 温和地区甲类公共建筑围护结构热工性能限值

围护结构部位		传热系数 K [W/(m²·K)]	太阳得热系数 SHGC（东、南、西向/北向）
屋 面	围护结构热惰性指标D≤2.5	≤0.50	—
	围护结构热惰性指标D＞2.5	≤0.80	
外 墙（包括非透光幕墙）	围护结构热惰性指标D≤2.5	≤0.80	—
	围护结构热惰性指标D＞2.5	≤1.5	

续表

围护结构部位		传热系数 K [W/(m²·K)]	太阳得热系数 SHGC（东、南、西向 / 北向）
单一立面外窗（包括透光幕墙）	窗墙面积比≤0.20	≤5.2	—
	0.20＜窗墙面积比≤0.30	≤4.0	≤0.44/0.48
	0.30＜窗墙面积比≤0.40	≤3.0	≤0.40/0.44
	0.40＜窗墙面积比≤0.50	≤2.7	≤0.35/0.40
	0.50＜窗墙面积比≤0.60	≤2.5	≤0.35/0.40
	0.60＜窗墙面积比≤0.70	≤2.5	≤0.30/0.35
	0.70＜窗墙面积比≤0.80	≤2.5	≤0.26/0.35
	窗墙面积比＞0.80	≤2.0	≤0.24/0.30
屋顶透光部分（屋顶透光部分面积≤20%）		≤3.0	≤0.30

注：传热系数K只适用于温和A区，温和B区的传热系数K不作要求。

4 公建节能 3.3.2

乙类公共建筑的围护结构热工性能应符合表3.3.2-1和表3.3.2-2的规定。

表3.3.2-1 乙类公共建筑屋面、外墙、楼板热工性能限值

围护结构部位	传热系数 K[W/(m²·K)]				
	严寒A、B区	严寒C区	寒冷地区	夏热冬冷地区	夏热冬暖地区
屋面	≤0.35	≤0.45	≤0.55	≤0.70	≤0.90
外墙（包括非透光幕墙）	≤0.45	≤0.50	≤0.60	≤1.0	≤1.5
底面接触室外空气的架空或外挑楼板	≤0.45	≤0.50	≤0.60	≤1.0	—
地下车库和供暖房间与之间的楼板	≤0.50	≤0.70	≤1.0	—	—

表3.3.2-2 乙类公共建筑外窗(包括透光幕墙)热工性能限值

围护结构	传热系数 K[W/(m²·K)]					太阳得热系数 SHGC		
外窗（包括透光幕墙）	严寒A、B区	严寒C区	寒冷地区	夏热冬冷地区	夏热冬暖地区	寒冷地区	夏热冬冷地区	夏热冬暖地区
单一立面外窗（包括透光幕墙）	≤2.0	≤2.2	≤2.5	≤3.0	≤4.0	—	≤0.52	≤0.48
屋顶透光部分（屋顶透光部分面积≤20%）	≤2.0	≤2.2	≤2.5	≤3.0	≤4.0	≤0.44	≤0.35	≤0.30

5 公建节能 3.3.7

当公共建筑入口大堂采用全玻幕墙时，全玻幕墙中非中空玻璃的面积不应超过同一立面透光面积（门窗和玻璃幕墙）的15%，且应按同一立面透光面积（含全玻幕墙面积）加权计算平均传热系数。

Chapter 6

托老与附属

本章简介

　　本章汇总了有关托儿所、幼儿园、老年人照料设施及常见附属设施等建筑设计在国标行标等国家级的技术规范与标准中的强制性条款,并提供相关附图及其原文。

　　本章同时汇总了与建筑专业密切相关的其他专业规范中的强制性条款方便建筑师查询。

　　地方标准、企业标准等更多资源在建识网提供。

1 托儿所幼儿园
1.1 场地与单体
1.1.1 通用规定

本节各表需要与表 6-1 **结合起来**一同使用。

扫描进入建识网

表 6-1 托儿所幼儿园场地与单体涉及的通用性强条条款

序号	关键信息	出处	使用指引	附图
1	红线	统标 4.3.1	建筑物及其附属部分设施不应突出各类红线建造的规定	—
2	—	防规 5.1.3	民用建筑的耐火等级规定	—
3	—	防规 5.2.2	民用建筑之间的防火间距	—
4	—	防规 5.3.1	不同耐火等级建筑的允许建筑高度或层数、防火分区等规定	—
5	—	防规 5.3.2	上下层叠加计算防火分区面积的规定	—
6	—	防规 5.4.2	民用建筑内不应设置生产车间和其他库房的规定	—
7	—	防规 5.4.4	（除5）儿童活动场所布置的防火规定	—
8	—	防规 5.4.6	教学建筑采用三级耐火等级建筑时的层数要求	—
9	—	防规 5.4.10	（1、2）住宅建筑与其他使用功能的建筑合建的规定	—
10	—	防规 5.5.8	防火分区安全出口的数量与特殊公共建筑每层建筑面积的规定	—
11	—	防规 5.5.12	公共建筑疏散楼梯应采用防烟楼梯间或封闭楼梯间的规定	—
12	—	防规 5.5.13	（4）关于6层建筑应采用封闭楼梯间的规定	—
13	—	防规 5.5.15	托儿所幼儿园建筑房间设置疏散门的规定	—
14	—	防规 5.5.17	托儿所、幼儿园安全疏散距离的规定	图6-3
15	—	防规 5.5.18	高层公共建筑首层疏散门、疏散外门、疏散走道和疏散楼梯的最小净宽	—

续表

序号	关键信息	出处	使用指引	附图
16	—	防规 5.5.21	（1、2、3、4）公共建筑房间疏散门、安全出口、疏散走道和疏散楼梯的各自总净宽度的规定	—
17	—	防规 6.2.2	（节选）附设在建筑内的托儿所幼儿园与其他场所的防火分隔规定	—
18	—	防规 6.4.1	（除1）疏散楼梯间的规定	—
19	—	防规 6.4.2	封闭楼梯间的规定	—
20	—	防规 6.4.4	地下或半地下疏散楼梯间的规定	—
21	—	防规 6.4.5	室外疏散楼梯间的规定	—
22	—	防规 6.4.10	疏散走道在防火分区处应设置常开甲级防火门	—
23	—	防规 6.4.11	建筑内疏散门的规定	—
24	—	防规 7.1.8	（1、2、3）消防车道的要求	—
25	—	防规 7.2.4	外墙应在每层适当位置设置可供消防救援人员进入的窗口	—
26	—	防规 11.0.4	木结构建筑内的儿童用房和活动场所应布置在首层或二层	—
27	—	无障碍 3.7.3	（3、5）升降平台的规定	—
28	—	无障碍 8.1.4	建筑内设电梯时，至少应设置1部无障碍电梯	—
29	3 h	托幼规 3.2.8	托儿所、幼儿园的幼儿生活用房布置及日照的规定	图6-1 图6-2
30	0.76 mm	玻璃 8.2.2	屋面玻璃或雨篷玻璃必须使用夹层玻璃或夹层中空玻璃	—
31	—	玻璃 9.1.2	地板玻璃必须采用夹层玻璃，点支承地板玻璃必须采用钢化夹层玻璃。钢化玻璃必须进行均质处理	—
32	—	玻幕 4.4.4	特定公共场所易受到撞击的部位，其玻璃幕墙应采用安全玻璃和明显的警示标志	—

图6-1 | 托儿所、幼儿园总平面案例图示

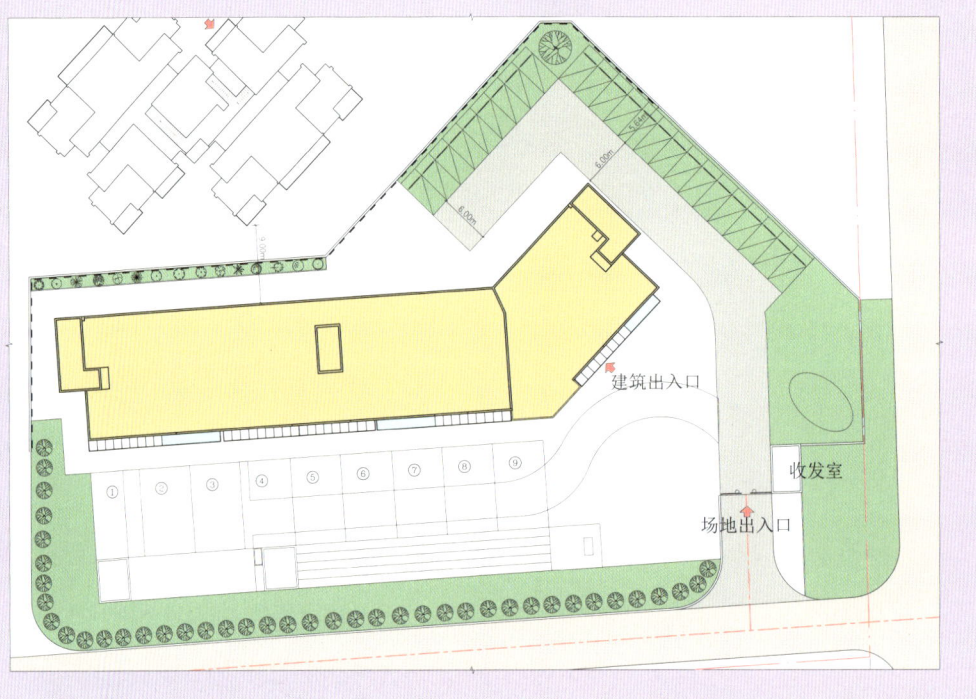

图6-2 | 托儿所、幼儿园实景示例

图6-3 | 二级耐火等级的托儿所、幼儿园的疏散距离案例

① 位于两个安全出口之间的疏散门至最近安全出口的直线距离 D 应≤ 25 m；
② 房间疏散门开向敞开式外廊时，距离 D 应≤ 25 m+5 m；
③ 楼梯为敞开楼梯间时，距离 D 应≤ 25 m-5 m；
条件叠加得：距离 D 应≤ 25 m+5 m-5 m=25 m。
——详见规范原文

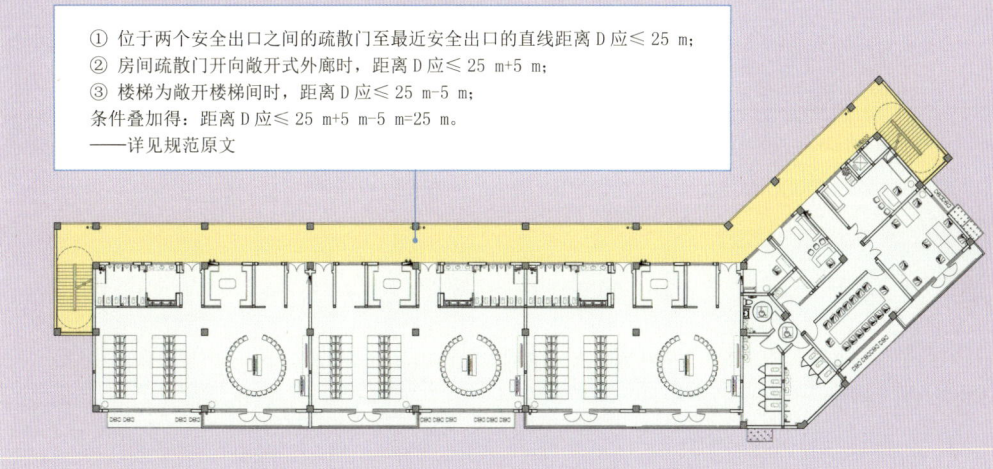

规范原文摘录

1 统标 4.3.1

除骑楼、建筑连接体、地铁相关设施及连接城市的管线、管沟、管廊等市政公共设施以外，建筑物及其附属的下列设施不应突出道路红线或用地红线建造：
1 地下设施，应包括支护桩、地下连续墙、地下室底板及其基础、化粪池、各类水池、处理池、沉淀池等构筑物及其他附属设施等；
2 地上设施，应包括门廊、连廊、阳台、室外楼梯、凸窗、空调机位、雨篷、挑檐、装饰构架、固定遮阳板、台阶、坡道、花池、围墙、平台、散水明沟、地下室进风及排风口、地下室出入口、集水井、采光井、烟囱等。

2 防规 5.1.3

民用建筑的耐火等级应根据其建筑高度、使用功能、重要性和火灾扑救难度等确定，并应符合下列规定：
1 地下或半地下建筑（室）和一类高层建筑的耐火等级不应低于一级；
2 单、多层重要公共建筑和二类高层建筑的耐火等级不应低于二级。

3 防规 5.2.2

民用建筑之间的防火间距不应小于表 5.2.2 的规定，与其他建筑的防火间距，除应符合本节规定外，尚应符合本规范其他章的有关规定。

表 5.2.2　民用建筑之间的防火间距（m）

建　筑　类　别		高层民用建筑	裙房和其他民用建筑		
		一、二级	一、二级	三级	四级
高层民用建筑	一、二级	13	9	11	14
裙房和 其他民用建筑	一、二级	9	6	7	9
	三级	11	7	8	10
	四级	14	9	10	12

注：1 相邻两座单、多层建筑，当相邻外墙为不燃性墙体且无外露的可燃性屋檐，每面外墙上无防火保护的门、窗、洞

口不正对开设且该门、窗、洞口的面积之和不大于外墙面积的5%时，其防火间距可按本表的规定减少25%；
2 两座建筑相邻较高一面外墙为防火墙，或高出相邻较低一座一、二级耐火等级建筑的屋面15 m及以下范围内的外墙为防火墙时，其防火间距不限；
3 相邻两座建筑高度相同的一、二级耐火等级建筑中相邻任一侧外墙为防火墙，屋顶的耐火极限不低于1.00 h时，其防火间距不限；
4 相邻两座建筑中较低一座建筑的耐火等级不低于二级，相邻较低一面外墙为防火墙且屋顶无天窗，屋顶的耐火极限不低于1.00 h时，其防火间距不应小于3.5 m；对于高层建筑，不应小于4 m；
5 相邻两座建筑中较低一座建筑的耐火等级不低于二级且屋顶无天窗，相邻较高一面外墙高出较低一座建筑的屋面15 m及以下范围内的开口部位设置甲级防火门、窗，或设置符合现行国家标准《自动喷水灭火系统设计规范》GB 50084规定的防火分隔水幕或本规范第6.5.3条规定的防火卷帘时，其防火间距不应小于3.5 m；对于高层建筑，不应小于4 m；
6 相邻建筑通过连廊、天桥或底部的建筑物等连接时，其间距不应小于本表的规定；
7 耐火等级低于四级的既有建筑，其耐火等级可按四级确定。

4 防规 5.3.1

除本规范另有规定外，不同耐火等级建筑的允许建筑高度或层数、防火分区最大允许建筑面积应符合表5.3.1的规定。

表5.3.1 不同耐火等级建筑的允许建筑高度或层数、防火分区最大允许建筑面积

名 称	耐火等级	允许建筑高度或层数	防火分区的最大允许面积	备 注
高层民用建筑	一、二级	按本规范5.1.1条确定	1500	对于体育馆、剧场的观众厅，防火分区的最大允许建筑面积可适当增加
单、多层民用建筑	一、二级	按本规范5.1.1条确定	2500	
	三级	5层	1200	
	四级	2层	600	
地下或半地下建筑（室）	一级	—	500	设备用房的防火分区最大允许建筑面积不应大于1000 m²

注：1 表中规定的防火分区最大允许建筑面积，当建筑内设置自动灭火系统时，可按本表的规定增加1.0倍；局部设置时，防火分区的增加面积可按该局部面积的1.0倍计算。
2 裙房与高层建筑主体之间设置防火墙时，裙房的防火分区可按单、多层建筑的要求确定。

5 防规 5.3.2

建筑内设置自动扶梯、敞开楼梯等上、下层相连通的开口时，其防火分区的建筑面积应按上、下层相连通的建筑面积叠加计算；当叠加计算后的建筑面积大于本规范第5.3.1条的规定时，应划分防火分区。

建筑内设置中庭时，其防火分区的建筑面积应按上、下层相连通的建筑面积叠加计算；当叠加计算后的建筑面积大于本规范第5.3.1条的规定时，应符合下列规定：

1 与周围连通空间应进行防火分隔：采用防火隔墙时，其耐火极限不应低于1.00 h；采用防火玻璃墙时，其耐火隔热性和耐火完整性不应低于1.00 h。采用耐火完整性不低于1.00 h的非隔热性防火玻璃墙时，应设置自动喷水灭火系统进行保护；采用防火卷帘时，其耐火极限不应低于3.00 h，并应符合本规范第6.5.3条的规定；与中庭相连通的门、窗，应采用火灾时能自行关闭的甲级防火门、窗；
2 高层建筑内的中庭回廊应设置自动喷水灭火系统和火灾自动报警系统；
3 中庭应设置排烟设施；
4 中庭内不应布置可燃物。

6 防规 5.4.2

除为满足民用建筑使用功能所设置的附属库房外。民用建筑内不应设置生产车间和其他库房。
经营、存放和使用甲、乙类火灾危险性物品的商店、作坊和储藏间，严禁附设在民用建筑内。

7 防规 5.4.4（节选）

托儿所、幼儿园的儿童用房和儿童游乐厅等儿童活动场所宜设置在独立的建筑内，且不应设置在地下或半地下；当采用一、二级耐火等级的建筑时，不应超过3层；采用三级耐火等级的建筑时，不应超过2层；采用四级耐火等级的建筑时，应为单层；确需设置在其他民用建筑内时，应符合下列规定：

1 设置在一、二级耐火等级的建筑内时，应布置在首层、二层或三层；
2 设置在三级耐火等级的建筑内时，应布置在首层或二层；
3 设置在四级耐火等级的建筑内时，应布置在首层；
4 设置在高层建筑内时，应设置独立的安全出口和疏散楼梯；

8 防规 5.4.6

教学建筑、食堂、菜市场采用三级耐火等级建筑时，不应超过2层；采用四级耐火等级建筑时，应为单层；设置在三级耐火等级的建筑内时，应布置在首层或二层；设置在四级耐火等级的建筑内时，应布置在首层。

9 防规 5.4.10（节选）

除商业服务网点外，住宅建筑与其他使用功能的建筑合建时，应符合下列规定：

1 住宅部分与非住宅部分之间，应采用耐火极限不低于2.00 h且无门、窗、洞口的防火隔墙和1.50 h的不燃性楼板完全分隔；当为高层建筑时，应采用无门、窗、洞口的防火墙和耐火极限不低于2.00 h的不燃性楼板完全分隔。建筑外墙上、下层开口之间的防火措施应符合本规范第6.2.5条的规定。
2 住宅部分与非住宅部分的安全出口和疏散楼梯应分别独立设置；为住宅部分服务的地上车库应设置独立的疏散楼梯或安全出口，地下车库的疏散楼梯应按本规范第6.4.4条的规定进行分隔。

10 防规 5.5.8

公共建筑内每个防火分区或一个防火分区的每个楼层，其安全出口的数量应经计算确定，且不应少于2个。设置1个安全出口或1部疏散楼梯的公共建筑应符合下列条件之一：

1 除托儿所、幼儿园外，建筑面积不大于200 m²且人数不超过50人的单层公共建筑或多层公共建筑的首层；
2 除医疗建筑，老年人照料设施，托儿所、幼儿园的儿童用房，儿童游乐厅等儿童活动场所和歌舞娱乐放映游艺场所等外，符合表5.5.8规定的公共建筑。

表5.5.8 设置1部疏散楼梯的公共建筑

耐火等级	最多层数	每层最大建筑面积（m²）	人 数
一、二级	3层	200	第二、三层的人数之和不超过50人
三级	3层	200	第二、三层的人数之和不超过25人
四级	2层	200	第二层人数不超过15人

11 防规 5.5.12

一类高层公共建筑和建筑高度大于32 m的二类高层公共建筑，其疏散楼梯应采用防烟楼梯间。
裙房和建筑高度不大于32 m的二类高层公共建筑，其疏散楼梯应采用封闭楼梯间。
注：当裙房与高层建筑主体之间设置防火墙时，裙房的疏散楼梯可按本规范有关单、多层建筑的要求确定。

12 防规 5.5.13（节选）

下列多层公共建筑的疏散楼梯，除与敞开式外廊直接相连的楼梯间外，均应采用封闭楼梯间：
4 6层及以上的其他建筑。

13 防规 5.5.15

公共建筑内房间的疏散门数量应经计算确定且不应少于2个。除托儿所、幼儿园、老年人照料设施、医疗建筑、教学建筑内位于走道尽端的房间外，符合下列条件之一的房间可设置 1 个疏散门：

1 位于两个安全出口之间或袋形走道两侧的房间，对于托儿所、幼儿园、老年人照料设施，建筑面积大于 50 m^2；对于医疗建筑、教学建筑，建筑面积不大于 75 m^2；对于其他建筑或场所，建筑面积不大于 120 m^2。

2 位于走道尽端的房间，建筑面积小于 50 m^2 且疏散门的净宽度不小于 0.90 m，或由房间内任一点至疏散门的直线距离不大于 15 m、建筑面积不大于 200 m^2 且疏散门的净宽度不小于 1.40 m。

3 歌舞娱乐放映游艺场所内建筑面积不大于 50 m^2 且经常停留人数不超过 15 人的厅、室。

14 防规 5.5.17（节选）

公共建筑的安全疏散距离应符合下列规定：

1 直通疏散走道的房间疏散门至最近安全出口的直线距离不应大于表 5.5.17 的规定。

2 楼梯间应在首层直通室外，确有困难时，可在首层采用扩大的封闭楼梯间或防烟楼梯间前室。当层数不超过 4 层且未采用扩大的封闭楼梯间或防烟楼梯间前室时，可将直通室外的门设置在离楼梯间不大于 15 m 处。

3 房间内任一点至房间直通疏散走道的疏散门的直线距离，不应大于表 5.5.17 规定的袋形走道两侧或尽端的疏散门至最近安全出口的直线距离。

4 一、二级耐火等级建筑内疏散门或安全出口不少于 2 个的观众厅、展览厅、多功能厅、餐厅、营业厅等，其室内任一点至最近疏散门或安全出口的直线距离不应大于 30 m；当疏散门不能直通室外地面或疏散楼梯间时，应采用长度不大于 10 m 的疏散走道通至最近的安全出口。当该场所设置自动喷水灭火系统时，室内任一点至最近安全出口的安全疏散距离可分别增加 25%。

表 5.5.17 直通疏散走道的房间疏散门至最近安全出口的直线距离（m）（节选）

名 称		位于两个安全出口之间的疏散门			位于袋形走道两侧或尽端的疏散门		
		一、二级	三级	四级	一、二级	三级	四级
托儿所、幼儿园、老年人照料设施		25	20	15	20	15	10
教学建筑	单、多层	35	30	25	22	20	10
	高层	30	—	—	15	—	—
其他建筑	单、多层	40	35	25	22	20	15
	高层	40	—	—	20	—	—

注：1 建筑内开向敞开式外廊的房间疏散门至最近安全出口的直线距离可按本表的规定增加 5 m。

    2 直通疏散走道的房间疏散门至最近敞开楼梯间的直线距离，当房间位于两个楼梯间之间时，应按本表的规定减少 5m；当房间位于袋形走道两侧或尽端时，应按本表的规定减少 2 m。

    3 建筑物内全部设置自动喷水灭火系统时，其安全疏散距离可按本表的规定增加 25%。

15 防规 5.5.18（节选）

除本规范另有规定外，公共建筑内疏散门和安全出口的净宽度不应小于 0.90 m，疏散走道和疏散楼梯的净宽度不应小于 1.10 m。

高层公共建筑内楼梯间的首层疏散门、首层疏散外门、疏散走道和疏散楼梯的最小净宽度应符合表 5.5.18 的规定。

表 5.5.18 高层公共建筑内楼梯间的首层疏散门、首层疏散外门、疏散走道和疏散楼梯的最小净宽度（m）

建筑类别	楼梯间的首层疏散门、首层疏散外门	走 道		疏散楼梯
		单面布房	双面布房	
其他高层公共建筑	1.20	1.30	1.40	1.20

16 防规 5.5.21（节选）

除剧场、电影院、礼堂、体育馆外的其他公共建筑，其房间疏散门、安全出口、疏散走道和疏散楼梯的各自总净宽度，应符合下列规定：

1 每层的房间疏散门、安全出口、疏散走道和疏散楼梯的各自总净宽度，应根据疏散人数按每100人的最小疏散净宽度不小于表5.5.21-1的规定计算确定。当每层疏散人数不等时，疏散楼梯的总净宽度可分层计算，地上建筑内下层楼梯的总净宽度应按该层及以上疏散人数最多一层的人数计算；地下建筑内上层楼梯的总净宽度应按该层及以下疏散人数最多一层的人数计算。

表 5.5.21-1　每层的房间疏散门、安全出口、疏散走道和疏散楼梯的每100人最小疏散净宽度（m/百人）

建筑层数		建筑的耐火等级		
		一、二级	三级	四级
地上楼层	1～2层	0.65	0.75	1.00
	3层	0.75	1.00	—
	≥4层	1.00	1.25	—
地下楼层	与地面出入口地面的高差 ΔH≤10 m	0.75	—	—
	与地面出入口地面的高差 ΔH＞10 m	1.00	—	—

2 地下或半地下人员密集的厅、室和歌舞娱乐放映游艺场所，其房间疏散门、安全出口、疏散走道和疏散楼梯的各自总净宽度，应根据疏散人数按每100人不小于1.00 m计算确定。

3 首层外门的总净宽度应按该建筑疏散人数最多一层的人数计算确定，不供其他楼层人员疏散的外门，可按本层的疏散人数计算确定。

4 歌舞娱乐放映游艺场所中录像厅的疏散人数，应根据厅、室的建筑面积按不小于1.0人/m²计算；其他歌舞娱乐放映游艺场所的疏散人数，应根据厅、室的建筑面积按不小于0.5人/m²计算。

17 防规 6.2.2（节选）

附设在建筑内的托儿所、幼儿园的儿童用房和儿童游乐厅等儿童活动场所、老年人照料设施，应采用耐火极限不低于2.00h的防火隔墙和1.00h的楼板与其他场所或部位分隔，墙上必须设置的门、窗应采用乙级防火门、窗。

18 防规 6.4.1（节选）

疏散楼梯间应符合下列规定：

2 楼梯间内不应设置烧水间、可燃材料储藏室、垃圾道。
3 楼梯间内不应有影响疏散的凸出物或其他障碍物。
4 封闭楼梯间、防烟楼梯间及其前室，不应设置卷帘。
5 楼梯间内不应设置甲、乙、丙类液体管道。
6 封闭楼梯间、防烟楼梯间及其前室内禁止穿越或设置可燃气体管道。敞开楼梯间内不应设置可燃气体管道，当住宅建筑的敞开楼梯间内确需设置可燃气体管道和可燃气体计量表时，应采用金属管和设置切断气源的阀门。

19 防规 6.4.2

封闭楼梯间除应符合本规范第6.4.1条的规定外，尚应符合下列规定：

1 不能自然通风或自然通风不能满足要求时，应设置机械加压送风系统或采用防烟楼梯间。
2 除楼梯间的出入口和外窗外，楼梯间的墙上不应开设其他门、窗、洞口。
3 高层建筑、人员密集的公共建筑、人员密集的多层丙类厂房、甲、乙类厂房，其封闭楼梯间的门应采用乙级防火门，并应向疏散方向开启；其他建筑，可采用双向弹簧门。

4 高层建筑、人员密集的公共建筑、人员密集的多层丙类厂房、甲、乙类厂房，其封闭楼梯间的门应采用乙级防火门，并应向疏散方向开启；其他建筑，可采用双向弹簧门。

楼梯间的首层可将走道和门厅等包括在楼梯间内形成扩大的
封闭楼梯间，但应采用乙级防火门等与其他走道和房间分隔。

20 防规 6.4.4
除通向避难层错位的疏散楼梯外，建筑内的疏散楼梯间在各层的平面位置不应改变。

除住宅建筑套内的自用楼梯外，地下或半地下建筑（室）的疏散楼梯间，应符合下列规定：

1 室内地面与室外出入口地坪高差大于 10 m 或 3 层及以上的地下、半地下建筑（室），其疏散楼梯应采用防烟楼梯间；其他地下或半地下建筑（室），其疏散楼梯应采用封闭楼梯间。

2 应在首层采用耐火极限不低于 2.00 h 的防火隔墙与其他部位分隔并应直通室外，确需在隔墙上开门时，应采用乙级防火门。

3 建筑的地下或半地下部分与地上部分不应共用楼梯间，确需共用楼梯间时，应在首层采用耐火极限不低于 2.00 h 的防火隔墙和乙级防火门将地下或半地下部分与地上部分的连通部位完全分隔，并应设置明显的标志。

21 防规 6.4.5
室外疏散楼梯应符合下列规定：

1 栏杆扶手的高度不应小于 1.10 m，楼梯的净宽度不应小于 0.90 m。
2 倾斜角度不应大于 45°。
3 梯段和平台均应采用不燃材料制作。平台的耐火极限不应低于 1.00 h，梯段的耐火极限不应低于 0.25 h。
4 通向室外楼梯的门应采用乙级防火门，并应向外开启。
5 除疏散门外，楼梯周围 2 m 内的墙面上不应设置门、窗、洞口。疏散门不应正对梯段。

22 防规 6.4.10
疏散走道在防火分区处应设置常开甲级防火门。

23 防规 6.4.11
建筑内的疏散门应符合下列规定：

1 民用建筑和厂房的疏散门，应采用向疏散方向开启的平开门，不应采用推拉门、卷帘门、吊门、转门和折叠门。除甲、乙类生产车间外，人数不超过 60 人且每樘门的平均疏散人数不超过 30 人的房间，其疏散门的开启方向不限。

2 仓库的疏散门应采用向疏散方向开启的平开门，但丙、丁、戊类仓库首层靠墙的外侧可采用推拉门或卷帘门。

3 开向疏散楼梯或疏散楼梯间的门，当其完全开启时，不应减少楼梯平台的有效宽度。

4 人员密集场所内平时需要控制人员随意出入的疏散门和设置门禁系统的住宅、宿舍、公寓建筑的外门，应保证火灾时不需使用钥匙等任何工具即能从内部易于打开，并应在显著位置设置具有使用提示的标识。

24 防规 7.1.8（节选）
消防车道应符合下列要求：

1 车道的净宽度和净空高度均不应小于 4.0 m；
2 转弯半径应满足消防车转弯的要求；
3 消防车道与建筑之间不应设置妨碍消防车操作的树木、架空管线等障碍物；

25 防规 7.2.4
厂房、仓库、公共建筑的外墙应在每层的适当位置设置可供消防救援人员进入的窗口。

26 防规 11.0.4
老年人照料设施，托儿所、幼儿园的儿童用房和活动场所设置在木结构建筑内时，应布置在首层或二层。
商店、体育馆和丁、戊类厂房（库房）应采用单层木结构建筑。

27 无障碍 3.7.3（节选）
升降平台应符合下列规定：
3 垂直升降平台的基坑应采用防止误入的安全防护措施；
5 垂直升降平台的传送装置应有可靠的安全防护装置。

28 无障碍 8.1.4
建筑内设有电梯时，至少应设置 1 部无障碍电梯。

29 托幼规 3.2.8
托儿所、幼儿园活动室、寝室及具有相同功能的区域，应布置在当地最好朝向，冬至日底层满窗日照不应小于 3 h。

30 玻璃 8.2.2
屋面玻璃或雨篷玻璃必须使用夹层玻璃或夹层中空玻璃，其胶片厚度不应小于0.76 mm。

31 玻璃 9.1.2
地板玻璃必须采用夹层玻璃，点支承地板玻璃必须采用钢化夹层玻璃。钢化玻璃必须进行均质处理。

32 玻幕 4.4.4
人员流动密度大、青少年或幼儿活动的公共场所以及使用中容易受到撞击的部位，其玻璃幕墙应采用安全玻璃；对使用中容易受到撞击的部位，尚应设置明显的警示标志。

1.1.2 功能用房

表 6-2 托幼建筑功能用房涉及的强条条款

序号	关键信息	出处	使用指引	附图
1	3 h	托幼规 3.2.8	对幼儿生活用房的位置与冬至日日照要求	图6-4
2	—	托幼规 4.1.3	幼儿生活用房设置的要求	—
3	3.0% 450 lx	采光 4.0.4	教育建筑普通教室的采光标准	—

图6-4 | 托幼建筑功能用房采光示例

规范原文摘录

1 托幼规 3.2.8
托儿所、幼儿园活动室、寝室及具有相同功能的区域，应布置在当地最好朝向，冬至日底层满窗日照不应小于 3 h。

2 托幼规 4.1.3
托儿所、幼儿园中的生活用房不应设置在地下室或半地下室。

3 采光 4.0.4
教育建筑的普通教室的采光不应低于采光等级Ⅲ级的采光标准值，侧面采光的采光系数不应低于3.0%，室内天然光照度不应低于 450 lx。

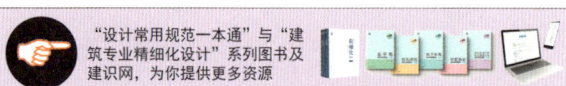
"设计常用规范一本通"与"建筑专业精细化设计"系列图书及建识网，为你提供更多资源

1.1.3 交通空间

表 6-3 托幼建筑交通空间涉及的强条条款

序号	关键信息	出处	使用指引	附图
1	0.11 m	统标 6.7.4	儿童活动场所栏杆必须采取防攀爬的构造	—
2	2.0 m 2.2 m	统标 6.8.6	楼梯各部位净高的规定	—
3	0.2 m	统标 6.8.9	儿童专用活动场所采取防坠落措施的规定	—
4	—	防规 5.5.17	托儿所、幼儿园安全疏散距离的规定	—
5	—	防规 11.0.7	（除1）木结构建筑内托儿所、幼儿园安全疏散设计的规定	—
6	0.09 m	托幼规 4.1.12	幼儿使用的楼梯梯井及栏杆的相应措施要求	图6-5

图6-5 | 幼儿使用的楼梯梯井及栏杆示例

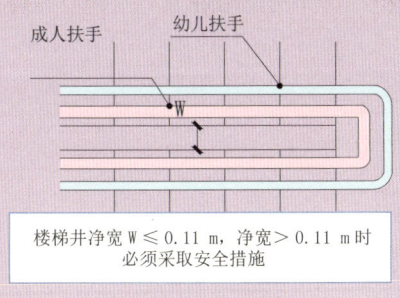

楼梯井净宽 W ≤ 0.11 m，净宽 > 0.11 m 时必须采取安全措施

规范原文摘录

1 统标 6.7.4
住宅、托儿所、幼儿园、中小学及其他少年儿童专用活动场所的栏杆必须采取防止攀爬的构造。当采用垂直杆件做栏杆时，其杆件净间距不应大于 0.11 m。

2 统标 6.8.6
楼梯平台上部及下部过道处的净高不应小于 2.0 m，梯段净高不应小于 2.2 m。
注：梯段净高为自踏步前缘（包括每个梯段最低和最高一级踏步前缘线以外 0.3 m 范围内）量至上方突出物下缘间的垂直高度。

3 统标 6.8.9
托儿所、幼儿园、中小学校及其他少年儿童专用活动场所，当楼梯井净宽大于 0.2 m 时，必须采取防止少年儿童坠落的措施。

4 防规 5.5.17

公共建筑的安全疏散距离应符合下列规定：

1 直通疏散走道的房间疏散门至最近安全出口的直线距离不应大于表 5.5.17 的规定。

2 楼梯间应在首层直通室外，确有困难时，可在首层采用扩大的封闭楼梯间或防烟楼梯间前室。当层数不超过 4 层且未采用扩大的封闭楼梯间或防烟楼梯间前室时，可将直通室外的门设置在离楼梯间不大于 15 m 处。

3 房间内任一点至房间直通疏散走道的疏散门的直线距离，不应大于表 5.5.17 规定的袋形走道两侧或尽端的疏散门至最近安全出口的直线距离。

4 一、二级耐火等级建筑内疏散门或安全出口不少于 2 个的观众厅、展览厅、多功能厅、餐厅、营业厅等，其室内任一点至最近疏散门或安全出口的直线距离不应大于 30 m；当疏散门不能直通室外地面或疏散楼梯间时，应采用长度不大于 10 m 的疏散走道通至最近的安全出口。当该场所设置自动喷水灭火系统时，室内任一点至最近安全出口的安全疏散距离可分别增加 25%。

表 5.5.17 直通疏散走道的房间疏散门至最近安全出口的直线距离（m）（节选）

名 称	位于两个安全出口之间的疏散门			位于袋形走道两侧或尽端的疏散门		
	一、二级	三级	四级	一、二级	三级	四级
托儿所、幼儿园 老年人照料设施	25	20	15	20	15	10

注：1 建筑内开向敞开式外廊的房间疏散门至最近安全出口的直线距离可按本表的规定增加 5 m。
2 直通疏散走道的房间疏散门至最近敞开楼梯间的直线距离，当房间位于两个楼梯间之间时，应按本表的规定减少 5 m；当房间位于袋形走道两侧或尽端时，应按本表的规定减少 2 m。
3 建筑物内全部设置自动喷水灭火系统时，其安全疏散距离可按本表的规定增加 25%。

5 防规 11.0.7（节选）

民用木结构建筑的安全疏散设计应符合下列规定：

2 房间直通疏散走道的疏散门至最近安全出口的直线距离不应大于表 11.0.7-1 的规定。

表 11.0.7-1 房间直通疏散走道的疏散门至最近安全出口的直线距离（m）（节选）

名 称	位于两个安全出口之间的疏散门	位于袋形走道两侧或尽端的疏散门
托儿所、幼儿园、老年人照料设施	15	10

3 房间内任一点至该房间直通疏散走道的疏散门的直线距离，不应大于表 11.0.7-1 中有关袋形走道两侧或尽端的疏散门至最近安全出口的直线距离。

4 建筑内疏散走道、安全出口、疏散楼梯和房间疏散门的净宽度，应根据疏散人数按每 100 人的最小疏散净宽度不小于表 11.0.7-2 的规定计算确定。

表 11.0.7-2 疏散走道、安全出口、疏散楼梯和房间疏散门每 100 人的最小疏散净宽度（m/百人）

层 数	地上1~2层	地上3层
每100人的疏散净宽度	0.75	1.00

6 托幼规 4.1.12

幼儿使用的楼梯，当楼梯井净宽度大于 0.11 m 时，必须采取防止幼儿攀滑措施。楼梯栏杆应采取不易攀爬的构造，当采用垂直杆件做栏杆时，其杆件净距不应大于 0.09 m。

1.1.4 细部要求

表6-4需要结合表6-1至表6-3三个表一同使用。

表6-4 托幼建筑细部要求涉及的强条条款

序号	关键信息	出处	使用指引	附图
1	2.0 m 2.2 m	统标 6.8.6	楼梯梯段与平台上部及下部过道处的净高规定	—
2	0.2 m	统标 6.8.9	少年儿童专用活动场所,当楼梯井净宽大于0.2 m时,必须采取防止少年儿童坠落的措施	—
3	1.30 m 0.09 m	托幼规 4.1.9	托儿所、幼儿园临空处应设置防护栏杆的规定	图6-6

图6-6 | 幼儿使用的临空处防护栏杆案例

规范原文摘录

1 统标 6.8.6

楼梯平台上部及下部过道处的净高不应小于2.0 m,梯段净高不应小于2.2 m。

注:梯段净高为自踏步前缘(包括每个梯段最低和最高一级踏步前缘线以外0.3 m范围内)量至上方突出物下缘间的垂直高度。

2 统标 6.8.9

托儿所、幼儿园、中小学校及其他少年儿童专用活动场所,当楼梯井净宽大于0.2 m时,必须采取防止少年儿童坠落的措施。

3 托幼规 4.1.9

托儿所、幼儿园的外廊、室内回廊、内天井、阳台、上人屋面、平台、看台及室外楼梯等临空处应设置防护栏杆,栏杆应以坚固、耐久的材料制作。防护栏杆的高度应从可踏部位顶面起算,且净高不应小于1.30 m。防护栏杆必须采用防止幼儿攀登和穿过的构造,当采用垂直杆件做栏杆时,其杆件净距离不应大于0.09 m。

1.2 相关专业
1.2.1 给排水

扫描进入建识网

表 6-5 托幼建筑给排水涉及的强条条款

序号	关键信息	出处	使用指引	附图
1	—	防规 8.2.1	教学建筑设置室内消火栓系统的规定	—
2	—	防规 8.3.4	大、中型幼儿园应设置自动灭火系统的规定	—

规范原文摘录

1 防规 8.2.1
下列建筑或场所应设置室内消火栓系统：
1 建筑占地面积大于300 m^2的厂房和仓库；
2 高层公共建筑和建筑高度大于21 m的住宅建筑；
　注：建筑高度不大于27 m的住宅建筑，设置室内消火栓系统确有困难时，可只设置干式消防竖管和不带
　　　消火栓箱的DN65的室内消火栓。
3 体积大于5000 m^3的车站、码头、机场的候车（船、机）建筑、展览建筑、商店建筑、旅馆建筑、医疗建筑、老年人照料设施和图书馆建筑等单、多层建筑；
4 特等、甲等剧场，超过800个座位的其他等级的剧场和电影院等以及超过1200个座位的礼堂、体育馆等单、多层建筑；
5 建筑高度大于15 m或体积大于10000 m^3的办公建筑、教学建筑和其他单、多层民用建筑。

2 防规 8.3.4
除本规范另有规定和不适用水保护或灭火的场所外，下列单、多层民用建筑或场所应设置自动灭火系统，并宜采用自动喷水灭火系统：
1 特等、甲等剧场，超过1500个座位的其他等级的剧场，超过2000个座位的会堂或礼堂，超过3000个座位的体育馆，超过5000人的体育场的室内人员休息室与器材间等；
2 任一层建筑面积大于1500 m^2或总建筑面积大于3000 m^2的展览、商店、餐饮和旅馆建筑以及医院中同样建筑规模的病房楼、门诊楼和手术部；
3 设置送回风道（管）的集中空气调节系统且总建筑面积大于3000 m^2的办公建筑等；
4 藏书量超过50万册的图书馆；
5 大、中型幼儿园，老年人照料设施；
6 总建筑面积大于500 m^2的地下或半地下商店；
7 设置在地下或半地下或地上四层及以上楼层的歌舞娱乐放映游艺场所（除游泳场所外），设置在首层、二层和三层且任一层建筑面积大于300 m^2的地上歌舞娱乐放映游艺场所（除游泳场所外）。

1.2.2 电气

表 6-6 托幼建筑电气涉及的强条条款

序号	关键信息	出处	使用指引	附图
1	—	防规 8.4.1	（7、9、11、13）大中型幼儿园儿童用房等场所设置火灾自动报警系统的规定	—

规范原文摘录

1 防规 8.4.1（节选）
下列建筑或场所应设置火灾自动报警系统：
7 大、中型幼儿园的儿童用房等场所，老年人照料设施，任一层建筑面积大于 1500 m^2 或总建筑面积大于 3000 m^2 的疗养院的病房楼、旅馆建筑和其他儿童活动场所，不少于 200 床位的医院门诊楼、病房楼和手术部等；
9 净高大于 2.6 m 且可燃物较多的技术夹层，净高大于 0.8 m 且有可燃物的闷顶或吊顶内；
11 二类高层公共建筑内建筑面积大于 50 m^2 的可燃物品库房和建筑面积大于 500 m^2 的营业厅；
13 设置机械排烟、防烟系统，雨淋或预作用自动喷水灭火系统，固定消防水炮灭火系统、气体灭火系统等需与火灾自动报警系统联锁动作的场所或部位。

1.2.3 暖通

表 6-6 托幼建筑暖通涉及的强条条款

序号	关键信息	出处	使用指引	附图
1	20 m	防规 8.5.3	（5）建筑内长度大于20m的疏散走道应设置排烟设施	图6-7
2	—	防规 8.5.4	地上无窗房间应设置防烟设施的条件	—

图6-7 ｜ 走道排烟口案例图示

规范原文摘录

1 防规 8.5.3（节选）
民用建筑的下列场所或部位应设置排烟设施：
5 建筑内长度大于 20 m 的疏散走道。

2 防规 8.5.4
地下或半地下建筑（室）、地上建筑内的无窗房间，当总建筑面积大于 200 m^2 或一个房间建筑面积大于 50 m^2，且经常有人停留或可燃物较多时，应设置排烟设施。

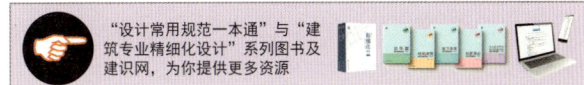

2 老年照料设施
2.1 场地与单体
2.1.1 通用规定

本节各表需要与表 6-7 **结合起来**一同使用。

扫描进入建识网

表 6-7 老年人照料设施场地与单体涉及的通用性强条条款

序号	关键信息	出处	使用指引	附图
1	-	统标 4.3.1	建筑物及其附属的下列设施不应突出道路红线的规定	-
2	三级	防规 5.1.3A	老年人照料设施耐火等级的规定	-
3	-	防规 5.2.2	民用建筑之间的防火间距规定	-
4	-	防规 5.3.1	不同耐火等级建筑的允许建筑高度或层数、防火分区等规定	-
5	-	防规 5.3.2	上下层叠加计算防火分区的规定	-
6	-	防规 5.4.2	民用建筑内不应设置生产车间和其他库房规定	-
7	-	防规 5.4.4B	老年人照料设施用房设置的规定	-
8	-	防规 5.4.6	教学建筑采用三级耐火等级建筑时的层数要求	-
9	-	防规 5.4.10	（1、2）住宅建筑与其他使用功能的建筑合建的规定	-
10	-	防规 5.5.8	设置1个安全出口或1部疏散楼梯的公共建筑的条件	-
11	-	防规 5.5.12	防烟与封闭楼梯间的设置规定	-
12	-	防规 5.5.13	（4）6层建筑采用封闭楼梯间的规定	-
13	-	防规 5.5.15	老年人照料设施设置疏散门规定	-
14	-	防规 5.5.17	（节选）老年人照料设施安全疏散距离的规定	-
15	-	防规 5.5.18	（节选）高层公共建筑首层疏散门、疏散外门、疏散走道和疏散楼梯的最小净宽	-
16	-	防规 5.5.21	（1、2、3、4）公共建筑房间疏散门、安全出口、疏散走道和疏散楼梯的各自总净宽度的规定	-

续表

序号	关键信息	出处	使用指引	附图
17	–	防规 6.2.2	（节选）附设在建筑内的老年照料设施与其他场所的防火分隔规定	–
18	–	防规 6.4.1	（除1）疏散楼梯间的规定	–
19	–	防规 6.4.2	封闭楼梯间的规定	–
20	–	防规 6.4.4	疏散楼梯间方向的规定	–
21	–	防规 6.4.10	疏散走道在防火分区处应设置常开甲级防火门	–
22	–	防规 6.4.11	建筑内疏散门的规定	–
23	–	防规 7.2.4	外墙应在每层适当位置设置可供消防救援人员进入的窗口	–
24	–	防规 7.3.1	（2）需设置消防电梯的老年人照料设施的要求	–
25	1台	防规 7.3.2	消防电梯应分别设置在不同防火分区内，且每个防火分区不应少于1台	–
26	6.0 m²、2.4 m	防规 7.3.5	（除1）消防电梯前室的规定	–
27	2.0 h	防规 7.3.6	电梯井、机房间分隔的规定	–
28	–	防规 11.0.4	木结构建筑内的老年人设施应布置在首层或二层	–
29	–	无障碍 3.7.3	（3、5）升降平台的规定	–
30	1部	无障碍 8.1.4	建筑内设有电梯时，至少应设置1部无障碍电梯	–
31	35%、40%	老设规 5.3.1	老年人设施场地范围内的绿地率规定	–
32	–	老设标 4.2.4	道路系统应保证救护车辆能停靠在建筑主要出入口处	–
33	–	老设标 5.1.2	老年人居室和老年人休息室不应设置在地下室、半地下室	–
34	–	老设标 5.6.4	二层及以上楼层、地下室、半地下室设置老年人用房时应设电梯	–
35	–	老设标 5.6.6	老年人使用的楼梯严禁采用弧形与螺旋形的楼梯	–

续表

序号	关键信息	出处	使用指引	附图
36	—	老设标 6.5.3	老年人居室和老年人休息室不应与电梯井道、有噪声振动的设备机房等相邻布置	—
37	0.76 mm	玻璃 8.2.2	屋面玻璃或雨篷玻璃必须使用夹层玻璃或夹层中空玻璃	—
38	—	玻璃 9.1.2	地板玻璃须采用夹层玻璃,点支承地板玻璃须采用钢化夹层玻璃。钢化玻璃须进行均质处理	—
39	—	玻幕 4.4.4	特定的公共场所以及使用中容易受到撞击的部位,其玻璃幕墙应采用安全玻璃与安全警示	—

图6-8 | 老年照料设施示例

规范原文摘录

1 统标 4.3.1
除骑楼、建筑连接体、地铁相关设施及连接城市的管线、管沟、管廊等市政公共设施以外,建筑物及其附属的下列设施不应突出道路红线或用地红线建造:
　　1 地下设施,应包括支护桩、地下连续墙、地下室底板及其基础、化粪池、各类水池、处理池、沉淀池等构筑物及其他附属设施等;
　　2 地上设施,应包括门廊、连廊、阳台、室外楼梯、凸窗、空调机位、雨篷、挑檐、装饰构架、固定遮阳板、台阶、坡道、花池、围墙、平台、散水明沟、地下室进风及排风口、地下室出入口、集水井、采光井、烟囱等。

2 防规 5.1.3A
除木结构建筑外,老年人照料设施的耐火等级不应低于三级。

3 防规 5.2.2
民用建筑之间的防火间距不应小于表5.2.2的规定,与其他建筑的防火间距,除应符合本节规定外,尚应符合本规范其他章的有关规定。

表 5.2.2　民用建筑之间的防火间距(m)

建筑类别		高层民用建筑	裙房和其他民用建筑		
		一、二级	一、二级	三级	四级
高层民用建筑	一、二级	13	9	11	14
裙房和其他民用建筑	一、二级	9	6	7	9
	三级	11	7	8	10
	四级	14	9	10	12

注：1 相邻两座单、多层建筑，当相邻外墙为不燃性墙体且无外露的可燃性屋檐，每面外墙上无防火保护的门、窗、洞口不正对开设且该门、窗、洞口的面积之和不大于外墙面积的5%时，其防火间距可按本表的规定减少25%；
2 两座建筑相邻较高一面外墙为防火墙，或高出相邻较低一座一、二级耐火等级建筑的屋面15 m及以下范围内的外墙为防火墙时，其防火间距不限；
3 相邻两座高度相同的一、二级耐火等级建筑中相邻任一侧外墙为防火墙，屋顶的耐火极限不低于1.00 h时，其防火间距不限；
4 相邻两座建筑中较低一座建筑的耐火等级不低于二级，相邻较低一面外墙为防火墙且屋顶无天窗，屋顶的耐火极限不低于1.00 h时，其防火间距不应小于3.5 m；对于高层建筑，不应小于4 m；
5 相邻两座建筑中较低一座建筑的耐火等级不低于二级且屋顶无天窗，相邻较高一面外墙高出较低一座建筑的屋面15 m及以下范围内的开口部位设置甲级防火门、窗，或设置符合现行国家标准《自动喷水灭火系统设计规范》GB 50084规定的防火分隔水幕或本规范第6.5.3条规定的防火卷帘时，其防火间距不应小于3.5 m；对于高层建筑，不应小于4 m；
6 相邻建筑通过连廊、天桥或底部的建筑物等连接时，其间距不应小于本表的规定；
7 耐火等级低于四级的既有建筑，其耐火等级可按四级确定。

防规 5.3.1

除本规范另有规定外，不同耐火等级建筑的允许建筑高度或层数、防火分区最大允许建筑面积应符合表5.3.1的规定。

表5.3.1 不同耐火等级建筑的允许建筑高度或层数、防火分区最大允许建筑面积

名称	耐火等级	允许建筑高度或层数	防火分区的最大允许建筑面积（m²）	备注
高层民用建筑	一、二级	按本规范第5.1.1条确定	1500	对于体育馆、剧场的观众厅，防火分区的最大允许建筑面积可适当增加
单、多层民用建筑	一、二级	按本规范第5.1.1条确定	2500	
	三级	5层	1200	
	四级	2层	600	
地下或半地下建筑（室）	一级	—	500	设备用房的防火分区最大允许建筑面积不应大于1000 m²

注：1 表中规定的防火分区最大允许建筑面积，当建筑内设置自动灭火系统时，可按本表的规定增加1.0倍；局部设置时，防火分区的增加面积可按该局部面积的1.0倍计算。
2 裙房与高层建筑主体之间设置防火墙时，裙房的防火分区可按单、多层建筑的要求确定。

防规 5.3.2

建筑内设置自动扶梯、敞开楼梯等上、下层相连通的开口时，其防火分区的建筑面积应按上、下层相连通的建筑面积叠加计算；当叠加计算后的建筑面积大于本规范第5.3.1条的规定时，应划分防火分区。

建筑内设置中庭时，其防火分区的建筑面积应按上、下层相连通的建筑面积叠加计算；当叠加计算后的建筑面积大于本规范第5.3.1条的规定时，应符合下列规定：
1 与周围连通空间应进行防火分隔：采用防火隔墙时，其耐火极限不应低于1.00 h；采用防火玻璃墙时，其耐火隔热性和耐火完整性不应低于1.00 h。采用耐火完整性不低于1.00 h的非隔热性防火玻璃墙时，应设置自动喷水灭火系统进行保护；采用防火卷帘时，其耐火极限不应低于3.00 h，并应符合本规范第6.5.3条的规定；与中庭相连通的门、窗，应采用火灾时能自行关闭的甲级防火门、窗；
2 高层建筑内的中庭回廊应设置自动喷水灭火系统和火灾自动报警系统；
3 中庭应设置排烟设施；
4 中庭内不应布置可燃物。

防规 5.4.2

除为满足民用建筑使用功能所设置的附属库房外，民用建筑内不应设置生产车间和其他库房。
经营、存放和使用甲、乙类火灾危险性物品的商店、作坊和储藏间，严禁附设在民用建筑内。

防规 5.4.4B

当老年人照料设施中的老年人公共活动用房、康复与医疗用房设置在地下、半地下时，应设置在地下

一层，每间用房的建筑面积不应大于 200 m² 且使用人数不应大于 30 人。

老年人照料设施中的老年人公共活动用房、康复与医疗用房设置在地上四层及以上时，每间用房的建筑面积不应大于 200 m² 且使用人数不应大于 30 人。

8 防规 5.4.6

教学建筑、食堂、菜市场采用三级耐火等级建筑时，不应超过 2 层；采用四级耐火等级建筑时，应为单层；设置在三级耐火等级的建筑内时，应布置在首层或二层；设置在四级耐火等级的建筑内时，应布置在首层。

9 防规 5.4.10（节选）

除商业服务网点外，住宅建筑与其他使用功能的建筑合建时，应符合下列规定：

1 住宅部分与非住宅部分之间，应采用耐火极限不低于 2.00 h 且无门、窗、洞口的防火隔墙和 1.50 h 的不燃性楼板完全分隔；当为高层建筑时，应采用无门、窗、洞口的防火墙和耐火极限不低于 2.00 h 的不燃性楼板完全分隔。建筑外墙上、下层开口之间的防火措施应符合本规范第 6.2.5 条的规定；

2 住宅部分与非住宅部分的安全出口和疏散楼梯应分别独立设置；为住宅部分服务的地上车库应设置独立的疏散楼梯或安全出口，地下车库的疏散楼梯应按本规范第 6.4.4 条的规定进行分隔；

10 防规 5.5.8

公共建筑内每个防火分区或一个防火分区的每个楼层，其安全出口的数量应经计算确定，且不应少于 2 个。设置 1 个安全出口或 1 部疏散楼梯的公共建筑应符合下列条件之一：

1 除托儿所、幼儿园外，建筑面积不大于 200 m² 且人数不超过 50 人的单层公共建筑或多层公共建筑的首层；

2 除医疗建筑，老年人照料设施，托儿所、幼儿园儿童用房，儿童游乐厅等儿童活动场所和歌舞娱乐放映游艺场所等外，符合表 5.5.8 规定的公共建筑。

表 5.5.8 设置 1 部疏散楼梯的公共建筑

耐火等级	最多层数	每层最大建筑面积（m²）	人数
一、二级	3 层	200	第二、三层的人数之和不超过 50 人
三级	3 层	200	第二、三层的人数之和不超过 25 人
四级	2 层	200	第二层人数不超过 15 人

11 防规 5.5.12

一类高层公共建筑和建筑高度大于 32 m 的二类高层公共建筑，其疏散楼梯应采用防烟楼梯间。

裙房和建筑高度不大于 32 m 的二类高层公共建筑，其疏散楼梯应采用封闭楼梯间。

注：当裙房与高层建筑主体之间设置防火墙时，裙房的疏散楼梯可按本规范有关单、多层建筑的要求确定。

12 防规 5.5.13（节选）

下列多层公共建筑的疏散楼梯，除与敞开式外廊直接相连的楼梯间外，均应采用封闭楼梯间：

1 医疗建筑、旅馆及类似使用功能的建筑；
2 设置歌舞娱乐放映游艺场所的建筑；
3 商店、图书馆、展览建筑、会议中心及类似使用功能的建筑；
4 6 层及以上的其他建筑。

13 防规 5.5.15

公共建筑内房间的疏散门数量应经计算确定且不应少于 2 个。除托儿所、幼儿园、老年人照料设施、医疗建筑、教学建筑内位于走道尽端的房间外，符合下列条件之一的房间可设置 1 个疏散门：

1 位于两个安全出口之间或袋形走道两侧的房间，对于托儿所、幼儿园、老年人照料设施，建筑面积不大于 50 m²；对于医疗建筑、教学建筑，建筑面积不大于 75 m²；对于其他建筑或场所，建筑面积不大于 120 m²。

2 位于走道尽端的房间，建筑面积小于 50 m² 且疏散门的净宽度不小于 0.90 m，或由房间内任一点至疏散门的直线距离不大于 15 m、建筑面积不大于 200 m² 且疏散门的净宽度不小于 1.40 m。

3 歌舞娱乐放映游艺场所内建筑面积不大于 50 m² 且经常停留人数不超过 15 人的厅、室。

14 防规 5.5.17（节选）

公共建筑的安全疏散距离应符合下列规定：

1 直通疏散走道的房间疏散门至最近安全出口的直线距离不应大于表 5.5.17 的规定。

表 5.5.17 直通疏散走道的房间疏散门至最近安全出口的直线距离（m）（节选）

名 称		位于两个安全出口之间的疏散门			位于袋形走道两侧或尽端的疏散门		
		一、二级	三级	四级	一、二级	三级	四级
托儿所、幼儿园老年人照料设施		25	20	15	20	15	10
其他建筑	单、多层	40	35	25	22	20	15
	高层	40	—	—	20	—	—

注：1 建筑内开向敞开式外廊的房间疏散门至最近安全出口的直线距离可按本表的规定增加 5 m。
2 直通疏散走道的房间疏散门至最近敞开楼梯间的直线距离，当房间位于两个楼梯间之间时，应按本表的规定减少 5 m；当房间位于袋形走道两侧或尽端时，应按本表的规定减少 2 m。
3 建筑物内全部设置自动喷水灭火系统时，其安全疏散距离可按本表的规定增加 25%。

2 楼梯间应在首层直通室外，确有困难时，可在首层采用扩大的封闭楼梯间或防烟楼梯间前室。当层数不超过 4 层且未采用扩大的封闭楼梯间或防烟楼梯间前室时，可将直通室外的门设置在离楼梯间不大于 15 m 处。

3 房间内任一点至房间直通疏散走道的疏散门的直线距离，不应大于表 5.5.17 规定的袋形走道两侧或尽端的疏散门至最近安全出口的直线距离。

4 一、二级耐火等级建筑内疏散门或安全出口不少于 2 个的观众厅、展览厅、多功能厅、餐厅、营业厅等，其室内任一点至最近疏散门或安全出口的直线距离不应大于 30 m；当疏散门不能直通室外地面或疏散楼梯间时，应采用长度不大于 10 m 的疏散走道通至最近的安全出口。当该场所设置自动喷水灭火系统时，室内任一点至最近安全出口的安全疏散距离可分别增加 25%。

15 防规 5.5.18
除本规范另有规定外，公共建筑内疏散门和安全出口的净宽度不应小于 0.90 m，疏散走道和疏散楼梯的净宽度不应小于 1.10 m。
高层公共建筑内楼梯间的首层疏散门、首层疏散外门、疏散走道和疏散楼梯的最小净宽度应符合表 5.5.18 的规定。

表5.5.18 高层公共建筑内楼梯间的首层疏散门、首层疏散外门、疏散走道和疏散楼梯的最小净宽度(m)(节选)

建筑类别	楼梯间的首层疏散门、首层疏散外门	走道		疏散楼梯
		单面布房	双面布房	
其他高层公共建筑	1.20	1.30	1.40	1.20

16 防规 5.5.21（节选）
剧场、电影院、礼堂、体育馆外的其他公共建筑，其房间疏散门、安全出口、疏散走道和疏散楼梯的各自总净宽度，应符合下列规定：

1 每层的房间疏散门、安全出口、疏散走道和疏散楼梯的各自总净宽度，应根据疏散人数按每 100 人的最小疏散净宽度不小于表 5.5.21-1 的规定计算确定。当每层疏散人数不等时，疏散楼梯的总净宽度可分层计算，地上建筑内下层楼梯的总净宽度应按该层及以上疏散人数最多一层的人数计算；地下建筑内上层楼梯的总净宽度应按该层及以下疏散人数最多一层的人数计算；

表 5.5.21-1 每层的房间疏散门、安全出口、疏散走道和疏散楼梯的每 100 人最小疏散净宽度（m/百人）

建筑层数		建筑的耐火等级		
		一、二级	三级	四级
地上楼层	1～2 层	0.65	0.75	1.00
	3 层	0.75	1.00	—
	≥4 层	1.00	1.25	—
地下楼层	与地面出口地面的高差 ΔH ≤ 10 m	0.75	—	—
	与地面出口地面的高差 ΔH > 10 m	1.00	—	—

2 地下或半地下人员密集的厅、室和歌舞娱乐放映游艺场所，其房间疏散门、安全出口、疏散走道和疏散楼梯的各自总净宽度，应根据疏散人数按每 100 人不小于 1.00 m 计算确定；

3 首层外门的总净宽度应按该建筑疏散人数最多一层的人数计算确定，不供其他楼层人员疏散的外门，可按本层的疏散人数计算确定；

4 歌舞娱乐放映游艺场所中录像厅的疏散人数，应根据厅、室的建筑面积按不小于 1.0 人/m^2 计算；其他歌舞娱乐放映游艺场所的疏散人数，应根据厅、室的建筑面积按不小于 0.5 人/m^2 计算；

17 防规 6.2.2（节选）
附设在建筑内的老年人照料设施应采用耐火极限不低于2.00h的防火隔墙和1.00h的楼板与其他场所或部位分隔，墙上必须设置的门、窗应采用乙级防火门、窗。

18 防规 6.4.1（节选）
疏散楼梯间应符合下列规定：
2 楼梯间内不应设置烧水间、可燃材料储藏室、垃圾道；
3 楼梯间内不应有影响疏散的凸出物或其他障碍物；
4 封闭楼梯间、防烟楼梯间及其前室，不应设置卷帘；
5 楼梯间内不应设置甲、乙、丙类液体管道；
6 封闭楼梯间、防烟楼梯间及其前室内禁止穿过或设置可燃气体管道。敞开楼梯间内不应设置可燃气体管道，当住宅建筑的敞开楼梯间内确需设置可燃气体管道和可燃气体计量表时，应采用金属管和设置切断气源的阀门。

19 防规 6.4.2
封闭楼梯间除应符合本规范第6.4.1条的规定外，尚应符合下列规定：
1 不能自然通风或自然通风不能满足要求时，应设置机械加压送风系统或采用防烟楼梯间；
2 除楼梯间的出入口和外窗外，楼梯间的墙上不应开设其他门、窗、洞口；
3 高层建筑、人员密集的公共建筑、人员密集的多层丙类厂房、甲、乙类厂房，其封闭楼梯间的门应采用乙级防火门，并应向疏散方向开启；其他建筑，可采用双向弹簧门；
4 楼梯间的首层可将走道和门厅等包括在楼梯间内形成扩大的封闭楼梯间，但应采用乙级防火门等与其他走道和房间分隔。

20 防规 6.4.4
除通向避难层错位的疏散楼梯外，建筑内的疏散楼梯间在各层的平面位置不应改变。
除住宅建筑套内的自用楼梯外，地下或半地下建筑（室）的疏散楼梯间，应符合下列规定：
1 室内地面与室外出入口地坪高差大于10m或3层及以上的地下、半地下建筑（室），其疏散楼梯应采用防烟楼梯间；其他地下或半地下建筑（室），其疏散楼梯应采用封闭楼梯间；
2 应在首层采用耐火极限不低于2.00h的防火隔墙与其他部位分隔并应直通室外，确需在隔墙上开门时，应采用乙级防火门；
3 建筑的地下或半地下部分与地上部分不应共用楼梯间，确需共用楼梯间时，应在首层采用耐火极限不低于2.00h的防火隔墙和乙级防火门将地下或半地下部分与地上部分的连通部位完全分隔，并应设置明显的标志。

21 防规 6.4.10
疏散走道在防火分区处应设置常开甲级防火门。

22 防规 6.4.11
建筑内的疏散门应符合下列规定：
1 民用建筑和厂房的疏散门，应采用向疏散方向开启的平开门，不应采用推拉门、卷帘门、吊门、转门和折叠门。除甲、乙类生产车间外，人数不超过60人且每樘门的平均疏散人数不超过30人的房间，其疏散门的开启方向不限；
2 仓库的疏散门应采用向疏散方向开启的平开门，但丙、丁、戊类仓库首层靠墙的外侧可采用推拉门或卷帘门；
3 开向疏散楼梯或疏散楼梯间的门，当其完全开启时，不应减少楼梯平台的有效宽度；
4 人员密集场所内平时需要控制人员随意出入的疏散门和设置门禁系统的住宅、宿舍、公寓建筑的外门，应保证火灾时不需使用钥匙等任何工具即能从内部易于打开，并应在显著位置设置具有使用提示的标识。

23 防规 7.2.4
厂房、仓库、公共建筑的外墙应在每层的适当位置设置可供消防救援人员进入的窗口。

24 防规 7.3.1（节选）
下列建筑应设置消防电梯：
2 一类高层公共建筑和建筑高度大于32m的二类高层公共建筑、5层及以上且总建筑面积大于3000 m^2（包括设置在其他建筑内五层及以上楼层）的老年人照料设施；

25	防规 7.3.2

消防电梯应分别设置在不同防火分区内，且每个防火分区不应少于1台。

26	防规 7.3.5（节选）

除设置在仓库连廊、冷库穿堂或谷物筒仓工作塔内的消防电梯外，消防电梯应设置前室，并应符合下列规定：
　2 前室的使用面积不应小于 6.0 m²，前室的短边不应小于 2.4 m；与防烟楼梯间合用的前室，其使用面积尚应符合本规范第5.5.28条和第6.4.3条的规定；
　3 除前室的出入口、前室内设置的正压送风口和本规范第5.5.27条规定的户门外，前室内不应开设其他门、窗、洞口；
　4 前室或合用前室的门应采用乙级防火门，不应设置卷帘。

27	防规 7.3.6

消防电梯井、机房与相邻电梯井、机房之间应设置耐火极限不低于 2.00 h 的防火隔墙，隔墙上的门应采用甲级防火门。

28	防规 11.0.4

老年人照料设施，托儿所、幼儿园的儿童用房和活动场所设置在木结构建筑内时，应布置在首层或二层。商店、体育馆和丁、戊类厂房（库房）应采用单层木结构建筑。

29	无障碍 3.7.3（节选）

升降平台应符合下列规定：
　3 垂直升降平台的基坑应采用防止误入的安全防护措施；
　5 垂直升降平台的传送装置应有可靠的安全防护装置。

30	无障碍 8.1.4

建筑内设有电梯时，至少应设置1部无障碍电梯。

31	老设规 5.3.1

老年人设施场地范围内的绿地率：新建不应低于40%，扩建和改建不应低于35%。

32	老设标 4.2.4

道路系统应保证救护车辆能停靠在建筑的主要出入口处，且应与建筑的紧急送医通道相连。

33	老设标 5.1.2

老年人照料设施的老年人居室和老年人休息室不应设置在地下室、半地下室。

34	老设标 5.6.4

二层及以上楼层、地下室、半地下室设置老年人用房时应设电梯，电梯应为无障碍电梯，且至少1台能容纳担架。

35	老设标 5.6.6

老年人使用的楼梯严禁采用弧形楼梯和螺旋楼梯。

36	老设标 6.5.3

老年人照料设施的老年人居室和老年人休息室不应与电梯井道、有噪声振动的设备机房等相邻布置。

37	玻璃 8.2.2

屋面玻璃或雨篷玻璃必须使用夹层玻璃或夹层中空玻璃，其胶片厚度不应小于 0.76 mm。

38	玻璃 9.1.2

地板玻璃必须采用夹层玻璃，点支承地板玻璃必须采用钢化夹层玻璃。钢化玻璃必须进行均质处理。

39	玻幕 4.4.4

人员流动密度大、青少年或幼儿活动的公共场所以及使用中容易受到撞击的部位，其玻璃幕墙应采用安全玻璃；对使用中容易受到撞击的部位，尚应设置明显的警示标志。

2.1.2 功能用房

表 6-8 老年人照料设施功能用房涉及的强条条款

序号	关键信息	出处	使用指引	附图
1	-	老设标 5.1.2	老年人居室和老年人休息室不应设置在地下室、半地下室	-
2	-	老设标 6.5.3	老年人居室和休息室不应与电梯井道、有噪声振动的设备机房等相邻布置	图6-9

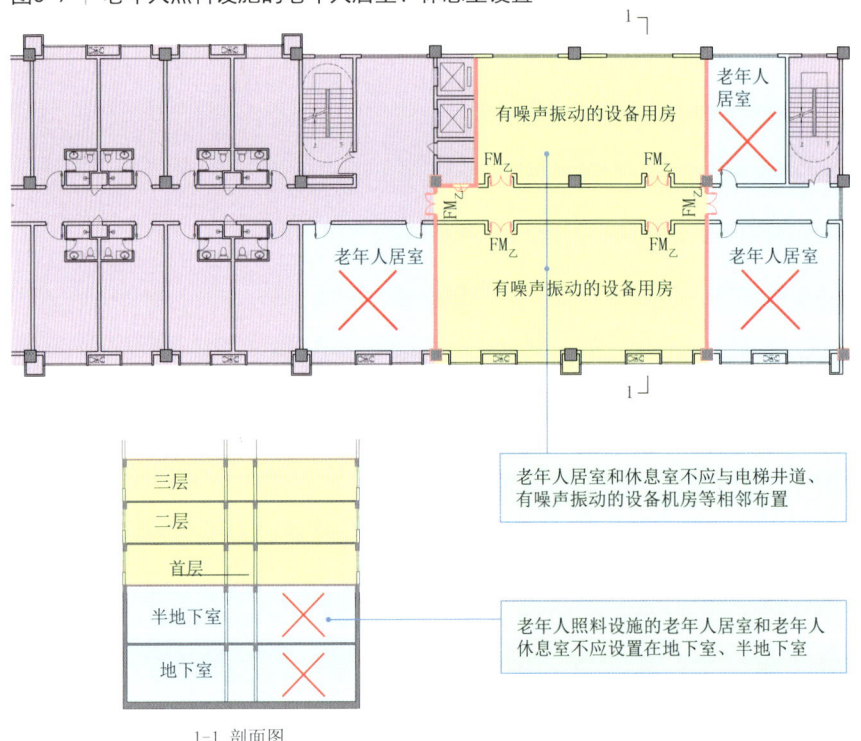

图6-9 | 老年人照料设施的老年人居室、休息室设置

规范原文摘录

1 老设标 5.1.2
老年人照料设施的老年人居室和老年人休息室不应设置在地下室、半地下室。

2 老设标 6.5.3
老年人照料设施的老年人居室和老年人休息室不应与电梯井道、有噪声振动的设备机房等相邻布置。

2.1.3 交通空间

表 6-9 老年人照料设施交通空间涉及的强条条款

序号	关键信息	出处	使用指引	附图
1	2.0 m 2.2 m	统标 6.8.6	楼梯各部位净高的规定	–
2	–	防规 5.5.17	（节选）老年人照料设施安全疏散距离的规定	–
3	–	防规 7.3.1	需设置消防电梯的老年人照料设施要求	–
4	1台	防规 7.3.2	消防电梯应分别设置在不同防火分区内，且每个防火分区不应少于1台	–
5	6.0 m² 2.4 m	防规 7.3.5	（除1）消防电梯前室的规定	–
6	2.0 h	防规 7.3.6	电梯井、机房间分隔的规定	–
7	–	防规 11.0.7	（除1）木结构建筑内托儿所、幼儿园安全疏散设计的规定	–
8	1部	无障碍 8.1.4	建筑内设有电梯时，至少应设置1部无障碍电梯	图6-10
9	–	老设标 5.6.4	二层及以上楼层、地下室、半地下室设置老年人用房时应设电梯	图6-11
10	–	老设标 5.6.6	老年人使用的楼梯严禁采用弧形楼梯和螺旋楼梯	–
11	–	老设标 6.5.3	老年人照料设施的老年人居室和老年人休息室不应与电梯井道、有噪声振动的设备机房等相邻布置	–

图6-10 ｜ 老年人无障碍电梯的设置示例

图6-11 设置老年人用房时电梯的设置

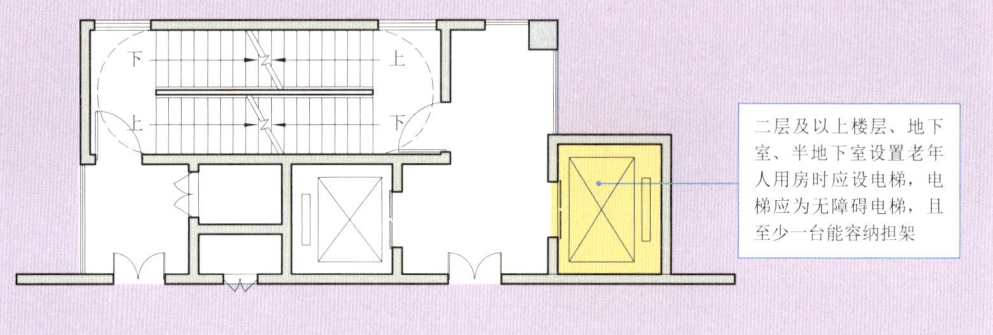

二层及以上楼层、地下室、半地下室设置老年人用房时应设电梯，电梯应为无障碍电梯，且至少一台能容纳担架

规范原文摘录

1 统标 6.8.6

楼梯平台上部及下部过道处的净高不应小于 2.0 m，梯段净高不应小于 2.2 m。

注：梯段净高为自踏步前缘（包括每个梯段最低和最高一级踏步前缘线以外 0.3 m 范围内）量至上方突出物下缘间的垂直高度。

2 防规 5.5.17（节选）

公共建筑的安全疏散距离应符合下列规定：

1 直通疏散走道的房间疏散门至最近安全出口的直线距离不应大于表 5.5.17 的规定。

2 楼梯间应在首层直通室外，确有困难时，可在首层采用扩大的封闭楼梯间或防烟楼梯间前室。当层数不超过 4 层且未采用扩大的封闭楼梯间或防烟楼梯间前室时，可将直通室外的门设置在离楼梯间不大于 15 m 处。

3 房间内任一点至房间直通疏散走道的疏散门的直线距离，不应大于表 5.5.17 规定的袋形走道两侧或尽端的疏散门至最近安全出口的直线距离。

4 一、二级耐火等级建筑内疏散门或安全出口不少于 2 个的观众厅、展览厅、多功能厅、餐厅、营业厅等，其室内任一点至最近疏散门或安全出口的直线距离不应大于 30 m；当疏散门不能直通室外地面或疏散楼梯间时，应采用长度不大于 10 m 的疏散走道通至最近的安全出口。当该场所设置自动喷水灭火系统时，室内任一点至最近安全出口的安全疏散距离可分别增加 25%。

表 5.5.17 直通疏散走道的房间疏散门至最近安全出口的直线距离（m）（节选）

名称	位于两个安全出口之间的疏散门			位于袋形走道两侧或尽端的疏散门		
	一、二级	三级	四级	一、二级	三级	四级
托儿所、幼儿园老年人照料设施	25	20	15	20	15	10

注：1 建筑内开向敞开式外廊的房间疏散门至最近安全出口的直线距离可按本表的规定增加 5 m。

2 直通疏散走道的房间疏散门至最近敞开楼梯间的直线距离，当房间位于两个楼梯间之间时，应按本表的规定减少 5 m；当房间位于袋形走道两侧或尽端时，应按本表的规定减少 2 m。

3 建筑物内全部设置自动喷水灭火系统时，其安全疏散距离可按本表的规定增加 25%。

3 防规 7.3.1

下列建筑应设置消防电梯：

1 建筑高度大于 33 m 的住宅建筑；

2 一类高层公共建筑和建筑高度大于 32 m 的二类高层公共建筑、5 层及以上且总建筑面积大于 3000 m^2（包括设置在其他建筑内五层及以上楼层）的老年人照料设施；

3 设置消防电梯的建筑的地下或半地下室，埋深大于 10 m 且总建筑面积大于 3000 m^2 的其他地下或半地下建筑（室）。

4 防规 7.3.2
消防电梯应分别设置在不同防火分区内,且每个防火分区不应少于 1 台。

5 防规 7.3.5(节选)
除设置在仓库连廊、冷库穿堂或谷物筒仓工作塔内的消防电梯外,消防电梯应设置前室,并应符合下列规定:
2 前室的使用面积不应小于 6.0 m^2,前室的短边不应小于 2.4 m;与防烟楼梯间合用的前室,其使用面积尚应符合本规范第 5.5.28 条和第 6.4.3 条的规定;
3 除前室的出入口、前室内设置的正压送风口和本规范第 5.5.27 条规定的户门外,前室内不应开设其他门、窗、洞口;
4 前室或合用前室的门应采用乙级防火门,不应设置卷帘。

6 防规 7.3.6
消防电梯井、机房与相邻电梯井、机房之间应设置耐火极限不低于 2.00 h 的防火隔墙,隔墙上的门应采用甲级防火门。

7 防规 11.0.7(节选)
民用木结构建筑的安全疏散设计应符合下列规定:
2 房间直通疏散走道的疏散门至最近安全出口的直线距离不应大于表 11.0.7-1 的规定。

表 11.0.7-1 房间直通疏散走道的疏散门至最近安全出口的直线距离(m)(节选)

名 称	位于两个安全出口之间的疏散门	位于袋形走道两侧或尽端的疏散门
托儿所、幼儿园、老年人照料设施	15	10

3 房间内任一点至该房间直通疏散走道的疏散门的直线距离,不应大于表 11.0.7-1 中有关袋形走道两侧或尽端的疏散门至最近安全出口的直线距离。
4 建筑内疏散走道、安全出口、疏散楼梯和房间疏散门的净宽度,应根据疏散人数按每 100 人的最小疏散净宽度不小于表 11.0.7-2 的规定计算确定。

表 11.0.7-2 疏散走道、安全出口、疏散楼梯和房间疏散门每 100 人的最小疏散净宽度(m/百人)

层 数	地上1~2层	地上3层
每100人的疏散净宽度	0.75	1.00

8 无障碍 8.1.4
建筑内设有电梯时,至少应设置 1 部无障碍电梯。

9 老设标 5.6.4
二层及以上楼层、地下室、半地下室设置老年人用房时应设电梯,电梯应为无障碍电梯,且至少 1 台能容纳担架。

10 老设标 5.6.6
老年人使用的楼梯严禁采用弧形楼梯和螺旋楼梯。

11 老设标 6.5.3
老年人照料设施的老年人居室和老年人休息室不应与电梯井道、有噪声振动的设备机房等相邻布置。

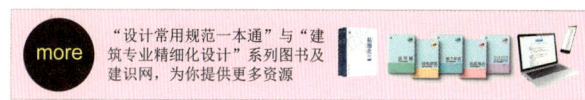

2.1.4 细部要求

表 6-10 老年人照料设施细部要求涉及的强条条款

序号	关键信息	出处	使用指引	附图
1	A级	防规 6.7.4A	老年人照料设施内、外墙体和屋面保温材料应采用的类型	图6-12

图6-12 | A级保温材料图示

规范原文摘录

1 防规 6.7.4A
除本规范第6.7.3条规定的情况外,下列老年人照料设施的内、外墙体和屋面保温材料应采用燃烧性能为A级的保温材料:
1 独立建造的老年人照料设施;
2 与其他建筑组合建造且老年人照料设施部分的总建筑面积大于500 m²的老年人照料设施。

2.2 相关专业
2.2.1 给排水

表 6-11 老年人照料设施给排水涉及的强条条款

序号	关键信息	出处	使用指引	附图
1	—	防规 8.2.1	老年人照料设施设置室内消火栓系统的规定	—
2	—	防规 8.3.4	老年人照料设施应设置自动灭火系统的规定	—

规范原文摘录

1 防规 8.2.1
下列建筑或场所应设置室内消火栓系统:
1 建筑占地面积大于300 m²的厂房和仓库;
2 高层公共建筑和建筑高度大于21 m的住宅建筑;
  注:建筑高度不大于27 m的住宅建筑,设置室内消火栓系统确有困难时,可只设置干式消防竖管和不带消火栓箱的DN65的室内消火栓。
3 体积大于5000 m³的车站、码头、机场的候车(船、机)建筑、展览建筑、商店建筑、旅馆建筑、医疗建筑、老年人照料设施和图书馆建筑等单、多层建筑;
4 特等、甲等剧场,超过800个座位的其他等级的剧场和电影院等以及超过1200个座位的礼堂、体育馆等单、多层建筑；

5 建筑高度大于 15 m 或体积大于 10000 m³ 的办公建筑、教学建筑和其他单、多层民用建筑。

2 防规 8.3.4

除本规范另有规定和不适用水保护或灭火的场所外，下列单、多层民用建筑或场所应设置自动灭火系统，并宜采用自动喷水灭火系统：

1 特等、甲等剧场，超过 1500 个座位的其他等级的剧场，超过 2000 个座位的会堂或礼堂，超过 3000 个座位的体育馆，超过 5000 人的体育场的室内人员休息室与器材间等；

2 任一层建筑面积大于 1500 m² 或总建筑面积大于 3000 m² 的展览、商店、餐饮和旅馆建筑以及医院中同样建筑规模的病房楼、门诊楼和手术部；

3 设置送回风道（管）的集中空气调节系统且总建筑面积大于 3000 m² 的办公建筑等；

4 藏书量超过 50 万册的图书馆；

5 大、中型幼儿园，老年人照料设施；

6 总建筑面积大于 500 m² 的地下或半地下商店；

7 设置在地下或半地下或地上四层及以上楼层的歌舞娱乐放映游艺场所（除游泳场所外），设置在首层、二层和三层且任一层建筑面积大于 300 m² 的地上歌舞娱乐放映游艺场所（除游泳场所外）。

2.2.2 电气

表 6-12 老年人照料设施电气涉及的强条条款

序号	关键信息	出处	使用指引	附图
1	—	防规 8.4.1	（7、9、11、13）老年人照料设施设置火灾自动报警系统的规定	图6-13

图6-13 火灾自动报警系统设备构成图示

规范原文摘录

1 防规 8.4.1（节选）

下列建筑或场所应设置火灾自动报警系统：

7 大、中型幼儿园的儿童用房等场所，老年人照料设施，任一层建筑面积大于 1500 m² 或总建筑面积大于 3000 m² 的疗养院的病房楼、旅馆建筑和其他儿童活动场所，不少于 200 床位的医院门诊楼、病房楼和手术部等；

9 净高大于 2.6 m 且可燃物较多的技术夹层，净高大于 0.8 m 且有可燃物的闷顶或吊顶内；

11 二类高层公共建筑内建筑面积大于 50 m² 的可燃物品库房和建筑面积大于 500 m² 的营业厅；

13 设置机械排烟、防烟系统，雨淋或预作用自动喷水灭火系统，固定消防水炮灭火系统、气体灭火系统等需与火灾自动报警系统联锁动作的场所或部位。

注：老年人照料设施中的老年人用房及其公共走道，均应设置火灾探测器和声警报装置或消防广播。

3 附属设施

附属设施包括各种非住宅与商业之外为社区提供公共服务与活动的建筑与设施（如物业管理、社区服务站、社区文化站、室外休闲活动健身场地、生活垃圾收集站、公共厕所等）。

3.1 通用规定

扫描进入建识网

表 6-13　附属设施涉及的强条条款

序号	关键信息	出处	使用指引	附图
1	—	统标 4.3.1	建筑物及其附属部分设施不应突出各类红线建造的规定	—
2	2.0 m 2.2 m	统标 6.8.6	楼梯各部位净高的规定	—
3	—	防规 3.4.1	（节选）厂房与民用建筑等的防火间距	—
4	30 m	防规 3.5.1	（节选）甲类仓库之间及与其他建筑的防火间距要求	—
5	—	防规 5.1.3	民用建筑耐火等级的确定	—
6	—	防规 5.2.2	民用建筑之间的防火间距	—
7	500/1000	防规 5.3.1	地下室或半地下室防火分区最大允许建筑面积	—
8	叠加计算	防规 5.3.2	建筑内设置上、下层相连通的开口时其防火分区建筑面积的计算	—
9	严禁设置	防规 5.4.2	严禁附设在民用建筑内的商店、作坊和储藏间	—
10	—	防规 5.4.10	（1、2）除商业服务网点外，住宅建筑与其他使用功能建筑合建时的规定	—
11	—	防规 5.5.8	公建可设置1部疏散楼梯的条件	—
12	—	防规 5.5.13	应设置封闭楼梯间的多层公建	—
13	1.10 m 1.20 m	防规 5.5.18	疏散楼梯及其首层疏散门的最小净宽规定	—

续表

序号	关键信息	出处	使用指引	附图
14	–	防规 5.5.21	（1、2、3、4）公建疏散楼梯净宽计算规则	–
15	–	防规 6.4.1	疏散楼梯间的规定	–
16	–	防规 6.4.2	封闭楼梯间的规定	–
17	–	防规 6.4.4	地下或半地下建筑的楼梯间设置要求	–
18	1.10 m 0.90 m 2 m	防规 6.4.5	室外疏散楼梯的规定	–
19	甲级	防规 6.4.10	疏散走道防火分区处门的设置	–
20	–	防规 6.4.11	建筑内疏散门的规定	–
21	–	防规 7.1.2	消防车道环形或沿长边设置的要求	–
22	4.0 m 5 m、8%	防规 7.1.8	（1、2、3）消防车道的要求	–
23	≤4.0 m	防规 7.2.1	高层建筑消防车登高操作场地一侧裙房进深的规定	–
24	15 m×10 m 20 m×10 m	防规 7.2.2	（1、2、3）消防车登高操作场地的规定	–
25	楼梯出入口	防规 7.2.3	消防车登高操作场地范围内应建筑物设置安全出口	–
26	–	防规 7.2.4	公共建筑的外墙应在每层的适当位置设置可供消防救援人员进入的窗口	–
27	–	无障碍 3.7.3	（3、5）升降平台的规定	–
28	1部	无障碍 8.1.4	建筑内设有电梯时，至少应设置1部无障碍电梯	–

规范原文摘录

1 统标 4.3.1

除骑楼、建筑连接体、地铁相关设施及连接城市的管线、管沟、管廊等市政公共设施以外，建筑物及其附属的下列设施不应突出道路红线或用地红线建造：

1 地下设施，应包括支护桩、地下连续墙、地下室底板及其基础、化粪池、各类水池、处理池、沉淀池等构筑物及其他附属设施等；

2 地上设施，应包括门廊、连廊、阳台、室外楼梯、凸窗、空调机位、雨篷、挑檐、装饰构架、固定遮阳板、台阶、坡道、花池、围墙、平台、散水明沟、地下室进风及排风口、地下室出入口、集水井、采光井、烟囱等。

2 统标 6.8.6

楼梯平台上部及下部过道处的净高不应小于 2.0 m，梯段净高不应小于 2.2 m。

注：梯段净高为自踏步前缘（包括每个梯段最低和最高一级踏步前缘线以外 0.3 m 范围内）量至上方突出物下缘间的垂直高度。

3 防规 3.4.1（节选）

除本规范另有规定外，厂房之间及与乙、丙、丁、戊类仓库、民用建筑等的防火间距不应小于表 3.4.1 的规定，与甲类仓库的防火间距应符合本规范第 3.5.1 条的规定。

表 3.4.1 厂房之间及与乙、丙、丁、戊类仓库、民用建筑等的防火间距（m）

名 称			民用建筑				
			裙房、单、多层			高层	
			一、二级	三级	四级	一类	二类
甲类厂房	单、多层	一、二级	25			50	
乙类厂房	单、多层	一、二级	25			50	
		三级					
	高层	一、二级					
丙类厂房	单、多层	一、二级	10	12	14	20	15
		三级	12	14	16	25	20
		四级	14	16	18		
	高层	一、二级	13	15	17	20	15
丁、戊类厂房	单、多层	一、二级	10	12	14	15	13
		三级	12	14	16	18	15
		四级	14	16	18		
	高层	一、二级	13	15	17	15	13
室外变、配电站	变压器总油量（t）	≥5 ≤10	15	20	25	20	
		>10 ≤50	20	25	30	25	
		>50	25	30	35	30	

注：1 乙类厂房与重要公共建筑的防火间距不宜小于 50 m；与明火或散发火花地点，不宜小于 30 m。单、多层戊类厂房之间及与戊类仓库的防火间距可按本表的规定减少 2 m，与民用建筑的防火间距可将戊类厂房等同民用建筑按本规范第 5.2.2 条的规定执行。为丙、丁、戊类厂房服务而单独设置的生活用房应按民用建筑确定，与所属厂房的防火间距不应小于 6 m。确需相邻布置时，应符合本表注 2、3 的规定。

2 两座厂房相邻较高一面外墙为防火墙，或相邻两座高度相同的一、二级耐火等级建筑中相邻任一侧外墙为防火墙且屋顶的耐火极限不低于 1.00 h 时，其防火间距不限，但甲类厂房之间不应小于 4 m。两座丙、丁、戊类厂房相邻两面外墙均为不燃性墙体，当无外露的可燃性屋檐，每面外墙上的门、窗、洞口面积之和各不大于外墙面积的 5%，且门、窗、洞口不正对开设时，其防火间距可按本表的规定减少 25%。甲、乙类厂房（仓库）不应与本规范第3.3.5条规定外的其他建筑贴邻；
3 两座一、二级耐火等级的厂房，当相邻较低一面外墙为防火墙且较低一座厂房的屋顶无天窗，屋顶的耐火极限不低于1.00 h，或相邻较高一面外墙的门、窗等开口部位设置甲级防火门、窗或防火分隔水幕或按本规范第6.5.3条的规定设置防火卷帘时，甲、乙类厂房之间的防火间距不应小于6 m；丙、丁、戊类厂房之间的防火间距不应小于4 m；
4 发电厂内的主变压器，其油量可按单台确定；
5 耐火等级低于四级的既有厂房，其耐火等级可按四级确定；
6 当丙、丁、戊类厂房与丙、丁、戊类仓库相邻时，应符合本表注2、3的规定。

4 防规 3.5.1（节选）
甲类仓库之间及与其他建筑、明火或散发火花地点、铁路、道路等的防火间距不应小于表3.5.1的规定。
表3.5.1 甲类仓库之间及与其他建筑、明火或散发火花地点、铁路、道路等的防火间距（m）

名　称	甲类仓库（储量，t）			
	甲类储存物品第3、4项		甲类储存物品第1、2、5、6项	
	≤5	>5	≤10	>10
高层民用建筑、重要公共建筑	50			
裙房、其他民用建筑、明火或散发火花地点	30	40	25	30
电力系统电压为35 kV～500 kV且没台变压器容量不小于10 mV·A的室外变、配电站，工业企业的变压器总油量大于5 t的室外降压变电站	30	40	25	30

5 防规 5.1.3
民用建筑的耐火等级应根据其建筑高度、使用功能、重要性和火灾扑救难度等确定，并应符合下列规定：
1 地下或半地下建筑（室）和一类高层建筑的耐火等级不应低于一级；
2 单、多层重要公共建筑和二类高层建筑的耐火等级不应低于二级。

6 防规 5.2.2
民用建筑之间的防火间距不应小于表5.2.2的规定，与其他建筑的防火间距，除应符合本节规定外，尚应符合本规范其他章的有关规定。
表5.2.2 民用建筑之间的防火间距（m）

建筑类别		高层民用建筑	裙房和其他民用建筑		
		一、二级	一、二级	三级	四级
高层民用建筑	一、二级	13	9	11	14
裙房和其他民用建筑	一、二级	9	6	7	9
	三级	11	7	8	10
	四级	14	9	10	12

注：1 相邻两座单、多层建筑，当相邻外墙为不燃性墙体且无外露的可燃性屋檐，每面外墙上无防火保护的门、窗、洞口不正对开设且该门、窗、洞口的面积之和不大于外墙面积的5%时，其防火间距可按本表的规定减少25%；
2 两座建筑相邻较高一面外墙为防火墙，或高出相邻较低一座一、二级耐火等级建筑的屋面15 m及以下范围内的外墙为防火墙时，其防火间距不限；
3 相邻两座高度相同的一、二级耐火等级建筑中相邻任一侧外墙为防火墙，屋顶的耐火极限不低于1.00 h时，其防火间距不限；
4 相邻两座建筑中较低一座建筑的耐火等级不低于二级，相邻较低一面外墙为防火墙且屋顶无天窗，屋顶的耐火极限不低于1.00 h时，其防火间距不应小于3.5 m；对于高层建筑，不应小于4 m；
5 相邻两座建筑中较低一座建筑的耐火等级不低于二级且屋顶无天窗，相邻较高一面外墙高出较低一座建筑的屋面15 m及以下范围内的开口部位设置甲级防火门、窗，或设置符合现行国家标准《自动喷水灭火系统设计规范》GB 50084规定的防火分隔水幕或本规范第6.5.3条规定的防火卷帘时，其防火间距不应小于3.5 m；对于高层建筑，不应小于4 m；

6 相邻建筑通过连廊、天桥或底部的建筑物等连接时,其间距不应小于本表的规定;
7 耐火等级低于四级的既有建筑,其耐火等级可按四级确定。

7 防规 5.3.1

除本规范另有规定外,不同耐火等级建筑的允许建筑高度或层数、防火分区最大允许建筑面积应符合表5.3.1的规定。

表5.3.1 不同耐火等级建筑的允许建筑高度或层数、防火分区最大允许建筑面积

名称	耐火等级	允许建筑高度或层数	防火分区的最大允许建筑面积(m²)	备注
高层民用建筑	一、二级	按本规范5.1.1条确定	1500	对于体育馆、剧场的观众厅,防火分区的最大允许建筑面积可适当增加
单、多层民用建筑	一、二级	按本规范5.1.1条确定	2500	
	三级	5层	1200	
	四级	2层	600	
地下或半地下建筑(层)	一级	-	500	设备用房的防火分区最大允许建筑面积不应大于1000 m²

注:1 表中规定的防火分区最大允许建筑面积,当建筑内设置自动灭火系统时,可按本表的规定增加1.0倍;局部设置时,防火分区的增加面积可按该局部面积的1.0倍计算;
2 裙房与高层建筑主体之间设置防火墙时,裙房的防火分区可按单、多层建筑的要求确定。

8 防规 5.3.2

建筑内设置自动扶梯、敞开楼梯等上、下层相连通的开口时,其防火分区的建筑面积应按上、下层相连通的建筑面积叠加计算;当叠加计算后的建筑面积大于本规范第5.3.1条的规定时,应划分防火分区。
建筑内设置中庭时,其防火分区的建筑面积应按上、下层相连通的建筑面积叠加计算;当叠加计算后的建筑面积大于本规范第5.3.1条的规定时,应符合下列规定:
1 与周围连通空间应进行防火分隔:采用防火隔墙时,其耐火极限不应低于1.00 h;采用防火玻璃墙时,其耐火隔热性和耐火完整性不应低于1.00 h。采用耐火完整性不低于1.00 h的非隔热性防火玻璃墙时,应设置自动喷水灭火系统进行保护;采用防火卷帘时,其耐火极限不应低于3.00 h,并应符合本规范第6.5.3条的规定;与中庭相连通的门、窗,应采用火灾时能自行关闭的甲级防火门、窗;
2 高层建筑内的中庭回廊应设置自动喷水灭火系统和火灾自动报警系统;
3 中庭应设置排烟设施;
4 中庭内不应布置可燃物。

9 防规 5.4.2

除为满足民用建筑使用功能所设置的附属库房外。民用建筑内不应设置生产车间和其他库房。
经营、存放和使用甲、乙类火灾危险性物品的商店、作坊和储藏间,严禁附设在民用建筑内。

10 防规 5.4.10(节选)

除商业服务网点外,住宅建筑与其他使用功能的建筑合建时,应符合下列规定:
1 住宅部分与非住宅部分之间,应采用耐火极限不低于2.00 h且无门、窗、洞口的防火隔墙和1.50 h的不燃性楼板完全分隔;当为高层建筑时,应采用无门、窗、洞口的防火墙和耐火极限不低于2.00 h的不燃性楼板完全分隔。建筑外墙上、下层开口之间的防火措施应符合本规范第6.2.5条的规定;
2 住宅部分与非住宅部分的安全出口和疏散楼梯应分别独立设置;为住宅部分服务的地上车库应设置独立的疏散楼梯或安全出口,地下车库的疏散楼梯应按本规范第6.4.4条的规定进行分隔。

11 防规 5.5.8

公共建筑内每个防火分区或一个防火分区的每个楼层,其安全出口的数量应经计算确定,且不应少于2个。设置1个安全出口或1部疏散楼梯的公共建筑应符合下列条件之一:
1 除托儿所、幼儿园外,建筑面积不大于200 m²且人数不超过50人的单层公共建筑或多层公共建筑的首层;
2 除医疗建筑,老年人照料设施,托儿所、幼儿园的儿童用房,儿童游乐厅等儿童活动场所和歌舞娱乐放映游艺场所等外,符合表5.5.8规定的公共建筑。

表 5.5.8 设置 1 部疏散楼梯的公共建筑

耐火等级	最多层数	每层最大建筑面积（m²）	人数
一、二级	3 层	200	第二、三层的人数之和不超过 50 人
三级	3 层	200	第二、三层的人数之和不超过 25 人
四级	2 层	200	第二层人数不超过 15 人

12 防规 5.5.13

下列多层公共建筑的疏散楼梯，除与敞开式外廊直接相连的楼梯间外，均应采用封闭楼梯间：
1 医疗建筑、旅馆及类似使用功能的建筑；
2 设置歌舞娱乐放映游艺场所的建筑；
3 商店、图书馆、展览建筑、会议中心及类似使用功能的建筑；
4 6 层及以上的其他建筑。

13 防规 5.5.18

除本规范另有规定外，公共建筑内疏散门和安全出口的净宽度不应小于 0.90 m，疏散走道和疏散楼梯的净宽度不应小于 1.10 m。

高层公共建筑内楼梯间的首层疏散门、首层疏散外门、疏散走道和疏散楼梯的最小净宽度应符合表 5.5.18 的规定。

表 5.5.18 高层公共建筑内楼梯间的首层疏散门、首层疏散外门、疏散走道和疏散楼梯的最小净宽度（m）（节选）

建筑类别	楼梯间的首层疏散门、首层疏散外门	走道		疏散楼梯
		单面布房	双面布房	
其他高层公共建筑	1.20	1.30	1.40	1.20

14 防规 5.5.21（节选）

除剧场、电影院、礼堂、体育馆外的其他公共建筑，其房间疏散门、安全出口、疏散走道和疏散楼梯的各自总净宽度，应符合下列规定：

1 每层的房间疏散门、安全出口、疏散走道和疏散楼梯的各自总净宽度，应根据疏散人数按每 100 人的最小疏散净宽度不小于表 5.5.21-1 的规定计算确定。当每层疏散人数不等时，疏散楼梯的总净宽度可分层计算，地上建筑内下层楼梯的总净宽度应按该层及以上疏散人数最多一层的人数计算；地下建筑内上层楼梯的总净宽度应按该层及以下疏散人数最多一层的人数计算。

表 5.5.21-1 每层的房间疏散门、安全出口、疏散走道和疏散楼梯的每 100 人最小疏散净宽度（m/ 百人）

建筑层数		建筑的耐火等级		
		一、二级	三级	四级
地上楼层	1～2 层	0.65	0.75	1.00
	3 层	0.75	1.00	—
	≥4 层	1.00	1.25	—
地下楼层	与地面出入口地面的高差 $\Delta H \leq 10$ m	0.75	—	—
	与地面出入口地面的高差 $\Delta H > 10$ m	1.00	—	—

2 地下或半地下人员密集的厅、室和歌舞娱乐放映游艺场所，其房间疏散门、安全出口、疏散走道和疏散楼梯的各自总净宽度，应根据疏散人数按每 100 人不小于 1.00 m 计算确定。

3 首层外门的总净宽度应按该建筑疏散人数最多一层的人数计算确定，不供其他楼层人员疏散的外门，可按本层的疏散人数计算确定。

4 歌舞娱乐放映游艺场所中录像厅的疏散人数，应根据厅、室的建筑面积按不小于 1.0 人 / m² 计算；其他歌舞娱乐游艺场所的疏散人数，应根据厅、室的建筑面积按不小于 0.5 人 / m² 计算。

15 防规 6.4.1（节选）
疏散楼梯间应符合下列规定：
2 楼梯间内不应设置烧水间、可燃材料储藏室、垃圾道；
3 楼梯间内不应有影响疏散的凸出物或其他障碍物；
4 封闭楼梯间、防烟楼梯间及其前室，不应设置卷帘；
5 楼梯间内不应设置甲、乙、丙类液体管道；
6 封闭楼梯间、防烟楼梯间及其前室内禁止穿过或设置可燃气体管道。敞开楼梯间内不应设置可燃气体管道，当住宅建筑的敞开楼梯间内确需设置可燃气体管道和可燃气体计量表时，应采用金属管和设置切断气源的阀门。

16 防规 6.4.2
封闭楼梯间除应符合本规范第6.4.1条的规定外，尚应符合下列规定：
1 不能自然通风或自然通风不能满足要求时，应设置机械加压送风系统或采用防烟楼梯间；
2 除楼梯间的出入口和外窗外，楼梯间的墙上不应开设其他门、窗、洞口；
3 高层建筑、人员密集的公共建筑、人员密集的多层丙类厂房、甲、乙类厂房，其封闭楼梯间的门应采用乙级防火门，并应向疏散方向开启；其他建筑，可采用双向弹簧门；
4 楼梯间的首层可将走道和门厅等包括在楼梯间内形成扩大的封闭楼梯间，但应采用乙级防火门等与其他走道和房间分隔。

17 防规 6.4.4
除通向避难层错位的疏散楼梯外，建筑内的疏散楼梯间在各层的平面位置不应改变。
除住宅建筑套内的自用楼梯外，地下或半地下建筑（室）的疏散楼梯间，应符合下列规定：
1 室内地面与室外出入口地坪高差大于10 m或3层及以上的地下、半地下建筑（室），其疏散楼梯应采用防烟楼梯间；其他地下或半地下建筑（室），其疏散楼梯应采用封闭楼梯间；
2 应在首层采用耐火极限不低于2.00 h的防火隔墙与其他部位分隔并应直通室外，确需在隔墙上开门时，应采用乙级防火门；
3 建筑的地下或半地下部分与地上部分不应共用楼梯间，确需共用楼梯间时，应在首层采用耐火极限不低于2.00 h的防火隔墙和乙级防火门将地下或半地下部分与地上部分的连通部位完全分隔，并应设置明显的标志。

18 防规 6.4.5
室外疏散楼梯应符合下列规定：
1 栏杆扶手的高度不应小于1.10 m，楼梯的净宽度不应小于0.90 m；
2 倾斜角度不应大于45°；
3 梯段和平台均应采用不燃材料制作。平台的耐火极限不应低于1.00 h，梯段的耐火极限不应低于0.25 h；
4 通向室外楼梯的门应采用乙级防火门，并应向外开启；
5 除疏散门外，楼梯周围2 m内的墙面上不应设置门、窗、洞口。疏散门不应正对梯段。

19 防规 6.4.10
疏散走道在防火分区处应设置常开甲级防火门。

20 防规 6.4.11
建筑内的疏散门应符合下列规定：
1 民用建筑和厂房的疏散门，应采用向疏散方向开启的平开门，不应采用推拉门、卷帘门、吊门、转门和折叠门。除甲、乙类生产车间外，人数不超过60人且每樘门的平均疏散人数不超过30人的房间，其疏散门的开启方向不限；
2 仓库的疏散门应采用向疏散方向开启的平开门，但丙、丁、戊类仓库首层靠墙的外侧可采用推拉门或卷帘门；
3 开向疏散楼梯或疏散楼梯间的门，当其完全开启时，不应减少楼梯平台的有效宽度；
4 人员密集场所内平时需要控制人员随意出入的疏散门和设置门禁系统的住宅、宿舍、公寓建筑的外门，应保证火灾时不需使用钥匙等任何工具即能从内部易于打开，并应在显著位置设置具有使用提示的标识。

21 防规 7.1.2
高层民用建筑，超过 3000 个座位的体育馆，超过 2000 个座位的会堂，占地面积大于 3000 m² 的商店建筑、展览建筑等单、多层公共建筑应设置环形消防车道，确有困难时，可沿建筑的两个长边设置消防车道；对于高层住宅建筑和山坡地或河道边临空建造的高层民用建筑，可沿建筑的一个长边设置消防车道，但该长边所在建筑立面应为消防车登高操作面。

22 防规 7.1.8（节选）
消防车道应符合下列要求：
1 车道的净宽度和净空高度均不应小于 4.0 m；
2 转弯半径应满足消防车转弯的要求；
3 消防车道与建筑之间不应设置妨碍消防车操作的树木、架空管线等障碍物。

23 防规 7.2.1
高层建筑应至少沿一个长边或周边长度的 1/4 且不小于一个长边长度的底边连续布置消防车登高操作场地，该范围内的裙房进深不应大于 4 m。
建筑高度不大于 50 m 的建筑，连续布置消防车登高操作场地确有困难时，可间隔布置，但间隔距离不宜大于 30 m，且消防车登高操作场地的总长度仍应符合上述规定。

24 防规 7.2.2（节选）
消防车登高操作场地应符合下列规定：
1 场地与厂房、仓库、民用建筑之间不应设置妨碍消防车操作的树木、架空管线等障碍物和车库出入口；
2 场地的长度和宽度分别不应小于 15 m 和 10 m。对于建筑高度大于 50 m 的建筑，场地的长度和宽度分别不应小于 20 m 和 10 m；
3 场地及其下面的建筑结构、管道和暗沟等，应能承受重型消防车的压力。

25 防规 7.2.3
建筑物与消防车登高操作场地相对应的范围内，应设置直通室外的楼梯或直通楼梯间的入口。

26 防规 7.2.4
厂房、仓库、公共建筑的外墙应在每层的适当位置设置可供消防救援人员进入的窗口。

27 无障碍 3.7.3（节选）
升降平台应符合下列规定：
3 垂直升降平台的基坑应采用防止误入的安全防护措施；
5 垂直升降平台的传送装置应有可靠的安全防护装置。

28 无障碍 8.1.4
建筑内设有电梯时，至少应设置 1 部无障碍电梯。

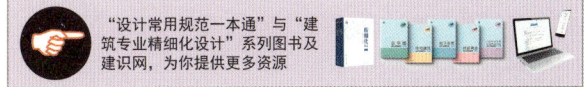

3.2 专项强条

表 6-14 附属设施涉及的强条条款

序号	关键信息	出处	使用指引	附图
1	卫生间	住建 5.2.6	住宅建筑中设有管理人员室时，应设管理人员使用的卫生间。	–
2	–	体建 1.0.8	不同等级体育建筑结构设计使用年限和耐火等级规定	–
3	–	体建 4.1.11	应考虑与满足残疾参加与观众的需求规定	–
4	2处	体建 4.2.4	场地对外出入口的规定	图6-14
5	–	体建 5.7.4	比赛场地出入口的数量和大小的规定	–
6	洗手盆	公厕 4.2.7	固定式公共厕所应设置洗手盆	图6-14
7	–	公厕 4.5.4	城市公共厕所卫生设备的规定	–
8	30 m	公厕 5.0.11	化粪池和贮粪池距离地下取水构筑物的距离要求	–
9	–	公厕 7.0.1	公共厕所无障碍设施应与公共厕所同步设计、同步建设	–

图6-14 | 附属设施案例图示

规范原文摘录

1 住建 5.2.6
住宅建筑中设有管理人员室时，应设管理人员使用的卫生间。

| 2 | 体建 1.0.8 不同等级体育建筑结构设计使用年限和耐火等级应符合表1.0.8的规定。 |

表1.0.8 体育建筑的设计使用年限和耐火等级

建 筑 等 级	主体结构设计使用年限	耐火等级
特 级	>100年	不低于一级
甲级、乙级	50～100年	不低于二级
丙 级	20～50年	不低于二级

3	体建 4.1.11 应考虑残疾人参加的运动项目特点和要求，并应满足残疾观众的需求。
4	体建 4.2.4 场地的对外出入口应不少于二处，其大小应满足人员出入方便、疏散安全和器材运输的要求。
5	体建 5.7.4 比赛场地出入口的数量和大小应根据运动员出入场、举行仪式、器材运输、消防车进入及检修车辆的通行等使用要求综合解决。
6	公厕 4.2.7 固定式公共厕所应设置洗手盆。
7	公厕 4.5.4 城市公共厕所的卫生设备安装时，严禁给水管道与排水管道直接连接；严禁采用再生水作为洗手盆的水源。
8	公厕 5.0.11 化粪池和贮粪池距离地下取水构筑物不得小于30 m。
9	公厕 7.0.1 公共厕所无障碍设施应与公共厕所同步设计、同步建设。

4 建筑构造

见本册之"住宅建筑""社区商业"章节

5 相关专业与专题

见本册之"住宅建筑""社区商业"章节

图书在版编目（CIP）数据

地产建筑：建筑设计规范强制性条款一本通 / 邓克凡主编. -- 成都：电子科技大学出版社，2020.3
ISBN 978-7-5647-7747-0

Ⅰ. ①地… Ⅱ. ①邓… Ⅲ. ①建筑设计－建筑规范－中国 Ⅳ. ①TU202

中国版本图书馆CIP数据核字(2020)第056141号

地产建筑 建筑设计规范强制性条款一本通
邓克凡 主编

| 策划编辑 | 刘 愚 |
| 责任编辑 | 刘 愚 |

出版发行　电子科技大学出版社
　　　　　成都市一环路东一段159号电子信息产业大厦九楼　邮编 610051
主　　页　www.uestcp.co m.cn
服务电话　028-83203399
邮购电话　028-83201495

印　　刷　深圳市雅佳图印刷有限公司
成品尺寸　180 mm×250 mm
印　　张　21
字　　数　838 千字
版　　次　2020年3月第1版
印　　次　2020年3月第1次印刷
书　　号　ISBN 978-7-5647-7747-0
定　　价　298.00元

版权所有，侵权必究